DK

地球の限界

BREAKING BOUNDARIES

The Science of Our Planet

Owen Gaffney / Johan Rockström

温暖化と地球の危機を解決する方法

オーウェン・ガフニー／ヨハン・ロックストローム 著

戸田早紀 訳

河出書房新社

地球の限界——目　次

第3幕　143

地球の限界

温暖化と地球の危機を解決する方法

序文

グレタ・トゥーンベリ　スウェーデンの環境活動家

地球が安定した状態にあることは、私たちの文明の幸福のために必要な条件である。そしてご存じのとおり、地球が生命にとって安定した状態であるためには、温室効果ガスを多く含まない大気が必要だ。これは基本的な科学である。

大気中の二酸化炭素濃度の安全な限界値は約三五〇ppmと考えられている。その限界値には、すでに一九八七年のどこかの時点で達し、二〇二〇年には四一五ppmを超えた。地球は少なくとも過去三〇〇万年のあいだ、大気中にこれほど高濃度の二酸化炭素がある状態を経験していない。この増加は前例のないスピードで起きている。人間を原因とする二酸化炭素排出量の半分は、一九九〇年からの三〇年間に排出されたものだ。その結果、機能的でバランスの取れた地球の大気は限りのある天然資源となった。今日では、限られた資源がおもにごく少数の人々によって使い果たされようとしている。これが問題の核心、気候不正義だ。これは国家間の問題にとどまらない、すべての社会における問題である。

世界人口のうちもっとも裕福な一〇%が、残りの九〇%より多くの二酸化炭素を排出している。また平均すると、所得者の上位一%が一人あたり年間七四トンの二酸化炭素を排出している。一方、世界人口の五〇%を占める低所得者層の二酸化炭素排出量は、一人あたり年間〇・六九トンである。そして二酸化炭素の高排出者は、私たちが成功者と考える人々だ。私たちの指導者、著名人、ロールモデル、私たちが憧れる人々。あるいは、充分すぎるほどの高収入を得ている人々。気候危機に関しては、誰もが気づいているにもかかわらず無視している重要な問題がたくさんあるが、気候不正義は、間違いなくその最たるものの一つだ。

気候危機を道義的な問題に転換してはならないという意見が多い。それは罪悪感と羞恥心を植えつけるだけで、逆効果にしかならないと。しかし現在私たちが切り札として使える唯一の機能的な方法は、拘束力のない自発的な目標と目的が掲げられている二〇一五年のパリ協定のみだが、これは完全なる公平性と道徳にもとづいて締結された条約である。

さらに言えば、学校ストライキ運動は、完全に気候正義〔先進国と途上国のあいだの気候による不平等を正していこうという考え方〕の理念にもとづいている。あるいは道徳心に。あるいはそう呼びたければ罪悪感に。そして、この運動がこれほど成功したのは、おそらく気候変動に対して何もしないことの悲惨な結果が、「遠くの」人々を脅かしているだけでなく、いまや自分の子どもたちをも脅かしているからだろう。気候変動の悲惨な結果が、これまで自分たちは安全だと思っていた人々の身に迫ってきている。人々は怖がりはじめた。愛する人の幸福と安全が脅かされるのを心底恐れるように。

温室効果ガスの排出量を減らすことが人類のおもな目標の一つなら、私たちはすぐに始めることができる。私たち人間が本気で心と資源を何かに投入する気になれば、ほぼどんなことでも達成できる。COVID－19に対するワクチンの迅速で目覚ましい開発を考えてみてほしい。しかし残念ながら、現在の人類の目標は二酸化炭素の排出量を減らすことではない。それは私たちがいま頑張っていることではないのだ。私たちは自分たちの生活様式を守るために頑張っている。

「アメリカの生活様式は交渉の対象ではない」。一九九二年、リオデジャネイロで開かれた国連地球サミットの直前、ブッシュ米大統領はこう述べた。それ以来、大きな変化はない。世界のほとんどの指導者は同じことを言うだろう。あるいは言葉にしないのであれば、行動でそう示すだろう。いや、むしろ何も行動しないことで。

そこで、排出量を減らす代わりに「解決策」を探す。いったい何のための解決策なのか？　私たちの大多数が理解の糸口さえつかめない危機の解決策？　それともこれまでと同じ生活を続けるための解決策？

そう、その両方なのだ。けれど悲しいことに、実現させるにはもう遅すぎる。それが答えだ。現在入手可能な最良の科学報告書——一・五℃の地球温暖化に関する政府間パネル特別報告書（SR1.5）、国連環境計画による排出ギャップ報告書、政府間科学政策プラットフォームによる生物多様性と生態系サービスについての地球規模評価報告書——を読むと、気候と生態系の危機は、今日の財政システムと法制度のなかではもはや解決不可能なことがわかるだろう。

地球温暖化を一・五℃、または二℃以下にとどめるためには、現在有効な契約や取引を破棄し、資源を地中に残す必要がある。考えられるすべての二酸化炭素吸収源を最大まで増やす必要があるだろう。

立っている木は死んだ木よりも当然価値があるはずだ。その過程で誰も置き去りにすることなく、ゼロ・カーボン社会に移行する必要がある。そして、それは今日のような社会形態では不可能だ。システムの変更が必要なことを、一つの意見として参考にするような段階はとうに過ぎた。これは事実なのだ。

気候と生態系の危機は、個人個人が行動を変えるだけでは解決できない。「市場」を変えるだけでも不可能だ。「気候変動に関する政府間パネル（ＩＰＣＣ）」から引用すると、「社会のあらゆる面において」、前例のないスケールでの、大規模で広範囲にわたる政治的で構造的な変化が必要なのである。しかし、いま現在そんな変化はどこにも見当たらないし、すぐに見えてくる兆しもない。

二〇二〇年一二月、ＣＯＶＩＤ－19の最初のワクチンが承認されたとき、世界中の医療機関は一般の人々にワクチン接種を勧める手段として、最初に著名人に接種をしてもらった。これは充分に効果が証明されている方法だ。人間というのはそういうものだから。私たちは社会的な、言葉を換えれば群れをつくる動物だ。リーダーに従い、周囲の人々の行動を模倣する。

最新の排出ギャップ報告書ではこう述べられている。「『行動の変化』と『システムの変化』は互いに対立するもので、この二つは二律背反であるというのが一般的な考え方だ。しかしシステムの変化と行動の変化は、じつは同じコインの裏表である」

実際、気候危機と生態系の危機は、それよりはるかに重大な持続可能性の危機の予兆にすぎない。ワクチンによる解決など望めない危機。それは気候と生態系の崩壊から、肥沃《ひよく》な土壌と生物多様性の喪失、海洋酸性化、森林と野生生物の減少、そしてまさに新しい病気と新しいパンデミックの出現にいたるまで、すべてを含んでいる危機だ。

パリ協定が調印されてから五年、多くのことが起こった。しかし必要な行動はまだどこにも見られない。私たちがしなければならないことと実際に行われていることとのあいだのギャップは、刻々と広がっている。私たちはいまだ、間違った方向に向けて猛スピードで進んでいる。

公約が掲げられ、遠い仮想目標が立てられ、仰々《ぎょうぎょう》しい演説が行われている。けれどもただちに取るべき行動を、いまだ誰一人取ろうとしていない。なぜなら、空虚な言葉と粉飾決算によって正当化される新しい抜け道を探して、時間を浪費しつづけているから。

控えめに言っても、気候と生態系の危機を解決する見通しはあまり明るくない。この暗い見通しが、ソーシャルメディアで「いいね！」があふれ、セレブ文化がもてはやされるいまの時代に、信じられないほど状況が伝わらない理由の一つだろう。それでも、私たちはありのままの現実を伝えなければならない。なぜなら、そうして初めて真の希望が生まれるから。私たちは真実を扱うに足る大人になるべきだ。そして私たちがそうなるまでは、子どもたちが真実を扱うに足る存在でありつづけてくれる。

科学は訴えている。私たちはいまこそ、不可能に見えることに着手しなければならないと。悲しいことに、これはもはや比喩ではない。私たちはもうそういう地点を通り越してしまったのだ。だから、権力者が設定した曖昧で不完全で不充分な仮想目標に焦点を合わせるのではなく、現実を伝えるために全力を尽くさなければならない。なぜなら、あなたがどう思っているかに関係なく、私たちの大多数は、人類が直面している危機を知らないからだ。というより、まだ意識すらしていない。

そして、そこに本当の希望がある。なぜ？　とあなたは思うかもしれない。

今日の世界には、政治家、新聞社、テレビ局、公人、著名人、インフルエンサーなど、影響力を持つ人々がどれほどいるか考えてみてほしい。そのうちの少数でも、現在の気候危機を本当に危機的な状況と捉えるようになったときを想像してみてほしい。彼らの言葉は誰に届くだろうか。あなたや私のような何百万人もの普通の人々が、人類の直面している状況を本当に知ったら、どうなるだろうか。すべてが一夜にして変わるだろう。私たちにはまだこの手がある。だがこれは、真実を伝えてこそ可能なことだ。

人はよく私に、変化を起こすために自分にもできることがあるかと尋ねる。もしあるとすればそれは何か、と。私の答えはいつも同じだ。できるだけ多くのことを知って学び、その認識を他人に広めること。なぜなら、人類が直面している状況の意味とその結果を深く理解すれば、次に何をすべきかがわかるから。

私たちの希望は、現在触れることのできる最高の科学を形づくる事実と知識にあり、この知識がすばやく十分に広まることにある。そう、そこであなたの出番だ。あなたのすべきことはつまり、この本を読むという行為にほかならない。

二〇二一年一月

はじめに

親愛なる友よ
人類は自然に対して戦争を仕掛けている。
これは自殺行為だ。

アントニオ・グテーレス　国連事務総長

夜、あなたは曲がりくねった険しい道路で、必死に車を走らせている。道路の端に近づきすぎても、フェンスやガードレールが保護してくれたり、警告を与えてくれたりはしない。ヘッドライトが点滅する。車がいつ道路から逸れて谷底に落ちても不思議はない。そうなったら車も乗っている人々も、たちまち悲惨なことになる。後部座席では子どもたちが叫んでいる。

狭い道や深い闇、険しい断崖に遭遇し、スピードを緩めるのかと思いきや、あなたはそうはせず暗闇に突進し、ヘアピン・カーブを猛スピードで走り抜けていく。

まるで悪夢のような展開だ。しかし、私たちがいま地球や人類の未来に対してしていることは、まさにこれなのだ。地球の生命維持システムとは、地球の氷床《ひょうしょう》、海、森、川、湖、豊かな生物多様性、炭素、水、窒素、リンの巨大な再循環をすべて合わせたものだ。このシステムはいまや、まぎれもなく不安定になっている。いつ七八億の人間がもろともに、崖から谷底に落ちてもおかしくない。

過去数十年間、科学者たちは、私たちの周りの愛するすべてが崩壊しはじめるまでに、地球の生命維持システムがどこまでもつかを必死に研究してきた。そして一〇年前に初めて、崖から落ちることを防ぐための防御フェンスをどこにつくるべきか推定することができた。これは「プラネタリー・バウンダリー（地球の限界）」と名づけられた。こうして、私たち人類が豊かな未来を手にするための、地球の安全な機能空間が科学的に定義された。すべての子どもたちは、回復力のある安定した状態の地球に生まれる権利がある。一万年前に文明が始まって以来、それは私たちの共通の財産だった。もし地球がこの限界の内側にとどまれば、私たちは安定した未来を長いこと享受できるだろう。しかし境界から出てしまえば、何が起きても不思議はない。本書を書いたのは、こうした話をするためだ。

時間は刻々と失われている。私たちが足を踏み入れた「激動の二〇二〇年代」は、人類にとって決定的な時代となるだろう。歴史上もっとも注目すべき変化を起こして、責任ある地球の管理者《スチュワード》になる瞬間。じつに壮大な挑戦だ。一九六〇年代にはムーンショット（月面着陸）構想が打ち立てられたが、二〇二〇年代はアースショット（地球の視点で考える）構想である。その目標は、地球の生命維持システムを安定させることにほかならない。しかし人類の月面着陸と比べると、賭け金ははるかに高い。

もし――これはあまりにも壮大な「もし」だが――私たちがこの目標を達成できたら、地球にとって重大な転機となるかもしれない。ある一つの種が、惑星の住みやすさによい影響を意図的に与える力を得るということなのだから。だがまだ、その地点には遠く及ばない。いやむしろ、現時点での私たちの行動は、地球の住みやすさを無意識に破壊する種の一つになることを目指しているかのようだ。人類には豊富な知識と世界的な政治システム、先進的な技術があるにもかかわらず、こうしたことが起きているのだ。私たちはいまでさえ、世界的なパンデミックの押さえ込みや種の絶滅の抑制、森林伐採の抑止、温室効果ガスの削減に、悪戦苦闘している。そしてオゾン層に大きな穴を開け、サンゴの白化や氷床の融解、頻発する山火事を指をくわえて眺めている。人類の破壊の力が知恵を上まわっている。

だが、状況は変化している。過去一〇年の研究で、世界人口が七八億人から一〇〇億人に増えたとしても、プラネタリー・バウンダリーの範囲内で豊かな人生を送ることができるという証拠が、数多く集まっている。これは二〇五〇年までに達成可能だ。この劇的事業を成功させるためには、二〇三〇年頃までに多くのことを達成する必要がある。そのためには、いまから始めなくてはいけない。

アースショット構想が発動するのは、社会が深刻な機能不全に陥ったときだ。NASAが地球と衝突軌道にある小惑星を見つけたと想像してみてほしい。衝突時期は一〇年後。さて、どうするか？　国同士の連携という大きな力を使い、経済資源と英知を結集させて、問題を解決できるだろうか？　それとも何もしないだろうか？　あるいは、運よく小惑星が地球をかすめて通り過ぎるのを願うのか。

別に想像などする必要はない。二〇二〇年、この本を執筆中に世界中をパンデミックが襲った。COVID‐19は予測不能なありえない大事件などではない。少なくとも一〇年前から、科学者たちはとりわけコロナウイルスについて、はっきりと警告を発してきた。保健衛生の専門家は、適切な早期警報システムの構築にかかるコストは、一人あたり年一～一ドルだと見積もっていた。だが各国政府は警告に耳を貸さず、COVID‐19発生から数カ月で、地球上の都市の半分以上が封鎖された。私たちは生存を脅かすリスクについての事実を無視してきたのだ。

パンデミック、気候変動、生物の大量絶滅は、同じ一枚の図案の一部であり、密接につながり合っている。私たちはいま、人新世《ひとしんせい》という新しい地質時代を生きている。この新しい時代の特徴は、スピード、規模の大きさ、意外性、つながりである。私たちは経済を、自然と人間性から分離して考えているため、リスクが増幅される。パンデミックからの回復は、人間と経済の関係、人と人との関係、人間と地球との関係を見つめ直す、変革の機会である。

時間は貴重なので、この本では解決策に意識を集中したい。私たちは、エネルギー、食料と土地、格差と貧困、都市、人口と健康、テクノロジーという六つのシステムで転換が必要なことを確認している。これらは地球の安定と経済の健全な繁栄に必要な要素だ。驚くべきことに、これらのシステムの転換は十分可能であると、私たちは楽観的に考えている。これは一つには、四つの肯定的な力が働いているためだ。

（1）社会運動　「未来のための金曜日〔グレタ・トゥーンベリが始めた地球温暖化問題を訴える活動〕」のような活動のスピード、規模、影響力は驚くべきものだ。これにより対話の仕方が変わり、緊急性が高まった。こうした運動によって、政治と産業での失敗があぶり出され、露呈した。このような社会運動の影響は過小評価できない。そして彼らは孤立しているわけではない。財界の指導者や投資家、法律の専門家らが、こうした運動を支援している。

（2）政治的勢い　世界経済は、欧州、中国、アメリカという三つの経済圏で動いている。二〇一九年、欧州は二〇五〇年までに温室効果ガスの排出を実質ゼロ（ネットゼロ）にすると宣言した。二〇二〇年九月、習近平中国国家主席は、遅くとも二〇六〇年までにはカーボン・ニュートラルを達成すると発表した。その後、ジョー・バイデンがアメリカ大統領になり、二〇五〇年までに温室効果ガスの排出を実質ゼロにする（そして信じられないことに、二〇三五年までにクリーンな発電を一〇〇％にする）と約束した。G7やG20にならって、「気候のためのG3」が新たに誕生したのだ。この三大経済圏が、必要不可欠な目覚ましい経済変革を推進し、全世界に影響を及ぼしていくだろう。

（3）経済的推進力　化石燃料の時代は終わった。太陽光発電は、人類史上もっとも安い電力源だ。

（4）技術革新　5Gや人工知能（AI）、バイオテクノロジーに代表される第四次産業革命によって、あらゆる経済分野が混乱の瀬戸際にある。これは必然的に、経済変革を推し進めざるをえないということだ。

これら四つの力は合わさって、私たちを肯定的な転換点《ティッピング・ポイント》へと有無を言わせず推し進めている。地球への認識がついに芽生えたのだ。もちろん、これは始まりにすぎない。政治の指導者たちはもっと野心的な目標を打ち立てなければならない。

今回のパンデミックは、崩壊した経済システムを修復し、本当に重要なことに目を向けるまたとない機会を提供した。ロックダウン時の大気汚染の減少は、都市に濃いスモッグが立ち込めていない未来を垣間見せてくれた。今回の危機は、しばしば私たちの人間性を最大限に引き出してくれた。この経験を大切にしよう。だがそれと同時に、私たちにとって本当に価値あるものは何かということも考えてみよう。どんな社会に住みたいのか。不安要素がわずかに見えたとしても、崩壊しない経済をつくれるのか。

そしてこれからの一〇年で、地球の回復力を育てながら、経済を立て直すことができるのか。古い経済思想は捨て、もう一度学校に戻り、回復力（レジリエンス）、再生（リジェネレイション）、再循環（リサーキュレイション）という新たな三つの「R」を学ぶ必要がある。地球の生物圏を犠牲にした経済成長から、知識、情報、デジタル化、サービス、シェアリング（共有）にもとづいた経済成長に転換しなければならない。これが人新世の経済思想である。

もし私たちが、これからの一〇年で思うような成果をあげられなかったらどうなるだろう？　崖から落ちてしまうのだろうか？　たとえこれからの一〇年で、温室効果ガスの排出量を五〇％削減できたとしても、崖から落ちる危険性は依然として高い。だが、二〇三一年に崖から落ちるわけにはいかない。危険なのは、私たちが温暖化に向かう引き金をみずから引いてしまい、もはやその流れを止められなくなることだ。直面しているリスクはいくつかある。熱帯のサンゴ礁は取り返しがつかないほど失われ、アマゾンの熱帯雨林は転換点を超え、グリーンランドと西南極の氷床は不可逆的に融解し、永久凍土の融解でメタンガスは止めどなく放出されている。それでも、すべてが失われることはないだろう。私たちの同僚の多くは、転換点を超えても、断固たる行動によって変化のスピードをコントロールできるだろうと言う。しかし時間がかかればかかるほど、私たちの子どもや孫など、何世代にもわたる子孫たちを不安と混乱に陥れることになるだろう、とも言う。だからもしも崖っぷちから引き返すチャンスがまだあるなら、私たちはそのために何としても全力を尽くすべきなのだ。

この本は三幕を通して、プラネタリー・スチュワードシップ（責任ある地球管理）に向けた人類の道のりについて述べる。つきつめて言えば、進路の転換、人類の責任と変革の機会、そして成果を出すための新しい基準の設定についてだ。

第1幕は、地球の生命維持システムについて述べる。水、炭素、窒素、リンの循環、大陸の衝突、うねる波と後退する氷床、そして進化の驚異と紆余曲折。地球がきわめて危険な状態にあることも、ここで説明する。ほんの小さな変化で、地球は連鎖的にさまざまな転換点を超え、気温を上昇させる可能性がある。第1幕では、たった一つの種《しゅ》が農業、科学、産業という独自の革命を経て、どのように地球をつくり変えたかについても説明する。いま、この一つの種が、あらゆる方向から地球の限界を揺るがそうとしている。

第2幕は、過去三〇年間の科学における驚くべき成果の物語だ。科学者たちは地球の健康状態を理解するために競い合って研究してきた。その結果、地球の生命維持システムの変化が加速しているという、議論の余地のない結論が導き出された。文明を支えることのできる安定した状態、完新世は、バックミラーのなかに消えつつある。これは地球の緊急事態だ。

第3幕はアースショット構想、つまり私たちのもっとも重要な使命についてである。人類はとにかく、地球のすぐれた管理者にならなければならない。さもないと、それほど長くは存在しつづけられないだろう。今後一〇年間で私たちが下す決断は、次の一万年に影響を与える。

地球と、そこに占める人類の位置についての断片的な知識を集約すれば、地球に対する私たちの理解と、地球で果たすべき私たちの責任について、パラダイムシフト〔社会や価値の枠組みの劇的変化〕が起きていると考えて間違いない。それをどう、文化、経済、政治の分野でのパラダイムシフトにつなげればいいのか。要するに、社会運営の仕組みを根本的に変えなければならないということだ。これは進化ではなく革命である。無限の成長を信じて資源を掘り出し、廃棄物を排出しつづけていては、もはや文明は長続きしない。だが、それ以外にも道はある。この本で訴えている、私たちのもっとも重要な経験知は、ごくごくシンプルだ。私たちはいまこそ、プラネタリー・スチュワード（責任ある地球の管理者）になるときなのだ。本書『地球の限界――温暖化と地球の危機を解決する方法』は、その変革について述べた本である。私たちが歩んできた過去ではなく、進むべき未来についての物語なのである。

およそ一万年という並外れた地球の安定期が、私たちの活動によって終わりを迎えるのにかかった時間は五〇年だった。ここでの「私たち」とは、裕福な国に暮らす裕福な人々だ。私たちが今日、そしてこれからの一〇年、五〇年のあいだに下す決断は、今後一万年の地球の安定に影響を与える。

私たちを結びつけるのは三つの事柄だ。真のグローバル文明における人間としての共通のアイデンティティー、私たちが地球と呼ぶこの惑星、そして私たちの共通の未来。もし一〇年以内に方向転換できれば、もし私たちが責任ある地球の管理者になれたら、もしかしたら私たちは、ホモ・サピエンス（賢者）という名にふさわしい存在になれるかもしれない。

最後に一つ問いたい。あなたは自分の子どもたちにどんな世界を残したいだろうか。子どもたちには、何一つ残さないようにしよう。温室効果ガスの排出も、生物多様性の喪失も、貧困も。これは声明でも願望でもない。私たち人類がいま、テーブルの上に置いている二つの選択肢のうちの一つなのだ。

二〇二一年一月

第1幕

第1章　私たちの地球を形成した三つの革命

あの点をもう一度見てごらん。そう、あれがここだ。あれが我が家だ。あれが私たちなんだ。あの上で、あなたの愛する人たち、知人、顔見知り、誰であろうとすべての人々が、それぞれの人生を生きてきたのだ。

カール・セーガン『惑星へ』（1994年）

一九九〇年、NASAは太陽系の端に到達した惑星探査機ボイジャー一号から、太陽系の家族写真とも言うべきものを撮影した。カメラは一連のミッションの最後に、六〇億キロ離れた地球に焦点を合わせた。この写真は「ペイル・ブルー・ドット（青白い点）」として知られるようになった。三〇年前にこの写真が撮影されて以来、科学者たちは四〇〇〇個以上の太陽系外惑星（太陽以外の恒星を公転する惑星）を発見した。なかには地球に似た惑星もある。

こうした外惑星に対する私たちの理解は年々深まっている。こうした惑星が、生命の生きていける領域で恒星の周りをまわっているかどうかを調べたり、その密度を測定したり、重さを計算したりすることができるからだ。今後一〇年間で、このような惑星の大気構成や、表面に液体の水があるかどうかさえ解明できるかもしれない。そのうち地球に居ながらにして、見知らぬ恒星を公転する遠い惑星の生命維持システムを垣間見ることができるようになったとしたら、驚くべきことではないだろうか。

仮に遠い外惑星から地球を観測する宇宙人がいるとしたら、彼らは「ペイル・ブルー・ドット」以来の大きな変化に気づくかもしれない。大気中の温室効果ガスの急増。海洋に広がる低酸素海域（デッドゾーン）。氷床の崩壊。海面の上昇。海洋酸性化の増大。過去一世紀にわたって大量のデータを蓄積してきた観察者なら誰でも、地球の生命維持システムが何らかの問題を抱えていることを見過ごしはしないだろう。そう、彼らはおそらくこう結論づけるはずだ。地球には生命が存在する。豊かな生物圏がある。だが、地球はいま、何らかの大量絶滅の真っただなかにあるらしい、と。なぜこんなことが起きているのか、次に何が起きるのか、彼らは不思議に思っているかもしれない。そして地球上の住民のなかにも、同じことを考えている人がいる。

次に何が起きるのか？　この質問に答えるためには、まず、地球の生命維持システムの安定を揺るがすリスクを理解しなければならない。こうした思考を重ねることで、私たちはこの問題について何ができるかを探求し、愛する小さな青白い点の上で、平等で豊かな未来に向けて、正しい道を模索することができるのだ。


宇宙の年齢は一三八億歳で、風船のように膨張している。そのなかには、少なくとも二兆個の銀河が存在している。銀河系の中心には、太陽質量の四〇〇万倍の超大質量ブラックホールがある。いて座A*（エースター）と呼ばれるこのブラックホールは、一〇〇〇億から四〇〇〇億の恒星を引きつけている。一方で、銀河系の端にある一つの恒星は、八つの惑星をともなって宇宙を疾走している。そのなかの地球という一つの惑星だけが、生命を宿していることで知られている[1]。その惑星は、太陽系のなかで生命が活動できる領域内の、太陽にもっとも近い端のあたりを公転している。

私たちは地球上の生命について何を知っているだろうか？　いくつか重要な統計がある。地球上でもっとも個体数の多い生物は、おそらく海洋と淡水で発見された細菌の、ペラジバクター・ユビークだろう。これは二〇〇二年に初めて文書に記述された。科学者たちは、海洋にはおよそ10^{29}個の微生物がいると推定している。これは観測可能な宇宙にある10^{22}個の恒星よりはるかに多い。もし地球上のすべての生物を体重計に載せたとしたら、そのうごめく混沌とした集合体は五五〇〇億トンになるだろう。植物はその八二％を占める。地球上には約三兆本の木があるが、森林破壊によって年間一五〇億本が失われている。一万年前に農業が始まって以来、人類は森林の四六％を開墾した。伐採のほとんどは過去二世紀のあいだに起こった。なんともせわしないことだ。

地球上の全生物を載せた体重計から、哺乳類ではないすべての生物――鳥類、爬虫類、両生類、植物、軟体動物、昆虫、クモ類――を取り除くと、哺乳類の全重量の九六％は人間と牛、羊、豚、馬である。野生の哺乳類――大型の猫科動物、齧歯《げっし》類、シロナガスクジラ、イルカ、その他六五〇〇種の絨毛《じゅうもう》で覆われた動物――はわずか四％にすぎない。だが数世紀前までは、その割合はまったく逆だった。

アース1.0から4.0

およそ四五億年前、太陽の周りをまわる混沌とした熱いガスと岩石から、太陽系の惑星ができはじめた。アース1.0の特徴を定義すると、絶え間ない隕石の襲来、海はなく、生命もない、となる。その後、三つの革命が続く。アース2.0での単純な単細胞生物の出現。アース3.0での光合成による酸素の放出という進化上の飛躍、そしてアース4.0での複雑な生物の出現だ。

これらの革命にはいくつか共通点がある。すべてが進化上での革新的出来事と関連があり、エネルギー使用の新たな道が開かれたことだ。それぞれの段階で複雑さは増し、地球上で発生する情報の処理量は飛躍的に増大した。これは、その段階で初めて現れた生物が、資源をより早く吸収して吐き出すことができたということを意味する。革命のたびに、最終的には新しい秩序が定着していったが、いくつか不具合も残った。それぞれの革命は、炭素、酸素、水、窒素、リンの自然循環の一部またはすべてを、しばしば数百万年という長きにわたって破壊した。そして最終的には、新たな生物が進化して廃棄物を再循環できるようになったときに、ある種の調和が復元された。地球の生命維持システム——河川、湖、海、土壌、岩石、空気。そして水、炭素、酸素、窒素、リンの壮大な循環——の相対的な安定性は、循環的な流れと継続的な再循環に依存している。

地球はいま、進化上の新たな飛躍の段階に入っており、地球の生命維持システムの変化のスピードは加速している。今回、それを推進しているのはただ一つの種、そう、私たちだ。

では、こうした知識はどうやって得られるのか？　宇宙の拡大や折りたたまれたタンパク質から人類の起源まで、ありとあらゆることに関する人類の知識と、女性が男性よりもよく笑うこと[2]などを示すデータは、一六六五年にパリとロンドンで最初の科学雑誌が創刊されて以来発表されてきた、八〇〇〇万もの研究論文に収められている[3]。科学的知識は宇宙のように拡大している。毎年三〇〇万ほどの学術論文が発表され（およそ一〇秒に一本）、「p53」と呼ばれるがん抑制タンパク質について七万を超える論文があり、自動運転車のアルゴリズム（手順・手法）に関する論文は一万を超えている。あまりにも多くの情報が、あまりにも多くの異なる媒体上で飛び交い、そのほとんどが有料コンテンツの壁の内側に閉じ込められているため、科学に携わる人々にとってさえ、研究は混乱し、断片化され、構造化もされておらず、追いつくことが難しく見える。人類の知識の総量はかつてないほど増えているが、個々のレベルで見れば科学者は専門家なので、私たちが日々扱っているのは専門的な情報である。本書では、地球が生命のない岩石の塊だった時代から、人類が形づくられた約三〇〇万年前の氷河時代の始まりという重大な節目まで、地球の歴史を語るうえで欠かせない科学的な見方を採り上げ、全体像を明らかにする。

まずは年齢から始めよう。地球が四五億歳だということは、いったいどうしてわかるのだろう？

アース1.0——人類の起源の解明

紀元前四世紀、アリストテレスは地球がずっと昔から存在していたと考え、おそらくこれを反証するのは難しいだろうと思っていた。影響力のある一九世紀の地質学者チャールズ・ライエルも、おそらく似たような理由でこの考えに同調する傾向があった。

地球の年齢という問題に最初に取り組んだのは、ローマの著述家ユリウス・アフリカヌスで、ネロ皇帝の治世である紀元三世紀のことだった。アフリカヌスは偉大な作品を著した。全五巻からなる世界史の著作だ。彼はヘブライ語、ギリシャ語、エジプト語、ペルシャ語で書かれた巻物と書字板を徹底的に調べ、地球の年代記を完成させた。そして地球の年齢が五七二〇歳だと大々的に発表した。それから一五世紀のあいだ、この推定年齢に対する反論はほとんどなかった。一六五〇年になってようやく、アイルランドのジェームズ・アッシャー大司教が、地球が生まれたのは紀元前四〇〇四年一〇月二二日だと、驚くほど厳密な日付を提唱したが、これはアフリカヌスの出した数字とそれほどかけ離れてはいない。実際、どちらの推定も、一〇〇〇年程度の誤差はあるものの、歴史が記録されはじめた時期や文明が形成されはじめた時期を表しており、かなり正確と言えるだろう。

一九世紀後半になると、一部の地質学者が別の推論を唱えはじめた。地球が生まれたのはおよそ一億年前かもしれない、と。しかしその後、岩石から放射性物質が発見されたことですべてが変わった。一九五六年、カリフォルニア工科大学の地球物理学者、クレア・キャメロン・パターソンは、科学誌で実に注目すべき論文「隕石と地球の年齢」を発表した。[4] パターソンは、地球の地殻のなかでもっとも古い火成岩に含まれる鉱物ジルコンが、地球の年齢を解明する鍵を握っていることに気づいた。ジルコンは、生成時に純粋な状態で存在することはなく、ウランの微粒子が混じっている。パターソンは、ウランが崩壊して鉛になる性質を持つことを知っていた。ジルコンのサンプルに鉛が含まれていれば、それは放射性崩壊によるものだ。含まれた鉛の量をきちんと測定できれば、ジルコンが正確にいつ生成されたかがわかり、サンプルの年代が判明する。パターソンはこの情報を用い、地球を四五・五億歳と推定し、誤差はプラスマイナス七〇〇〇万年とした。以来、地球の正確な年齢についてささやかな議論はあったものの、パターソンとは根本的に異なる数値を強力な証拠とともに挙げる人物はいなかった。つまり四五億年前がアース1.0の始まり、いわゆる冥王代、地球の形成期である。やがて地球は最終的に、海と大気を備えた、より涼しく秩序ある惑星へと姿を変える。

アース2.0——単純な単細胞生物

最初の革命は、三八億年前に地球上で起きた生物の進化である。あるいはもっと早い時期だったかもしれない。ここは議論の余地がある。私たちが知るかぎり、古細菌として知られる単細胞生物は、基本的には地球上に海が形成された直後に誕生した。この瞬間、生命のない地獄の冥王代であるアース1.0が終わり、地球は地質学上の新しい累代[5]に突入した。太古代。アース2.0の到来である。

私たちの周りのすべての生命と違って、古細菌は生きるために酸素を必要としない。それどころか、酸素は古細菌を死滅させる。当時、地球の大気には酸素がなかったので、古生代ではこれは問題ではなかった。だがおよそ二五億年前に変化が訪れる。地球の進化における第二の革命は、新しい生命体が海で進化したときに起こった。藍藻《らんそう》と呼ばれることもある、シアノバクテリアの誕生だ。この微生物は地球上で初めて、太陽からエネルギーを取り込み、廃棄物として酸素を放出した。酸素を生成する光合成が始まったのだ[6]。さようならアース2.0。こんにちはアース3.0——原生代（プロテロゾイック）。この名前は、ギリシャ語の二つの単語に由来している。プロテロは「初期」を意味し、ゾイックは「生命」を意味する。

アース3.0——光合成と酸素

シアノバクテリアは、地球の歴史上もっとも深刻で壊滅的な出来事の一つを始動させた。酸素の大量発生である。[7] この小さな生物からの廃棄物は、初期の大気構成を変えた。酸素濃度が上昇してオゾン層が形成され、太陽からの有害な放射線の地表への到達が妨げられ、生物が陸上で暮らすための道が拓かれた（ただし、あまり興奮しないでほしい。私たちが登場するのはまだ二〇億年先だ）。

古い秩序は崩壊した。古細菌は、酸素のない海の底の、岩の深い亀裂のなかに後退するにつれ、支配力を失っていった。そしてこの新しい環境で進化し、繁栄するようになったのがシアノバクテリアだ。

シアノバクテリアは、地球システムの機能を根本的に変えたとして知られる、地球上に二つしかいない種の一つである。そしておよそ二五億年後に、二つ目の種であるホモ・サピエンスが出現する。

シアノバクテリアの出現は、気候の激変と同時に起こった。地球は想像を絶するほどすさまじい凍結状態に陥り、まるで雪球《せっきゅう》のようになった。

ここで、地球の温度自動調節機能にはおもに三つの状態があることに注目してほしい。

◎**温室**（ホットハウス）　極に氷がなく、地球上のどこにも氷がほとんど、もしくはまったくない状態。

◎**氷室**（アイスハウス）　今日、そして過去数百万年のように、極に氷を蓄えておくのに十分な涼しさを保っている状態。氷室には二つの安定した時期がある。厳しく冷たく長い氷期と、短く暖かい間氷期だ。

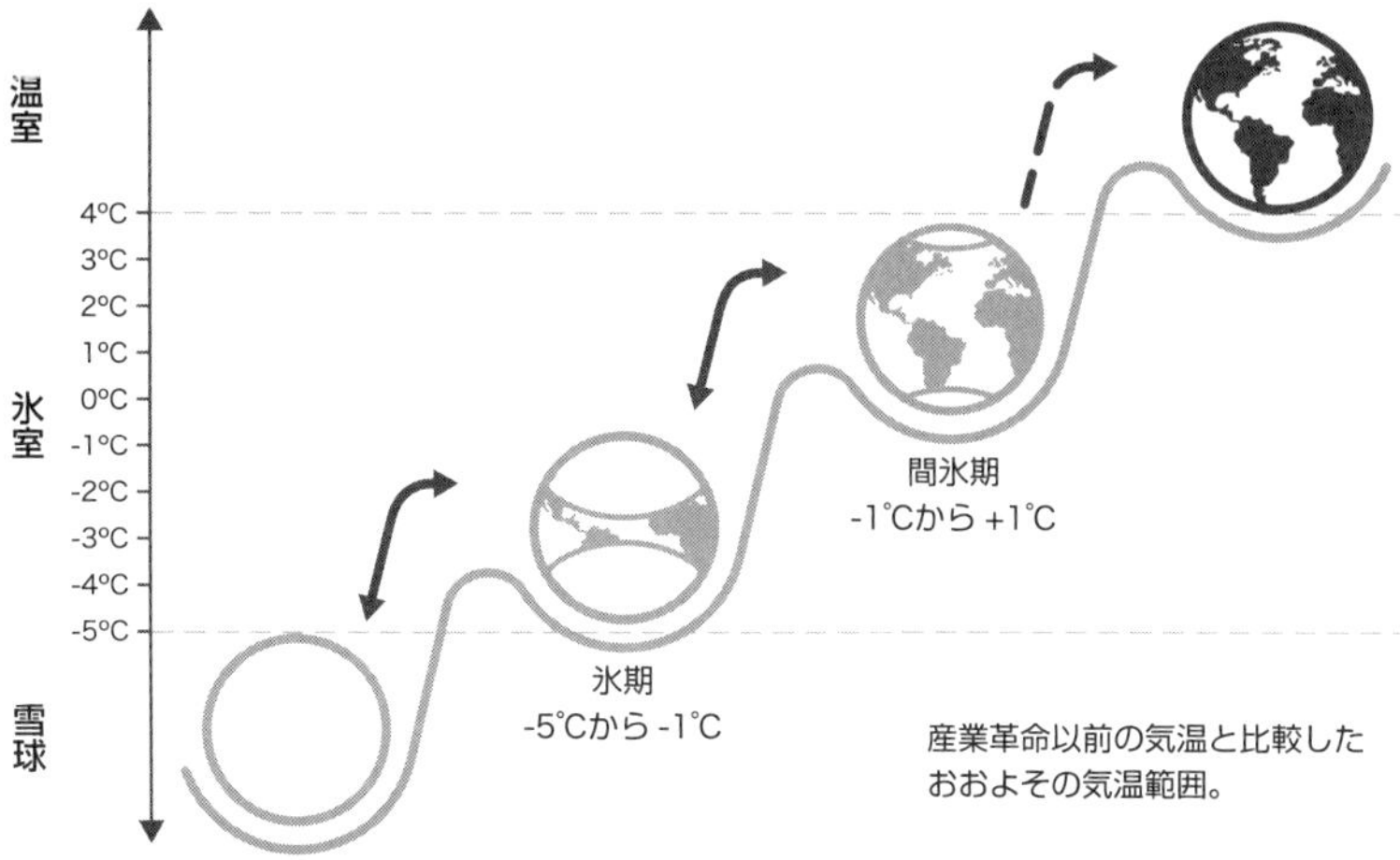

産業革命以前の気温と比較した
おおよその気温範囲。

地球の気候の 3 つの状態

◎雪球（スノウボール）　氷が赤道に向かってさらに広がり、地球全体が少なくとも一キロの厚さの氷の殻に閉じ込められる状態。雪球状態でも、生命ははるか海底の熱水噴出孔の周りにしがみついている。

この三つの状態は、弱火のオーブン、ドアが閉じているか開いたままの冷蔵庫、そして冷凍庫と考えてほしい。地球の歴史はほとんどが温室期だったが、アース3.0の開始時と終了時には、地球は雪球状態になった。

雪球期の地球を、どこからも突き破れないほど硬い雪球ではなく、赤道付近にいくらか液体の部分がある、スラッシュボール〔柔らかいボール〕のようなものだったのではないかと考える科学者もいる。いずれにせよ、雪球期は生命にとって試練だった。学者たちのなかには、雪球であろうとスラッシュボールであろうと、そんな状態はありえないと反論する者もいる。惑星がそのような冷たい死のスパイラルから抜け出せるわけがない、と。たしかにその考えにも一理ある。氷の白い表面は、熱を宇宙に反射し、地球を冷やす。氷が赤道に向かって広がっていくと、地球はより広範囲が氷に覆われ、さらに多くの熱を反射する。それがさらなる冷却につながり、さらなる氷を生む。悪循環である。いずれは解凍不可能なところまで行ってしまうのではないか？　もしそうなら私たちは、地球を荒涼とした氷の刑務所に閉じ込めようとする、手に負えない気候変動と対峙していることになる。

一九九二年、カリフォルニア工科大学のジョセフ・カーシュビンクが、雪球状態からの脱出方法を突き止めた。彼は、雪球状態のときでも、熱水噴出孔や海底火山などの火山活動によって、ゆっくりと少量の二酸化炭素が排出されている、と述べた。この温室効果ガスは、大気中に徐々に浸透していく。たとえその数値が相対的に低いものでも、数百万年のあいだに二酸化炭素は蓄積される。そして最終的には、氷の魔の手から逃れようとしているわずかな熱を大気中にとどめるのに充分な量になる。すると赤道の氷が融けて連鎖反応を起こす。氷の下にあった暗い色の地表が露出し、より多くの熱を吸収し、その連鎖は増幅されて何度も繰り返され、好循環を生み出す。やがて赤道周辺が温められ、氷が後退して地球は氷室状態に戻り、さらに温室状態へと向かう軌道に乗せられる。

二酸化炭素は強力に熱を吸収する。一八五九年、アイルランドの著名な科学者ジョン・ティンダルが、ほかのガスや蒸気にそのような性質はないのに対して、「ある種の完全に無色透明なガスと蒸気」は熱を吸収することを発見した。彼はのちに、二酸化炭素の熱を蓄える能力が気候と関連しているかもしれないと推測した。実際、二酸化炭素とそのほかの温室効果ガスがなければ、地球の平均気温はマイナス一八℃まで下がっていただろう。だがそうはならず、一九五〇年代に産業革命が加速しはじめるまで、世界の平均気温は約一四℃だった。本書では、産業革命前を基準値として、その時代と比較した地球温暖化について触れる。

地球の最後の雪球期は六億三五〇〇万年前に終わった。大気中の酸素が高濃度になったこととあいまって、雪球期からの急激な方向転換は、遺伝的多様性を生み出す完璧な条件をつくり出したと考えられる。化石は、地球上の生命の多様性が約五億四二〇〇万年前に爆発的に増大したことを示している。カンブリア大爆発として知られるこの現象は、アース3.0の終わりを示し、アース4.0を始動させた。複雑な生命の出現である。

アース4.0――生命の爆発

カンブリア大爆発から一億年のあいだで、生命は着実に複雑さと多様性を増し、体の形や大きさ、臓器、骨格、背骨、循環器系、神経系、初歩的な脳などのすべてが、地質学的に見ればほんの一瞬のあいだに急速に多様化した。生命はまず海で多様化し、やがて陸へ進出していった。最初にコケ類とシダ類が生まれ、次に種子植物と最初の両生類が、そして爬虫類が現れた。これは雪球地球の終焉と一致する。より複雑な生命の出現以来、地球は、ほとんど生命のない荒涼とした厳しい凍結状態とは無縁である。そしてこの事実は、たんなる偶然の一致とは考えにくい。雪球期に代わって温室期が勢いを増し、そこに三度の穏やかな氷室期が訪れた。植物が土地に根づくにつれて、生命は炭素や窒素や水の循環の調節の面で、さらに大きな役割を担うようになった。これにより、地球の生命維持システムに新たな力学と調和とリズムが生まれた。

地球上のほとんどすべての生物は、海面下約五〇〇メートルから大気圏内の高度約一一キロまでの狭い帯のなかで生きている。水平にしてみたら、自転車で一時間で走りきれるほどの距離だ。これが地球の生物圏であり、生命が存在する領域である。私たちが暮らしているその帯の狭さを考えると、たった一つの小惑星の衝突が多くの生命を滅ぼしたとしても不思議ではない。これは六六〇〇万年前に実際に起きた出来事で、非鳥類型恐竜の支配に終止符を打った。

小惑星の衝突は、アース4.0のあいだにリセットボタンが押された五回の大量絶滅のうち、最後に起きたものである。(8) 毎回、大変動とも言うべき出来事が、すべてではないまでもほとんどの生命を一掃した。大量絶滅は多くの場合、火山活動もしくは時折ある小惑星の衝突によるものだった。それらは気候の激変、海水の酸性化、酸素欠乏（海水の酸素不足）をもたらした。もっとも深刻な大量絶滅は二億五二〇〇万年前で、海洋生物の九六％と陸上生物の大部分が絶滅した。地質学的証拠は、その時期に火山活動を暗示する急激な二酸化炭素濃度の上昇を示している。そして今日、私たちは同様の激変を観測している。だからこそ、多くの生物学者が、地球上の生命は六回目の大量絶滅の瀬戸際にいると言っているのだ。

氷室地球への移行

恐竜は小惑星が地球に激突するまでの一億五〇〇〇万年のあいだ、地球上をのし歩いていた。その時期のいっとき、ほとんどの土地は結合して、パンゲアという名の一つの超大陸になっていた。だが地殻活動によって、超大陸は今日見られるような形に引き裂かれはじめた。新しい海ができ、当時別の大陸だったインドがアジアに激突し、およそ五〇〇〇万年から二〇〇〇万年前にヒマラヤ山脈が盛り上がった。これが地球の気候の均衡を崩したと思われる。南極大陸がほかの陸地と分断されて南極点に近づいていき、冷たい水に囲まれ、陸地が冷えた。最終的に氷冠（氷帽、冠氷）は、三四〇〇万年前にできはじめた。その氷冠は、いまや厚さ三〇〇〇メートルだ。地球は次第に氷室状態[9]、つまり私たちの世界へと移行していった。そしておよそ五〇〇万年前、今日より気温が約四℃高かった温室期に別れを告げることになる。二酸化炭素の濃度はさらに下がり、北半球では一年中氷が見られ、周囲を陸地に囲まれた北極の海氷は、季節ごとにその氷の毛布を厚くしたり薄くしたりするようになった。

地球の自動調節システム

三八億年前（アース2.0）に生物圏が初めて誕生して以来、地球システムは驚くほど安定している。平均気温は水の凝固点と沸点のあいだの狭い範囲から逸脱していない。これこそ、生物が地球上で繁栄した理由である。しかし考えてみれば、これはかなり興味深いことだ。何十億年もの時間をかけて、太陽はゆっくりとその明るさを増し、約二五％明るくなった[10]。この状況は、科学的な循環を司る地球の生命維持システムに大打撃を与えそうなものである。だが、炭素、窒素、水、リン、酸素の循環といった、地球の自動調節システムのおもな周期は、非常に長い期間にわたって、生命の生存に適した状態に調節され、バランスを保っている。なぜこんなことが可能なのだろうか？

生命がこれほど長く存在しているという驚くべき事実は、気温がゴルディロックス・ゾーン（暑すぎも寒すぎもしない適温）〔童話『三匹の熊』に登場する、適温のお粥を選ぶ少女の名に由来〕を逸脱しすぎると、何らかの化学的・物理的・地質学的・生物学的メカニズムがブレーキをかけることを示している。地球の気候調節は独創的だ。火山は数百万年にわたってゆっくりと二酸化炭素を放出している（このことは何世紀ものあいだ、ほとんど認知されていなかった）。もし二酸化炭素の量が増えつづけるなら、地球は金星のような状態になるだろう。だが幸運なことに、それを阻止するために何かが始まる。

地球には少なくとも一つの長期的な制御メカニズムがあり、大気中から二酸化炭素を取り除くことで変化の速度を緩める。つまり、岩石の化学的風化である。これは数百万年にわたるゆっくりとした地質学的プロセスだ。地球が暖かくなると降雨が増える。なぜなら温かい海水は大気中に水分を放出しやすくなり、温まった大気はより多くの水分を含むことができるからだ。大気中の二酸化炭素は雲のなかで雨水と反応し、わずかに弱酸性の雨をつくる。これが特定の種類の岩石の上に降ると、それらを少しずつ溶かす。溶けた鉱物は川から海へと流れ込み、海洋プランクトンがその鉱物を利用して外側の殻をつくる。そしてプランクトンが死ぬと、殻は海底に沈んで堆積物の層をつくり、炭素を何百万年も閉じ込める。

地球が暖かくなると、この反応が加速し、炭素をより多く閉じ込めることで地球の過熱を防ぐ。地球が冷えるとこの反応は遅くなり、冷却効果が下がる。広い山脈はより多くの雨と雪を降らせ、風化の速度を速める。おそらく巨大なヒマラヤ山脈は、地球が徐々に氷室期へと移行したおもな原因だ。

植物や微生物も、このメカニズムの制御に役立っている。あるいは少なくとも風化に影響を与える。

土中の植物と微生物は酸性環境をつくり出し、それが風化を加速させ、空気中の二酸化炭素をより早く取り込んで、根、幹、葉、枝に炭素を蓄える。四億七〇〇〇万年前に植物が陸地に進出したことで、アース4.0では、大気中の二酸化炭素の濃度に最大の変化がもたらされた。

つまり、二酸化炭素が地球の気候を制御するための重要な鍵なのだ。地球上の生物は、この制御を乱さないために何らかの役割を果たしている。もっとも七万五〇〇〇年前のトバ火山の大噴火のような衝撃が、こうした調和に大打撃を与えることもあるが、地球はつねに変化に抗ってきた。(11) しかし雪球地球という極限状態は、この制御が壊滅的に崩壊する可能性もあることを示している。

一部の研究者は興味深いことに、少なくともコンピューターモデル上では、地球の生命維持システムの安定性を、生物多様性の増大によってある程度高められると示している。実際、多様性と複雑性は時間の経過とともに増大する傾向があるため、地球の生物多様性は現在、歴史上のどの時点よりも豊かなのかもしれない。生命の多様性と複雑性が豊かさを増すことで、地球の生命維持システムの、衝撃に対する回復力が高まるなら、私たちがそれを破壊するのは愚かなことだ。しかし現実には、それが私たちのしていることなのだ。

一九七〇年代、ジェームズ・ラブロックとリン・マーギュリスは、ガイア理論という急進的な興味深い概念を紹介した。複雑にからみ合った地球上の生命体は、地球の生命維持システムを安定させるために進化した、というものだ。つまり、生命は地球のおもな循環に影響を与え、地球が生命に適した居住性を維持するのに役立っているというのである。(12) 前述の文章の前半部分は最終的に証明されたが、後半部分は議論の余地がある。だがそうだとしても、生命と地球の生命維持システムは、ともに進化していると断言できる。両者は深くからみ合っている。

過去からの警告

地球上の生命を脅かしたいくつかの衝撃的な出来事についてはすでに述べた。もう一つ、あまり知られていない、暁新世‐始新世温暖化極大期（ＰＥＴＭ）という事件がある。時計を五五〇〇万年前に戻そう。恐竜は絶滅している。地球はまだ温室期にあり、世界の平均気温は現在より八℃高い。そして地質学的に言うとほぼひと晩で、気温はさらに五℃も上昇し、地球に混乱を引き起こす[13]。この温暖化事件は、海水の酸性化による海洋生物の大規模な絶滅と、多くの陸上生物の絶滅につながったため、地球上の生物はほぼ「大量絶滅」状態となった。二酸化炭素濃度が急上昇し、事態はすぐに制御不能に陥った。一部の科学者はその原因を、火山活動によって海底のメタンハイドレート層から大量の化石燃料が放出したためか、あるいは火山活動によって大量に埋蔵していた石油や石炭に火がついたためと考えている。結果、数十億トンの二酸化炭素が大気中に噴出したが、これは私たちがいましていることと大差ない。実際、地球の海は現在、ＰＥＴＭのときよりも速いペースで酸性化している。

地球がＰＥＴＭから回復する過程で、哺乳類の新たな種が出現した。そこには馬、ヘラジカ、コウモリ、クジラの祖先、そして最初の社会的な霊長類が含まれる。気候の急速な変化にともない、団結力のある大規模な社会集団を好む進化を辿った霊長類は、環境に否応なく適応していった。大規模な社会集団は、より大きな脳を必要とする。第3章では、この影響について述べる。

ＰＥＴＭの大惨事は、人類の台頭に道を拓いた可能性が高いが、差し迫った氷室期の到来を避けることはできなかった。数千万年のあいだ、ケイ酸塩鉱物の風化はゆっくりと安定した過程を経て大気中の二酸化炭素を取り除き、海底に閉じ込め、大陸は分裂しつづけた。この侮れない力は、地球を断続的に冷却した。

さて、そろそろこの話は終わりだ。地球はおよそ四五億年のあいだに、三つの革命（生命の誕生、光合成による酸素の放出、複雑な生命の出現）を経験した。三つの革命のそれぞれが新しい累代を始動させ、私たちはいま、約三〇〇〇万年前に始まった時代に暮らしている。地球には三つの安定した状態があることも確認した。現在より四℃以上暖かい温室期、現在の気温マイナス五℃からプラス一℃のあいだの氷室期、そして氷に閉ざされる雪球期だ。

問題は、次はどこに行くのかということである。

地球の生命維持システムに関する私たちの知識は、過去二〇〇年のあいだで深まった。これは地質学者や生物学者、海洋学者、気象学者、そのほか多くの科学的専門分野に携わる人々が、喜びと啓発と驚きの尽きることがない旅に出た結果である。過去数十年のあいだで、私たちはかつてないほど急速に知識を蓄えた。

数十億年というとてつもない歴史を覗き見てみると、一つ際立った事実がある。いま現在人類が地球に与えている影響は、地球が四五億年のあいだに経験したなかでも最大の激変と言っていいということだ。地球が経験した混乱の多くは、顕在化するまでに数百万年、あるいは数億年かかったが、人類が地球に与える影響は、わずか数十年で顕在化し、さらに加速している。

もし私たちが地球を理解したいなら、氷河時代のサイクルが始まる次の三〇〇万年の変動に目を向ける必要がある。だが将来のリスクを理解したいのであれば、さらに詳細に時をさかのぼる必要がある。

（1）太陽系の地球以外の場所も、潜在的に生命が生存できる。とくに可能性が高いのは、土星の衛星エンケラドスと木星の衛星エウロパだ。両者の氷の殻の下には、海があるかもしれない。
（2）笑顔に関する一六二の研究論文によると、遺伝的要因よりも文化的要因が影響している可能性が高い。
（3）最初の学術雑誌である『ジュルナル・デ・サバン』は一六六五年一月にパリで刊行され、続いて一六六五年三月に、ロンドン王立協会から『フィロソフィカル・トランザクションズ』が刊行された。
（4）学者たちはしばしば、研究論文につけるつまらないタイトルを考え出すために、終わりのない論争に巻き込まれるようだ。アルバート・アインシュタインが一九〇五年に発表した、$E=mc^2$〔質量とエネルギーの関係を示す等式〕を含む偉大な論文には、「動体の電気力学について」というタイトルがつけられた。
（5）累代（エオン）とは地質時代の区分方法である。大きく四つの累代があり、それぞれがさらに代（エラ）、紀（ピリオド）、世（エポック）に細分化される。
（6）この時期以前に光合成という形態が存在した可能性もあるが、決定的に違うのは、酸素を放出しなかったことだ。
（7）この進化上の飛躍は生命の七五％以上を一掃し、生物多様性の専門用語を用いれば「大量絶滅イベント」となった。
（8）五回の大量絶滅に加えて、「大量」のカテゴリーには分類されない約二四回の絶滅がある。五五〇〇万年前に起きた謎の温暖化事件、暁新世－始新世温暖化極大期もこれに含まれる。
（9）温室地球と違い、氷室地球では極地に永久に氷が存在している。とはいえ雪球地球のときの極限状態とはかなり違う。いま私たちは、時折少し温暖な間氷期が訪れる氷室地球に暮らしているということだ。
（10）太陽は一〇億年ごとに八％明るさを増している。
（11）この抵抗はケイ酸塩鉱物の風化という非常に長い時間のなかで起こり、ある種の地球の恒常性を保つための重要なメカニズムの一つであることをさらに証明している。
（12）生物は炭素、酸素、窒素、リンの循環という四つの地球システムの調節に貢献している。人体のなかで起きていることと同様に、このような反応は平衡状態に似た一種の恒常性をつくり出す。
（13）実際には、ＰＥＴＭ事件は一七万年続いた。

第2章　スコットランドの用務員とセルビアの数学者が発見した地球の危うさ

科学的発見には三つの段階がある。まず、人々はそれが真実であることを否定する。次に、それが重要であることを否定する。そして最後に、間違った人を信用する。

アレクサンダー・フォン・フンボルト　博物学者・冒険家

ペニシリンからＤＮＡの塩基配列、重力波、ブラックホールの構造まで、二〇世紀には目覚ましい発見が相次いだ。そのせいで、人類生存のためのおそらくもっとも重要で驚くべき発見である「地球の鼓動」を見逃しやすい。地球のバイタルサイン――温度、二酸化炭素、メタン――が非常に規則的な上昇と下降、つまり氷河時代のサイクルを描くようになったのは比較的最近のことである。それはあたかも病院のモニターに表れる、健康な人の心臓の鼓動のようだ。

タイムマシンで二七〇万年前までさかのぼってみよう。そこではまさに、かつてとは違う氷河時代のサイクルが始まろうとしている。時間をさらにさかのぼってみると、地球がどのようにしてこの地点に辿り着いたのかがわかる。温室期から氷室期に向かう長いゆっくりとした滑り台だ。まずは南極に最初の氷床ができた。その後、南北のアメリカ大陸が衝突し、パナマ地峡が形成された。これにより海洋循環が変化し、地球の周りの熱の流れが変わった。北極では冬になると海が凍りはじめ、北半球の大陸に氷床ができた。

大陸の地質学的な大移動は、地球システムをさらに不安定にした。これが更新世の始まりである。更新世とは地質学者たちがつけた地質年代の名前で、二七〇万年ほど続いた、山あり谷ありのサイクルを刻む氷河時代のことだ。第1章でも述べたように、極端な不安定状態は、進化のうえで革命をもたらす。氷河時代の不安定さは何をもたらしたのだろうか。

科学が氷河時代の謎をどのように解き明かしたかについての物語は、スコットランドの用務員とセルビアの数学者という二人の注目すべき男性から始まる。一九九〇年代、南極大陸に国際探検隊が派遣され、氷河時代の氷床コアが抽出された。この氷床コアは、一七〇〇年代にイギリスで始まった産業革命と、地球の歴史のなかでもっとも深刻な地質学的変化とをはっきりと関連づける法医学的証拠である。まずは管理人に会いにいこう。

傾きとぶれ

一八〇〇年代、地質学者は、ヨーロッパとアジアと北アメリカの大部分が、かつて分厚い氷で覆われていたという証拠をしぶしぶ受け入れはじめた。だが地球が氷河時代のあいだ、どのように氷期に入ったり、氷期から脱したりするのか、説得力のあるメカニズムを見つけることはできなかった。しかし一八六四年、ジェームズ・クロールが、地球の公転軌道のわずかな変化を氷期と関連づける注目すべき分析を発表したことで、事態は変わった。

クロールは一三歳で学校を中退し、多彩なキャリアを積んだ。最初は労働者として働き、その後は茶の商人、ホテル・マネージャー、保険代理店勤務を経て、一八五九年にグラスゴーのアンダーソン大学に、用務員として採用された。クロールは人を説得するのがうまかった。それは、彼が兄を丸め込んで用務員の仕事のほとんどをやらせ、自分は研究に没頭していたことからもよくわかる。

正式な学校教育を受けていなかったクロールは、大学図書館を利用して、多くの科学分野から天文学を学んだ。そして一八六四年、「地質時代の気候変動の物理的原因について」というタイトルの見事な論文を発表した。クロールはまず、氷期の原因について、もっとも注目されている理論をすべてリストアップし、それらを一つ一つ却下していった。そして詳細な計算を行い、円形から楕円形に変化する地球の公転軌道が、氷期に直接関連していると結論づけた。当時、これはまさに地球を揺るがす考えだった。この論文は、当初は世間の多くの関心を集めたが、その後あまり注目されなくなった。そして、同じく太陽系物理学の正式な教育を受けていないセルビアの科学者、ミルティン・ミランコビッチが、クロールの考えを歴史的価値ある理論にまで発展させた（クロールはいまや歴史に埋もれてほとんど忘れ去られており、地球システム科学で全幅の信用を得ているのはミランコビッチである）。

クロールのおおざっぱな計算は、万人を納得させられるだけの精度がなかった。とどのつまり、地球の軌道は単純ではない。太陽系のすべての惑星は、異なる速度で公転している。地球は太陽に近いところを高速で移動し、近くの木星を追い越したりするが、そのとき、その巨大ガス惑星の重力場に少し引っ張られる。さらに、地球は赤道付近が少し膨らんでいる。この余分な質量に太陽とその他の惑星が力を加え、地球の軌道を少しずつ動かす。こうした複雑な要因は、壮大な天体の動きからすると一見ささいなことに見えるが、じつは重要なのだ。円軌道から楕円軌道への変化、地球が自転するときのわずかな自転軸のぶれ、時間の経過にともなう地球の傾きの変化、これらすべてが組み合わさって、予測可能な規則的な方法で、地球の公転軌道に影響を与える。ミランコビッチはこの恐ろしく複雑な計算に着手した。そして彼の発見は、地球に対する私たちの考え方を変えた。

一九四一年、ミランコビッチは約三〇年の研究の末、その成果を『気候変動の天文学理論と氷河時代』〔古今書院〕という本で発表した。そして恐るべき精度で、天体運動のわずかな変化と氷期との関連性を突き止めた。ほぼ三〇〇万年のあいだ、地球は氷期と間氷期を繰り返してきた。最初は四万一〇〇〇年という頻繁な周期で氷期が訪れていたが、比較的穏やかな気候だった。だがおよそ一〇〇万年前から、一〇万年ごとに氷期が猛威を振るうようになり、その周期は長く、冷え込みは厳しくなった。最高緯度まで氷河が後退する温暖な時期、いわゆる間氷期は、一万年から三万年続く。私たちは一万一七〇〇年ほど続いている最新の間氷期の恩恵に浴している。

地球の自転軸の傾きやぶれは、太陽から得るエネルギーの量には影響しないが、太陽エネルギーがどの場所に、またどの季節に多く当たるかには大きく影響する。そもそも研究者たちは、氷期は寒さが厳しい冬から始まったと考えていた。しかし、ロシア生まれのドイツ人気象・気候学者のウラジーミル・ケッペンは、気象のバランスが崩れるのは夏だと突き止めた。北半球で、ある年の夏が涼しく、雪を全部融かすことができなくなると、雪は地表に残る。白い地表は熱を反射して地球の涼しさを保ち、次の冬により多くの雪が積もり、さらに多くの白い地表をつくり出す。そして次の夏にはさらに多くの雪が残る。こうした小さな変化は連鎖反応を引き起こす可能性がある。ちょっと触れただけで暴発する銃のように、現在の地球は危うさを抱えている。ほんの小さなきっかけでシステムが暴走し、眠れる巨人が起きて伸びをするように、氷床が融けたり海洋循環が変わったりしかねない。次章からは、私たちがあたりまえのものと誤解している地球システムの巨大な構成要素を暴走させるリスクについて見ていく。あまりにも巨大すぎて、けっして対応を誤ってはいけないシステムのリスクだ。

さて、ではなぜこの天体力学は、もっと前に氷河時代のサイクルを呼び起こさなかったのだろうか。それは大気中の二酸化炭素濃度が高すぎたからだ。しかしおよそ三〇〇万年前、二酸化炭素濃度は約三五〇ppmまで低下した。これが、北米とスカンジナビアにさらに多くの氷が堆積する原因となり、重要な転換点となった。一九八八年に、地球はこの三五〇ppmという閾値をもう一度通過したが、今度は反対の方向に向けてだ。その同じ年、NASAの科学者ジェームズ・ハンセンは米国議会で、人間が地球を温めていると証言した。そして現在、私たちは大気中に大量の二酸化炭素を放出しているので、二度と氷河時代に戻れないかもしれない。

氷のなかの泡

未解決の疑問が一つ残っている。なぜ木星と太陽が地球を押したり引っ張ったりすることが、地球の

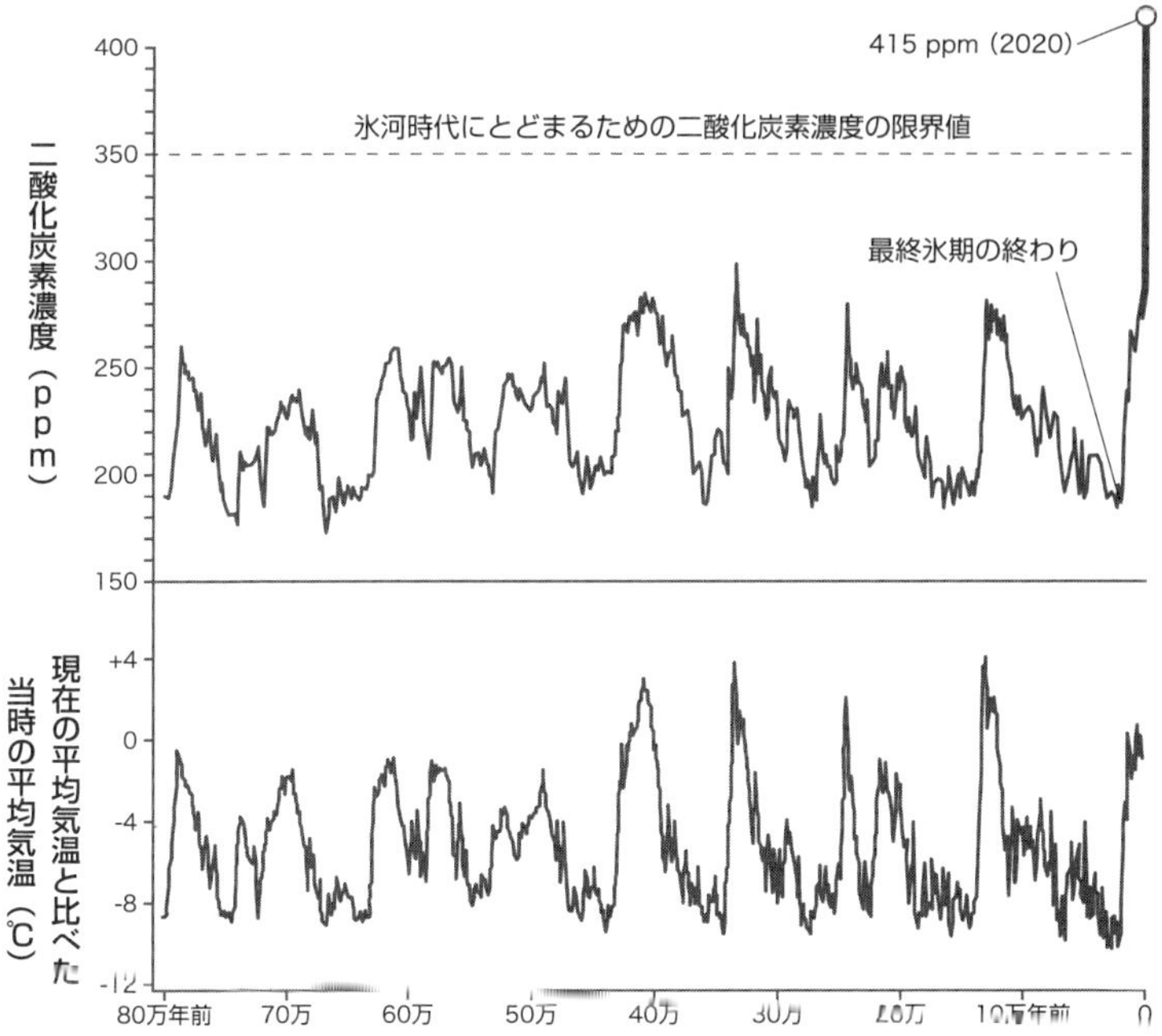

氷河時代のサイクル

気温に大きな変動をもたらすのか？　地球が氷期を抜けると、気温は私たちの予想するよりもはるかに高くなる。小さな変化は必然的にほかの連鎖反応を引き起こし、気温の上昇と下降という流れを生む。

二〇世紀の終わりに、氷河時代のパズルの最後のピースが所定の位置に収まった。一九九〇年代、国際的な科学者チームが南極に掘削装置を持ち込んだ。石油や鉱物を探していたわけではなく、種としての私たちの長期的な生存にとって、最終的に価値があるかもしれない何かを探していたのだ。それは古代の氷に閉じ込められた気泡である。南極の氷床コアに含まれる気泡は、過去八回の氷期における大気の状態を物語っている。気泡に含まれる二つの温室効果ガス、二酸化炭素とメタンの量は、不安定な地球システムについて重要な情報を提供してくれるのだ。

科学者たちが明らかにした記録は、地球の鼓動にほかならない。それは、地球がゆっくりと氷期に突入し、唐突に氷期から抜け出すことを示している。データからは地球の平均気温、二酸化炭素濃度、メタン濃度の三つの変化が読み取れる（気温と二酸化炭素の変動グラフは前ページに示されている）。惑星の動きによって、地球は氷期と間氷期を繰り返すようになり、そのことがさらに影響力を増幅する流れをつくり出す。だが、温室効果ガス排出のメカニズムはどういうものなのだろう？　冷たい海は大気からより多くの二酸化炭素を吸収し、地球をさらに冷却する（冷水は温水より多くの二酸化炭素を保持する）。一方、天体の影響が逆に作用すると、氷が後退して海が温まり、二酸化炭素が大気中に放出され、それによってさらに気温が上がる。この二酸化炭素の排出と気温上昇の相乗効果で、氷はさらに速く融け、海洋や永久凍土からさらに多くの二酸化炭素が放出される。そうしてある程度のところで勢いを失うまで、この自己増幅サイクル、つまり正のフィードバックのループが繰り返される。

間氷期は毎回少しずつ違う。やや涼しいときもあれば、やや暖かいときもある。少し長く続くときもあれば、かなり短いときもある。しかしそうした不安定な状態でも、気温は一定の範囲内にきっちり収まっている。現在の間氷期である完新世の過去一万年の平均気温を二℃以上上まわった間氷期はなく、氷期は完新世の平均気温を五℃下まわっただけだ。このことから導き出せるのは、地球は温室効果ガスのごくわずかな変化にも非常に敏感であるということだ。私たちはいま、地球がほんのささいなきっかけで暴走する、危うい状態にあることを知っている。

南極の氷床コアは、過去二七〇万年が本質的に不安定であったこと、過去一万年の安定は当然のこととして受け取られやすいがそうではないこと、そして過去一世紀に地球がどれほど変化したかをはっきりと示している。地球の鼓動は、過去数十年の前例のない温室効果ガスの排出によってたびたび止められ、いまや心停止を起こしかけている。およそ三〇〇万年のあいだ、大気中の二酸化炭素濃度は氷期には一七〇ppmまで低下し、暖かい間氷期には約二八〇ppmまで上昇した。そう、振り幅はけっして高くも低くもない。ところが数十年前、二酸化炭素濃度は三五〇ppmを超え、二〇一九年には四一五ppmを超えた。一年で二から三ppmの増加だ。現在、世界の平均気温は、産業革命前の平均気温を一・一℃上まわっている。気温が一〇年ごとに〇・二℃ずつ上昇すると、劇的な行動が取られなければ、地球は数十年以内に二℃の限界値（過去二七〇万年間の絶対的な気温の限界）を超える。最終氷期が去ってから、私たちは地球の最高平均気温を更新している。

過去二七〇万年のあいだで、このような異常な気温の変動が地球の進化の過程に影響を及ぼしたことがあっただろうか？　どうやらあったようだ。次章では、今度は人類の進化という視点から、気候変動のサイクルにもう一度目を向ける。

第3章　賢い人の登場

銀河の渦巻きのはるか西の端に、ひっそりと小さく輝く黄色い太陽がある。この太陽から約一億五〇〇〇万キロ離れた場所で、その周りをまわっているのは、取るに足りないちっぽけな青緑色の惑星だ。そこで暮らす、サルを祖先に持つ生き物は、驚くほど原始的で、デジタル時計をいまだにとても斬新なアイデアだと思っている。

ダグラス・アダムス『銀河ヒッチハイク・ガイド』（一九七九年）

私たちは長い道のりを歩んできた。だが、遠い祖先とどれくらい離れているのだろうか。その距離は、あなたが思うより短い。私たちは、産業革命の始まっていない世界からわずか一〇世代、現在のイラクに興ったメソポタミア文明初期からは三〇〇世代、中東に暮らしていた最初の農民からは五〇〇世代しか離れていない。人類の繁殖可能人口が一万組まで激減して、進化上の危機に陥った時代からも、たった三五〇〇世代だ。そして、アフリカに約二〇万年前に現れた、私たちの最初の祖先からは、わずか一万世代離れているだけである。[14]

スウェーデンの生物学者カール・フォン・リンネが、初めて現代人をホモ・サピエンスと分類した。

最初の部分の「ホモ」つまり「ヒト」は生物分類上の属[15]を表し、次の「サピエンス」つまり「賢い」は種を表す。私たちはこの崇高な名前にふさわしいだろうか？　種としての人間は、たしかに頭がよく、機知に富んでいる。地球に関する知識を、ほかの何者よりも蓄積してきた。しかし、果たして賢いと言えるだろうか？　遠い外惑星から地球を観測している宇宙人は、地球の生命維持システムの崩壊を、住民の賢さが足りない有力な証拠と見なすかもしれない。だがある日、地球の生命維持システムの変化の速度が安定しはじめれば、観察者たちは、ついに地球の住民に何らかの賢さが生まれたと気づくかもしれない。こうした状況は今世紀、早ければ二〇五〇年にも達成可能かもしれないが、成功させるためには、一〇年以内に方向転換をする必要がある。だがひとまずその話は第3幕に譲ろう。いまは、そもそもの始まりまでさかのぼってみよう。

黎明期

四足歩行のチンパンジーから直立歩行の人間へとスムーズに移行する進化のイラスト（現在そこには、コンピューターにかがみ込む人のイラストがしばしば含まれる）は正しいとは言えない。初期の人類の進化は、多くの方向に枝分かれした茂みのようなものだった。科学者たちは、アフリカ大陸やユーラシア大陸で過去五〇〇万年にわたって進化した、現生人類、絶滅した人類、現生人類に近い人類を含む約三一のヒト種を特定した。また二つの期間において、少なくとも六種のヒトが共存した時代があり、その結果複雑な交配が可能になり、今日の私たちを形づくるのに役立った[16]。現在、人類で残っている種は一つだけ、つまり私たちだ。

初期の人類の進化には四つの段階がある。まず、私たちの祖先は約一〇〇〇万年から五〇〇〇万年前に直立歩行を始めた。考古学的な証拠は、彼らが約三三〇〇万年前に、すでに単純な道具を使用していたことを示している。第二段階は約一八〇〇万年前からで、新しく枝分かれした種がホモ・エレクトスに成長した。この種はそれまでの種よりももっと直立していた。体型もわずかに異なっていて、子どもの発育は著しく遅かった。しかし、おそらくもっとも顕著な特徴は、それまでよりはるかに大きな脳で、五〇万年以上にわたって拡大しつづけた。[17] ホモ・エレクトスは火を使ったので、料理が可能になり、より多くのエネルギーを体内に取り込むことができた。脳はたくさんのエネルギーを必要とするため、その結果さらなる脳の拡大が促されたと言える。

およそ七〇万年前、ホモ・エレクトスから枝分かれして、さらに別の種が出現した。ホモ・ハイデルベルゲンシス。進化の第三段階である。この種は、祖先と比較してさらに巨大な脳を持っていた。容量は現代の人間と同じくらいである。いくつかの遺伝子が変異したおかげで、この段階で言語も出現した。ホモ・ハイデルベルゲンシスは、現代人と、その近親者であるネアンデルタール人両方の共通の祖先である可能性が高い。そしておよそ二〇万年前、ついにホモ・サピエンスが登場する。しかし最新の証拠は、その登場が一〇万年前だった可能性があることを示している。二〇年前まで、東アフリカの大地溝帯を起源とする説が有力であるというのが科学的コンセンサスだった。だが、真実はもう少し複雑かもしれない。最近の研究によると、ホモ・サピエンスは一つの地域で単一のグループが進化したのではなく、アフリカ全土に住む相互に関わりのあったいくつかのグループが、環境の変化によってときにその関係性を変化させながら進化したという考え方が有力だ。

脳のパワー

現代人は、他の霊長類やもっとも近い類人猿より少し頭がいいどころではない。比較にならないほど頭がいい。私たちの巨大な脳は、その運用コストは高いものの、私たちにとてつもない知能を与えてくれた。脳は毎日のエネルギーの二〇％を消費する。だがこれは非常に効率的だ。なぜなら脳の消費エネルギーは電力に換算すると約一三ワットで、弱い電球程度だからだ。

私たちの脳がどのように、そしてなぜこれほど急速に進化したのかを説明する仮説には、有力なものが三つある。一つ目は社会的脳という仮説だ。大きな集団で暮らし、互いに協力したり、人を操作したり、搾取を回避するために複雑な関係や階層をつくり上げるには、大きな頭脳が必要だったというもの。(18)これは強力な仮説だ。なぜなら社会的な複雑さ、とくに互いに張り合うことは軍拡競争を引き起こし、人や集団がお互いの裏をかいて勝利をつかもうとするときに、変化のサイクルを促進するからだ。二つ目の仮説は、生態学的知性。大きな脳は、私たちが食べ物を探し、道具をつくり、絶えず変化する環境にうまく適応していく能力を与えた。認知力の急拡大につながる人類の進化の四段階は、氷期によって引き起こされた大きな気候変動と一致する。環境の激変のたび、人類は生き残る手段を見つけるために、脳によりいっそう頼らざるをえなかったのだ。

急速な脳の拡大を説明する最後の仮説は、文化的知性だ。これは、蓄積された文化的知識と、教育と学習の役割の重要性を強調している。この仮説は、最初の二つの仮説を組み合わせたもので、進化の流れに乗ることによって、言語の出現を促す。

この時代、もっとも初期の氷期は二七〇万年前に始まり、およそ四万一〇〇〇年続いたが、氷期から間氷期への移行は緩やかで、氷期も比較的穏やかだった。こうした氷期は、私たちの祖先の多くが暮らしていた赤道付近のアフリカや大地溝帯にはほとんど影響を与えなかった可能性がある。氷期の周期が一〇〇万年ごとに変わり、寒さが厳しくなったのは、一〇〇万年前のことだ。氷は徐々に蓄積したが、その後、「突然の」気温上昇が起こり、それが四〇〇〇年以上にわたって続き、地球はより暖かい間氷期に突入した。アフリカでは気候パターンが変化し、大干ばつと雨季が交互に訪れた。気候が変化し、鬱蒼とした森林が草原や砂漠に変わったため、初期の人類は環境に適応しなければならなかった。こうした状況は、頭のいい人や、集団のなかで協力したり、他の集団と競争できる能力が高い人に有利だっただろう。このような特性をすべて備えていることが、勝利の秘訣だったのは明らかだ。約一〇万年前、人類の脳は著しく肥大した。これは、現代的な言語を使うようになった時期と一致していると見られる。

近年、研究者たちは、大地溝帯で私たちの祖先がおそらく直面していたのと同じ社会的および生態学的圧力のもとで、私たちの脳がどのように進化するかについて、コンピューターモデルを作成した。彼らは、急速に変化する環境からエネルギーを手に入れるという生態学的な課題が、集団同士の社会的競争を促す役割を果たし、急速な脳の進化のおもな原動力となった可能性があることを発見した。これは、一〇万年前までは、ホモ・サピエンスとネアンデルタール人の脳は非常に似ていたが、その後ホモ・サピエンスの脳は、もう少し丸い球根状の形になったことを示す証拠によって裏づけられている。この形状変化は進化の過程で起きたもので、手と目の連携、複雑な道具の使用、自己認識、長期記憶、数字の処理などの強化につながっていった。この進化の道のりは、ホモ・サピエンスの脳が完全に現代人の脳に匹敵するようになった三万五〇〇〇年前まで続いた。二〇二〇年、心理学者のサイモン・バロン＝コーエンは、こうした脳の変化の重要性を説明する新しい理論を提案した。彼は、この期間での進化が、パターンを分析したり情報を体系化するための、人類独自の思考のメカニズムにつながったと主張している。このメカニズムは、一見すると単純なアルゴリズムを生んだ。バロン＝コーエンが「もし（ＩＦ）、そして（ＡＮＤ）、その結果（ＴＨＥＮ）」と表現する手順だ（もし私が種を蒔き、そして雨が降ると、その結果植物が成長する）。このアルゴリズムはすべての発明の母であり、農業から大工仕事まで、科学と数学から芸術と文学まで、革新と創造性の世界の扉を開く。

しかし、ホモ・サピエンスと脳がよく似ているネアンデルタール人が、この過程に沿って進化しなかったのはなぜだろうか？　これにはほかの要因が関係している可能性がある。二〇万年以上にわたるホモ・サピエンスの頭蓋骨の進化を詳しく見てみると、もともとはネアンデルタール人と共通の特徴だった眉上弓が、脳の進化とともに徐々に減少したことがわかる。私たちの顔はより丸くなった。男らしさを強調する力強い特徴も減少した。こうした変化は、血中のテストステロン濃度の低下によっても説明できるかもしれない。チンパンジーはテストステロン濃度が高く、小さな集団で生活し、突発的な暴力で意見の不一致を解決する。一方、コンゴ川を渡ってチンパンジーから進化したボノボは、血中のテストステロン濃度が低く、平和的な大規模集団で暮らしている。低濃度のテストステロンは、大きな遺伝的変異はもたらさないが、わずかな遺伝的多様性をもたらす。女性が意図的に攻撃性の低い男性を選んだらどうなるだろうか？　あるいは、攻撃的な男性が部族の仲間たちに敬遠されるようになったら？　その結果、より平和で安定した、かなり大きな社会集団をつくることが可能になった。こうした戦略は「もっとも友好的な者たちによる生存」と呼ばれている。これは興味深い結論につながる。私たち人間は、自分自身を飼い慣らしたのだ。

脳の進化の紆余曲折は、厄介な難問を投げかける。もともと人間の脳は、論理的思考を重んじるようにつくられている。これはよりよい決断を下すのにはうってつけかもしれない。だが個人として、あるいは社会として、しばしば人は事実や証拠を適切に活用できないときがある。これは、地球の緊急事態に対処する時間がなくなりつつあるいま、世界中とつながり合っている種である私たちにとって、大きな課題だ。しかし言語の発達や協力関係の強化にともなって、人類にはとりわけ強い資質が備わった。説得力、つまり、強い言葉や甘い言葉を使って相手を巧みに操る能力だ。このゲームに関しては、私たちは間違いなく達人である。しかし、科学者にとってひどく残念なことに、説得力は必ずしも事実によって増すわけではない。これは、人の資質としての説得力が最初にどのように、そしてなぜ現れたのかを考えることで説明できる。『否定の真実』（二〇一九）の著者であるエイドリアン・バードンは、次のように述べている。「私たちの祖先は小さな集団のなかで進化した。そこでは協力と説得は、少なくとも世界について正確な事実を把握して信念を持ちつづけることと同じくらい、繁殖の成功を左右した」。せめて繁殖に成功するまで部族内で生き残ることは、集団の信念体系を受け入れることを意味した。自分の属する集団とその世界観を、ほかの集団のそれよりも支持するという本能的なバイアスは、人間の心理とＤＮＡに根づいている。

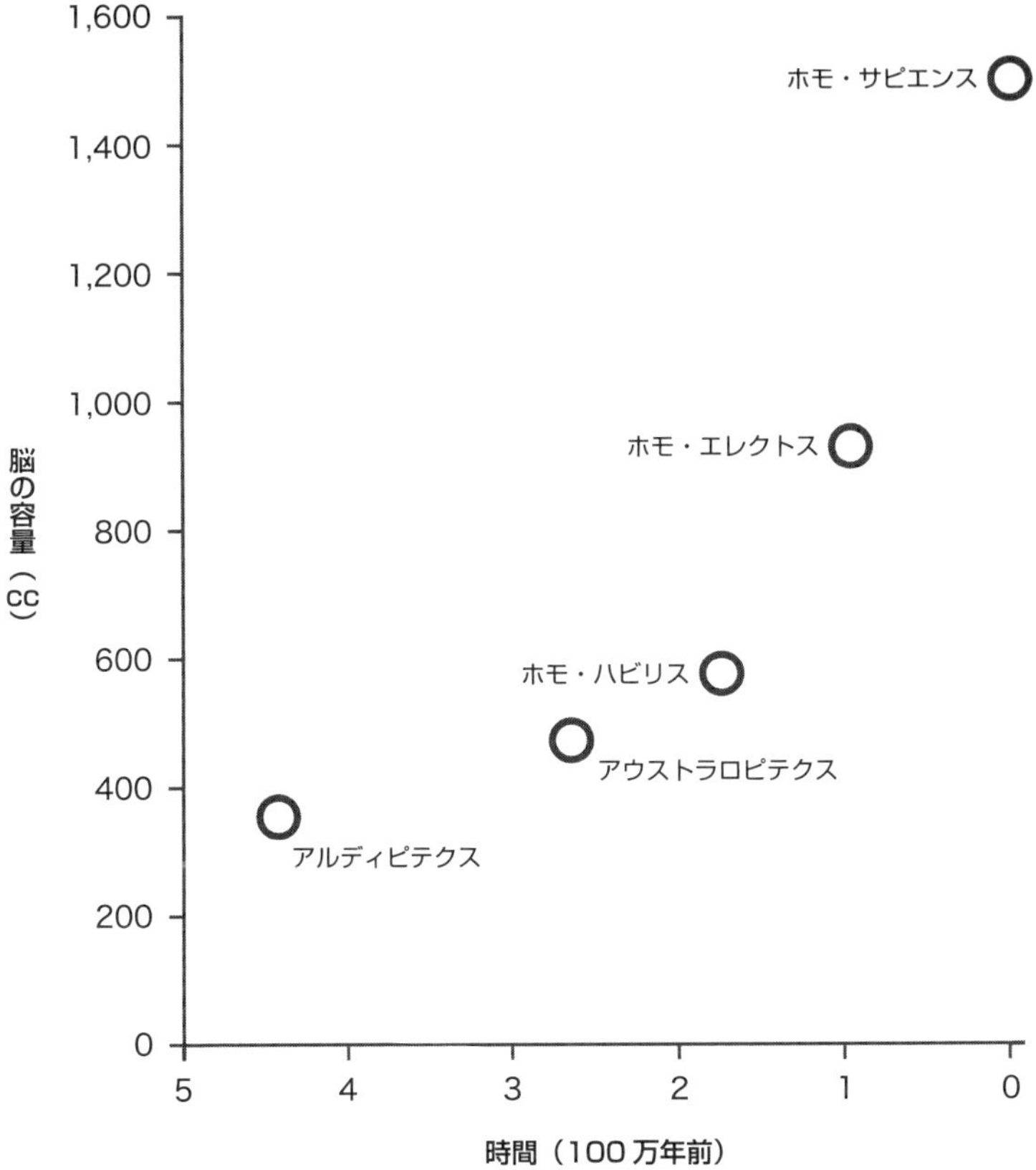

人類の進化と脳の成長

要約すると、この認知の革命には、二つの新しい脳の機能の進化が関係していると言える。まず一つはシステム化のための独特の能力。つまり「もし、そして、その結果」を用いた革新的な推進力だ。そしてもう一つは、協力し、共感し、教え、ときには欺瞞にすら関わる能力だ。これらの能力は非常に大きな安定した集団や部族、社会、そして文明の出現を可能にする。しかし、ここが重要なポイントだ。バロン゠コーエンは『パターンの追求者』（二〇二〇）にこう書いている。「人類をほかのすべての動物から分岐した道に進ませた、この二つの注目すべき脳のメカニズムを一歩下がって見てみると、人類という集団の驚くべき多様性に気づく」。情報を体系化することには長《た》けているが、集団生活を営むのには苦労する人もいれば、まったくその逆だという人もいる。認知に関わるこの二つの能力のバランスが、今日までの私たちの成功と失敗を左右している。これは地球システムの管理に取り組んでいるいま、とりわけ重要な見方だ。

人口の急減

恐るべき認知力を手にしながらも、人類は過去に絶滅の一歩手前まで行ったことがあるようだ。およそ七万年前、人類の認知力が飛躍的に発達したとき、大惨事が祖先たちを襲った。遺伝子解析によると、当時のホモ・サピエンスの個体数は、男女のペアでわずか一万組まで激減した[19]。あなたも私も、この小集団の子孫である。いったい何が起きたのだろうか?

およそ七万五〇〇〇年前のスマトラ島トバ火山の大噴火は、過去二五〇万年で最大の噴火であり、その後数十年にわたって、壊滅的な火山の冬を世界中にもたらし、さらに何世紀にもわたって低温と乾燥が続いたと考えられている。最近まで、トバ火山の噴火が人口減少のおもな原因と考えられていたが、いまは論争中である。噴火後のアフリカの状況に関する最近の研究は、「この地域の人類はトバ事変とそれに続く氷期を通じて繁栄した」と結論づけている。したがって、少なくともいまのところは、人口急減の理由は謎のままだ。

私たちの脳のさらなる拡大を止めたものはなんだったのだろうか？　もちろん、女性の骨盤の大きさが胎児の脳の大きさを制限することや、脳を大きくするにはより多くのエネルギーが必要なことなど、物理的な制限はある。しかしその一方で、また別の革命が起こりつつあったのも一つの要因だ。それは農業革命である。最終氷期の氷が極北に後退するにつれて、人類は食料を得る方法を変えた。これは私たちの脳の発達にとても興味深い影響を与えたが、あなたが予想するようなものではないかもしれない。

(14) 平均的な女性が二〇歳で第一子をもうけるという仮定にもとづく。現代は、一九五〇年頃に終わりを迎えた完新世から三世代である。
(15) 「属」は分類学的には「科」と「種」のあいだにある。
(16) 今日、オセアニア以外のすべての非アフリカ系現代人が、一・八〜二・六%のネアンデルタール人のDNAを持っている。
(17) 私たちホモ・サピエンスは人類最初の祖先と比べて脳のサイズが三倍になった。その成長のほとんどは、ホモ・エレクトスの時代に起きた。
(18) これは大規模集団内での生活を超えて、他の大規模集団との競争にまで拡大する。
(19) 人類の遺伝的多様性は、チンパンジーのような他の霊長類と比べて非常に低く、少なくとも一度は人口の激減が起きたことを暗示している。

第4章　ゴルディロックスの時代

私は文字どおり別の時代から来た。私は完新世の時代に生まれた。これは、人間が定住し、農業を行い、文明を創造することを可能にした、気候の安定している一万二〇〇〇年間につけられた名前だ。しかしいま、たった一世代で、まさに私の世代で、すべてが変わった。完新世は終わった。エデンの園はもうない。私たちは世界を大きく変えたのだ。だから科学者たちは、私たちはいま、地質学的な新たな時代、人新世、人類の時代に入ったと言っている。

デイビッド・アッテンボロー　動植物学者・世界的プロデューサー
世界経済フォーラム　ダボス　二〇一九年

人類の歴史はまさに完新世の歴史である。人類のすべてのドラマが展開し、記録されたのは、この安定した時代なのだ。

完新世の物語には、非常に明確な始まりと終わりがある。それは約一万二〇〇〇年前に始まり、一九五〇年代に終わりを迎えた。一〇万年続いた厳しい凍結の時代のあと、天体力学と地球の内部動力学の影響で、氷期の威力が衰えた。とはいえ地球は新しい時代にスムーズに移行しなかった。温暖化で氷床が崩壊し、大規模な洪水が起きたため、ホモ・サピエンスは最初はがたがた揺れる不安定な地球という乗り物に耐えた。地球は一時的に氷期のような状態に戻り、冷たい淡水が海水の循環を停滞させた。

最終的に、地球は地質学者が完新世（ギリシャ語で「新しい全体」を意味する）と呼ぶ時代に落ち着いた。[20] 氷河時代に定期的に訪れる温暖期である。完新世の明確な特徴は、暑すぎず、寒すぎない気候のため、エデンの園またはゴルディロックスの時代と呼ばれている。完新世の明確な特徴は、氷河時代のその他の間氷期と比較すると異常に安定した気候と、その安定性が脆弱なものであるという点だ。第2章で説明したように、地球は一触即発の危うさを抱えており、どんなきっかけによってもその均衡が破られる可能性がある。地球の傾きと自転軸のぶれの予測可能な変化を計算したところ、地球の危うさを揺るがす刺激がそれほど強くなければ、ゴルディロックスの時代がさらに五万年ほど続くと予想されていた。実際、人類があちこちにぽつりぽつりと散らばる少数の狩猟採集集団から、今日のように世界的につながり合った巨大な社会集団へと発展することを可能にしたのは、まさに完新世の穏やかな環境条件にほかならない。しかし、私たちの未来はもはや完新世ではない。

完新世の物語

完新世は、ある一つの種が惑星を支配し、その惑星を異様なほど安定した状態に保っていた生命維持システムを揺るがすようになった時代の物語だ。ただしそれは単一の物語として語ることはできない。

エピソードはいくつもある。完新世は、からみ合った社会と環境、とくに気候と生物圏の物語だ。革新と創意工夫の物語でもあり、協力と抑圧、階級社会と権力の物語であるだけでなく、ネットワークがいかに階級社会を破壊するかという物語でもある。完新世は、成長の物語だ。とりわけ産業革命が始まって以降の最終章がハイライトである。成長は複雑さにつながり、複雑さは予期せぬ新たな結果につながる[21]。

ここでは、完新世での人類の旅のすべてを語ることはできない。ただ強調したいのは、完新世の驚異的な気候の安定性と環境の豊かさがあったからこそ、技術革新と文明の繁栄が可能だったということだ。ここでは、私たちが失いつつあるもの、危機に瀕しているもの、そして複雑な社会が機能しつづけることが難しい理由、それらを理解するために必要な情報を提供したい。それと同時に希望も提示したい。戦争や飢饉や病気はかつて、生涯にわたって人々を苦しめてきたが、過去と比較すれば、いまはだいぶ消え去っている。民主主義の隆盛と女性の権利獲得、そして奴隷制の終焉は、社会に正しいことを行う力があることを示した。だが、そうしたことが起きるのは、ほかに選択肢がなくなったときだけだと感じられることもある。すでに進歩を成し遂げたのだからと、誤った安心感に浸ってはならない。実際、二〇二〇年には、再三の科学界からの警告にもかかわらず、COVID－19が世界の不意を突いた。

からみ合った社会と環境の物語

完新世の初期までに、ホモ・サピエンスは南極大陸を除くすべての大陸に到達した。グローバル化は早い段階で始まった。だが荒れ狂う気候条件下では、農業の芽生える余地はほとんどない。農業をするためには、少なくとも来年も前の年と同じようになるだろうという、ある程度予測可能な要素が必要だ。最終的に、気候は緩やかな変化を繰り返す心地よいリズムに落ち着いた。この予測可能な状態は非常に長いあいだ（数千年）続いたため、人類はそれを当然のことと思っていた。私たちの誰もが、これ以外の気候条件下で生きたことはない。具体的にどれほど穏やかだったかは、過去二〇年間の気候の安定性を見れば明らかだ。完新世のあいだ、世界の平均気温は上下にわずか一℃の幅でしか変化していない。地球のサーモスタット機能を制御するもっとも重要な温室効果ガスである二酸化炭素は、ずっと二八〇ppm前後に保たれ、産業革命までその状態は変わらなかった。

とはいえ、完新世に入った当初は、世界的に気候が安定しなかったので、農業の始まりは地域ごとにまちまちだった。動物の家畜化や作物の栽培が始まったのは、それぞれの地域の環境条件の改善が進むにつれてである。科学者たちは、一万一〇〇〇年前のメソポタミアに、農業の最初の兆候を発見した。メソポタミアは、現代イラクのチグリス川とユーフラテス川のあいだに位置し、かつては肥沃な土地だった。中国と中央アメリカでも、およそ一万年前に農業がそれぞれ独立して始まった。そして約八〇〇〇年前、気候がより穏やかになるにつれて、インド、アフリカ、北アメリカ、南アメリカ、アンデスの一部でも農業が始まった。私たちの祖先は、犬、小麦、大麦、レンズ豆、牛、豚、ひよこ豆、猫の順番で、動物を飼い慣らしたり作物の栽培を始めたりした。[22]

動物の家畜化や作物の栽培は、世界中のさまざまな大陸で独立して発生した。これは、それまでで

もっとも重要な革命である農業を可能にしたのが、十分な雨季と温暖な作物成長期がもたらされる完新世

のゴルディロックス状態であることの、まぎれもない証拠である。私たちが「現代社会」と呼ぶものすべての進化は、まさにここから始まった。

　農業革命は私たちの地球に大きな影響を与えた。完新世の初めには、約六兆本の木が地球上に生育していた。いまはその約半分だ。完新世の最初の数千年で、農業が世界的に広まったため、それが広範囲にわたる森林破壊につながり、大気中の温室効果ガスの量に影響を及ぼしたと主張する人もいるが、その影響はおそらく自然のバウンダリー（限界）の範囲内だった。森林破壊が地球の生命維持システムを揺るがしはじめたのは、もっとずっとあとのことだ。

　地球温暖化の懐疑論者は、気候変動が大きな問題であることを疑問視する傾向がある。彼らは、ローマ人が「中世の温暖期」にイギリスでブドウを栽培し、ロンドン市民が一五世紀から一八世紀にかけての「小氷期」に凍ったテムズ川でスケートをしていたことを引き合いに出す。しかし、これらの出来事は一時的に限られた地域で起きたことであり、影響を及ぼしたのは地球の特定の部分にのみである。これは地球の自然の気候サイクルと時折の火山噴火が要因だった。だが世界的には、平均気温がプラスマイナス一℃の狭い範囲から出ることはなかった。懐疑論者はまた、気候はつねに変化していると言う。氷期や温室期の地球を見よ、と。たしかに、そのことは心に留めるべきだろう。地球は地殻変動に非常に敏感なようだ。しかしそれでも、文明が出現した完新世のあいだは、気候はほとんど変化しなかったのだ。

　地球上のすべての場所が、広範にネットワーク化された文明に適しているわけではない。北の凍ったツンドラと森は寒く荒涼としていて、人を寄せつけない。熱帯雨林は鬱蒼とした森に覆われ、熱帯病が

眠れる巨人——南極大陸

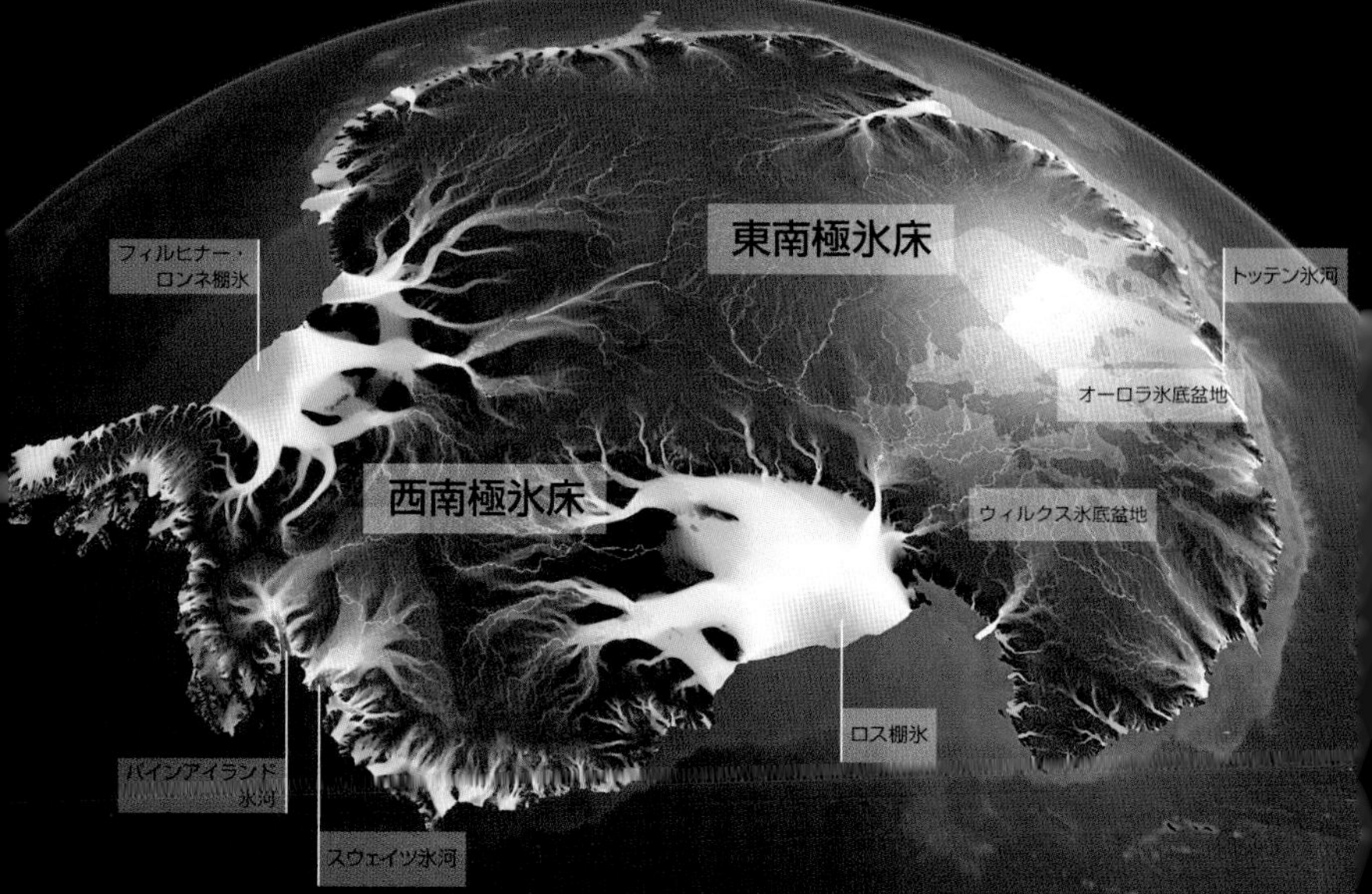

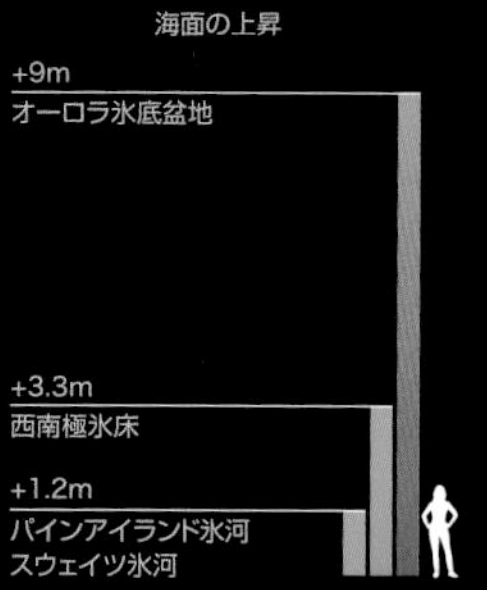

南極大陸には、海面を 60m 押し上げるだけの量の氷がある。南極大陸の氷床の約 3 分の 1 は、海面下の岩の上に載っている。その部分は、気候変動の影響をとくに受けやすい。温かい海水にさらされており、海水が氷の下に浸透しやすく、下から急速に氷を融かし、氷の減少を加速させる。ここ数十年で、氷床は何兆トンもの氷を失っている。おもな地域（パインアイランド氷河、スウェイツ氷河、ウィルクスランドの一部）は、すでに不安定化の兆しを見せている。パインアイランド氷河とスウェイツ氷河が崩壊すると、世界の海面が 1.2m 上昇すると言われている。西南極氷床の脆弱な部分は、全体で海面を 3.3m 上昇させるだけの氷を蓄えており、パインアイランド氷河やスウェイツ氷河の崩壊によって、西南極氷床の崩壊も加速する恐れがある。東南極のウィルクスランドには、脆弱なオーロラ氷底盆地があり、そこには海面を 9m 上昇させるのに十分な氷がある。

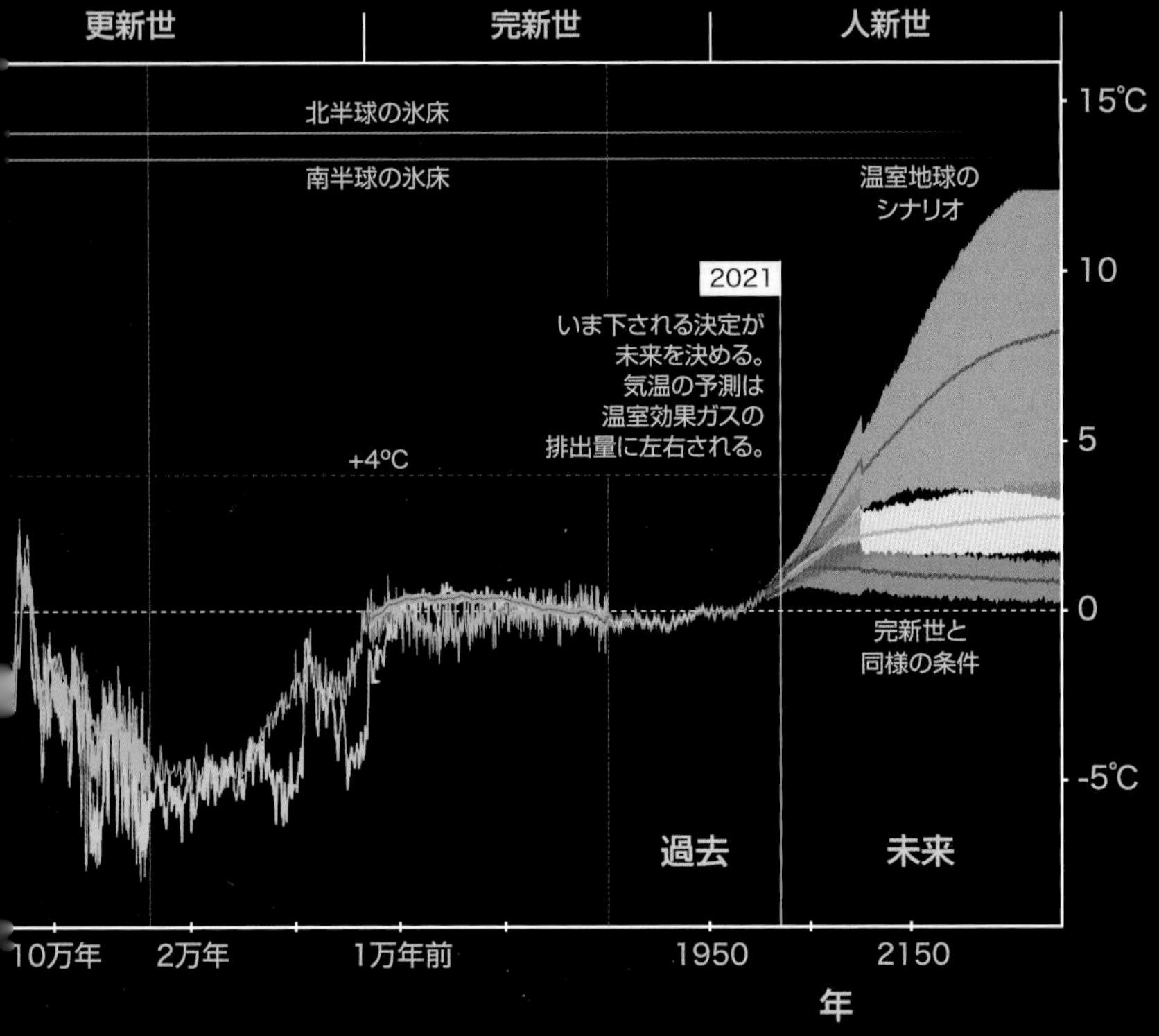

更新世
完新世
人新世
北半球の氷床
南半球の氷床
温室地球の
シナリオ
2021
いま下される決定が
未来を決める。
気温の予測は
温室効果ガスの
排出量に左右される。
+4°C
完新世と
同様の条件
過去
未来
15℃
10
5
0
-5℃
10万年
2万年
1万年前
1950
2150
年

過去との決別

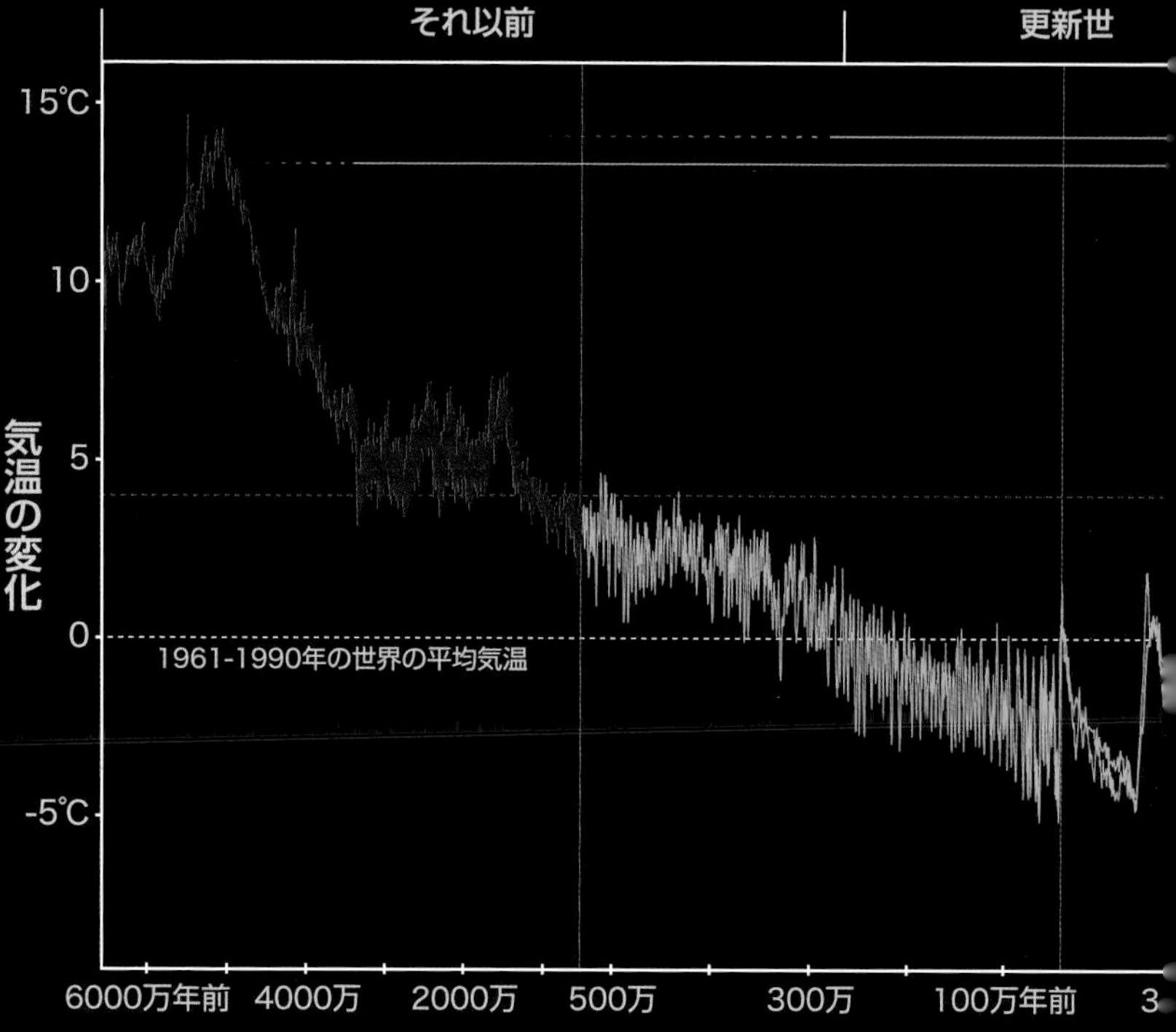

過去 6500 万年の気温の動向と未来の地球の気温との比較。（気温の動向は複数のデータから導いたもので、色の違いで示してある）。+4℃の水平ラインは、1961-1990 年の世界の平均気温を基準としている。

過去 ―― 5500 万年前に暁新世 - 始新世温暖化極大期を迎えたこの時期は、温室地球の状態が続いていた。その後、温室効果ガスの濃度が徐々に低下し、地球が冷やされて北半球に永久凍土が形成され、氷期と、間氷期と呼ばれる温暖期の、2 つの安定した期間が繰り返される、新しい気候パターンが始まった。

未来 ―― いま下される決定は、地球が完新世のような冷涼な気候で安定するか、温室状態に突き進むかに大きく影響する。

アースショット構想

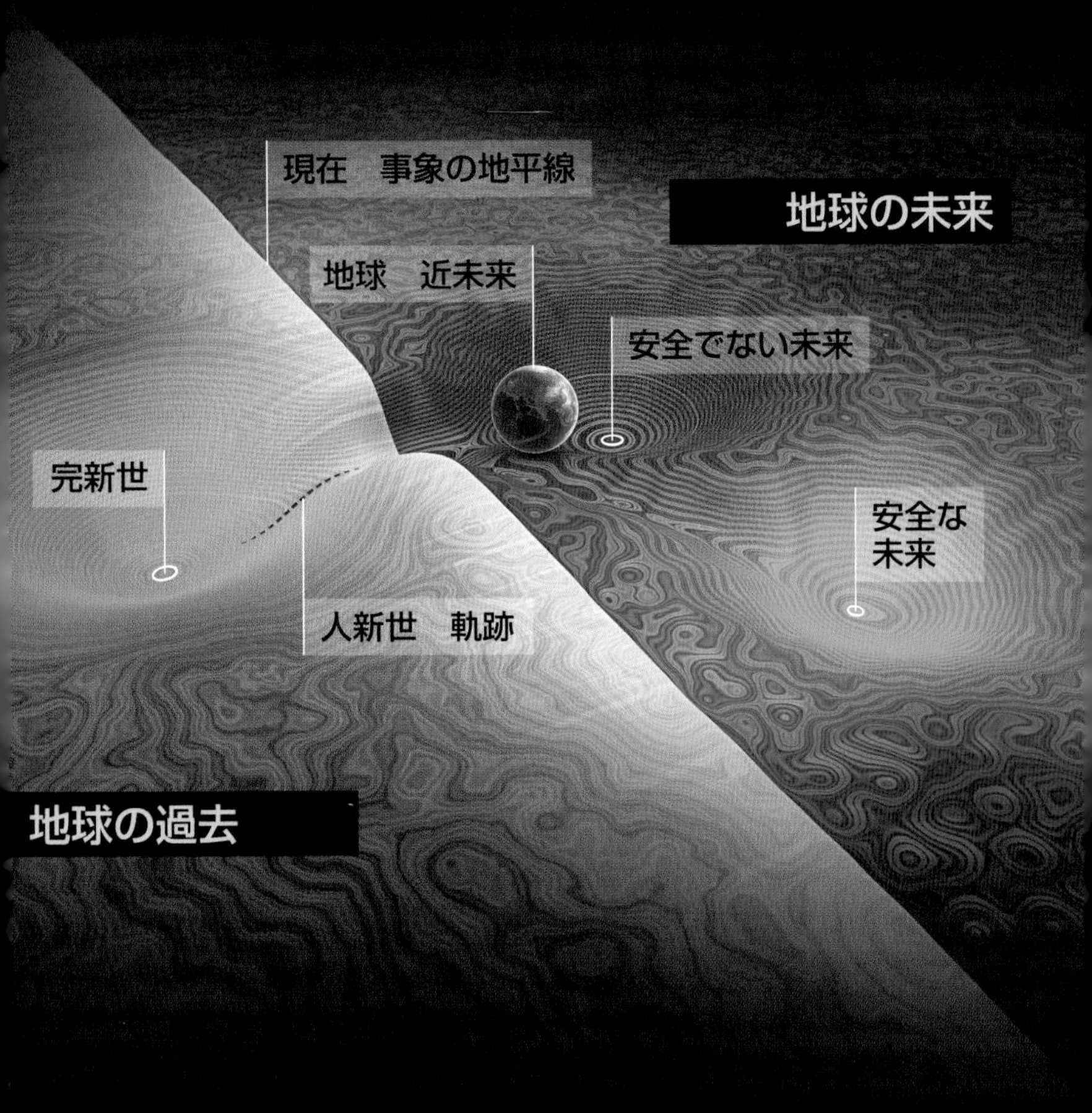

地球は完新世の安定状態から外れてしまった。私たちのアースショット構想は、安全で安定した地球に戻す方法を見つけ出し、それに向けて導くことである。

蔓延している。実際、地球上で「幸運な緯度」と呼ばれるごく狭い範囲だけが、政治、技術、経済においてもっとも高度な飛躍を遂げている。もっとも多くの人々が繁栄したのもこの範囲である。

完新世のあいだ、人類はその幸福を安定した環境に依存してきた。私たちは、その安定を守るために、責任ある環境管理（環境スチュワードシップ）が必要だという物語と世界観をつくり上げた。その世界観とは、人類がどのように作物をつくり、収穫し、生活を営むべきかということだ。小さな島のコミュニティーは、ほかのコミュニティーよりもずっと強くこのことを認識していた。それでもこの世界観は、他と隔絶された不安定な地域での災害を防ぐことはできなかった。モアイ像で有名な、太平洋に浮かぶイースター島。そこで栄えたラパ・ヌイ社会は、一六〇〇年代もしくは一七〇〇年代初頭に崩壊した。原因は、島の表土を固定していた木を伐採しすぎたことだと考えられている。今日、世界貿易は、かつては孤立していた社会により強い回復力をもたらす一方で、ネットワーク全体をより衝撃に弱くする可能性も高めている。さらに、社会はますます自然から切り離されており、それが人類の脆さを増大させている。二〇二〇年のパンデミックを見れば、そのことは明らかだ。

革新と創意工夫の物語

最初の文明を興した民族として賞を授与するとしたら、おそらくメソポタミアのシュメール人だろう。農場やコミュニティーの仕組みが複雑になるにつれて、そこでは余分な食料が発生した。七〇〇〇年前までに、メソポタミアの平原にはいくつかの都市が出現し、最終的には八万人の人口を抱える都市も現れた。もっとも初期の文字が見つかるのもこの文明である。楔形文字だ。[23] シュメール人は、取引を追跡したり、在庫を調べたりするために、経理に楔形文字を使用した。その後、楔形文字は統治、法律、歴史的出来事の文書化、語りなどに使用された。[24] 文字と文書は、組織化された社会での革新そのものであり、文明、帝国、そしてそれに付随する官僚機構を拡大させた。

言語の出現もそうだったが、文字の出現はほかのすべての革新を可能にし、効率化する。誰かが指示を書き留めさえすれば、いちいち同じ説明を繰り返す必要はない。文字と言語の両方が出現することで、文化と知識の蓄積が可能になるのだ。だが大帝国と宗教的思考からなる世界では、読み書きができることとは上流階級の特権で、文字は人々を支配するために使用された。したがって何千年ものあいだ、新たなアイデアや技術革新、社会革新は抑えられたままだった。その状況が変わったのは六〇〇〇年後、ヨハネス・グーテンベルクが新しい基本的な技術革新である印刷技術を発明したときである。これは完新世の決定的な分岐点だった。スコットランドの歴史学者ニーアル・ファーガソンは、一五〇〇年代にヨーロッパ中に印刷機が普及したことが、都市の成長要因の一八〜八〇%を占めたと述べている。印刷技術によって、人は経済を機能させるための基本的な知識を楽に広められるようになった。たとえばビールを醸造する方法などだ。それはまた、斬新なアイデアが社会全体に広まることを可能にし、啓蒙主義と科学的思考の種を蒔いた。

協力と抑圧、階級社会と権力の物語

人類の進化の歴史において、現代人を形づくるうえで、協力する能力ほど重要なものはなかった。完新世初期のもっとも重大な技術革新の一つである灌漑は、工学的な課題だ。だが同時に社会的な課題でもある。用水路は、農民がより多くの種を蒔いて、干ばつに対する保険を得られるようになったことを意味した。だがたった一人の農民では、そのようなシステムをつくるのは難しい。そのため、人々はより大きな集団をつくって力を合わせる必要があった。灌漑には大がかりな協力関係が必要だったため、学者のなかには、社会革新や資源の集中管理、そして国家の起源という観点で、灌漑システムは重要な役割を果たしたと主張している者もいる。

灌漑によって農業が発展し、余剰作物が増えたため、初期の国家は灌漑に依存していた。灌漑は、急成長する町や都市に住む人々を養うのに不可欠だった。最終的に、同じ技術が都市にも水をもたらし、廃棄物を運び去ることにもなった。近年、水の使用量が急増している。この増加の約七〇%は灌漑用水だ。一九〇〇年以降、水の使用量は六倍に増加したが、ほとんどの変化は一九五〇年代以降に「緑の革命」――トラクターや肥料などの技術開発への巨額の世界的投資――が何十億もの人々に食料の安全保障をもたらしたために起こった。灌漑事業は現在は停滞しているように見えるが、これはおもに、堰き止めたり吸い上げたりできる川がほとんど残っていないためだ。世界銀行は二〇五〇年までに、増えつづける人口を養うためには、農業用の灌漑用水をさらに一五%増やす必要があると推定している。この水はいったいどこから手に入れるのか?

都市が強大になるにつれて、帝国が出現し、権力は家父長制の頂点である首長、王、皇帝に集中した。階層的な国家の手による技術革新は、エジプトやマヤのピラミッドやヨーロッパの大聖堂などの、権力を象徴する壮大な建造物や武器などに集中した。当時の世界では、力とエネルギーの象徴は、所有する木や奴隷、馬、牛であり、情報は、たとえあったとしても、上層部から下層部にしか流れなかった。メソポタミアの大規模な灌漑計画など、一大工学プロジェクトが計画されることもあったが、塩水の侵入から作物を守ることなどは、広大な帝国の力をもってしても不可能だった。

ネットワークがいかに階級社会を破壊するかという物語

帝国の物語は、帝国自身で官僚機構に記録として残されるためによく知られている。しかしネットワークの物語についてはあまり知られていないので[25]、より興味深い。スコットランドの歴史学者ニーアル・ファーガソンは、自身の著書『スクエア・アンド・タワー――ネットワークが創り変えた世界』〔東洋経済新報社〕のなかで、とくに印刷機の発明以来、「技術革新は階級社会からよりもネットワークから生み出される傾向がある」と述べている。

ローマ・カトリック教会と北ヨーロッパの支配階級とのあいだに大きな溝を生んだヨーロッパの再編は、思想を印刷物によってヨーロッパ全土に迅速に広めることができた、小さな非公式のネットワークから始まった。さらに重要なのは、科学革命と産業革命、そして現代の民主的で自由な社会を生み出した哲学、法律、経済思考の基盤である啓蒙運動が、知識人の非公式なネットワークから生まれたということだ。その担い手の一人であるスコットランド、グラスゴー大学のアダム・スミス[26]は、自由市場は厳格な階級社会よりも効率的に資源を分配すると主張した。これは資本主義の基盤となった考え方だ（実際、大手小売りチェーンであるウォルマートの店舗をひと目見ただけでも、商品を市場に出すにはすぐれた指揮統制が必要であることがわかる。グローバル経済には、階層的な指揮統制系統とネットワーク効果の両方が必要である）。

しかし、ネットワークには一つ大きなマイナス面がある。それは、全員を共通の目的に向かわせるのが簡単ではないことだ。ファーガソンは、ネットワークは当然のことながら「創造的ではあるが戦略的ではない」ものであり、よいアイデアと同じくらい悪いアイデアも広めることができると述べている。これを証明するためのサンプルデータの収集は、デジタル革命によって可能になった。実際、フェイスブックとツイッターは、まるでビジネスモデルの一環であるかのように、気候変動やワクチンに関するフェイクニュースなど、悪いアイデアの拡散を産業化するための手順を巧みに磨き上げてきた。このデジタル時代に、地球平面協会〔大地が球体ではなく平面であると信じる団体〕は繁栄している。

成長の物語

アメリカの作家で学者のジャレド・ダイアモンドは、農業革命を人類史上最悪の過ちと呼んだことで有名である。これは、狩猟採集民から農民への移行は進歩であるという考えに異議を唱える、挑発的な主張である。たしかに、農業のせいで私たちの祖先が食べ物を食卓に並べるために、さらに長時間働かなければならなくなったり、その食べ物がさほど栄養価が高いものではなかったらしいという証拠はある。だが耕作した一ヘクタールの土地で、より多くの人を養うことができるようになったため、農業は人口増加への道を拓いた。また、より体を動かさない生活様式に移ることとあいまって、農業は町や都市の成長のきっかけとなった。より質の高い生活を楽しむ人も増え、その点ではマイナス面よりもプラス面が大きいと言える。

しかし現実には、農業、帝国建設、都市化、貿易ネットワークが始動したにもかかわらず、完新世の大部分で、世界人口は控えめな増加にとどまった。経済も緩やかにしか成長しなかった。つまり指数関数的な成長ではなく、より直線的で人口規模にもとづいた成長だ。都市が一定の規模に達すると、人は限られたスペースに詰め込まれて人口密度が非常に高くなり、強力なネットワーク効果がもたらされ、新しいアイデアの誕生や技術革新が促進される。また、疫病も効率的に広まる。一三四〇年代のペストの流行では、アジアとヨーロッパ全体で最大二億人が亡くなった。また何より、天然資源を採掘しても、それを有用な製品にしようという動機が存在しなかった。言い換えれば、過去の強大な帝国はあらゆる面で、継続的な目覚ましい経済成長を望む声や、それを達成する能力が限られていた。だが資本主義、市場原理、植民地主義の登場により、より多くの資源が採取されるようになり、イギリス、スペイン、ポルトガルなどの国々に富をもたらした。しかし資本主義の超大国でさえ、経済が急拡大したのは、一八〇〇年代に石炭、のちに石油が採掘されて、エネルギーがいつでもどこでも提供されるという夢にも思わなかった事態が出現してからだ。不思議なことに、ほとんどの経済学者は、経済成長の分析をするときにエネルギーを除外する。

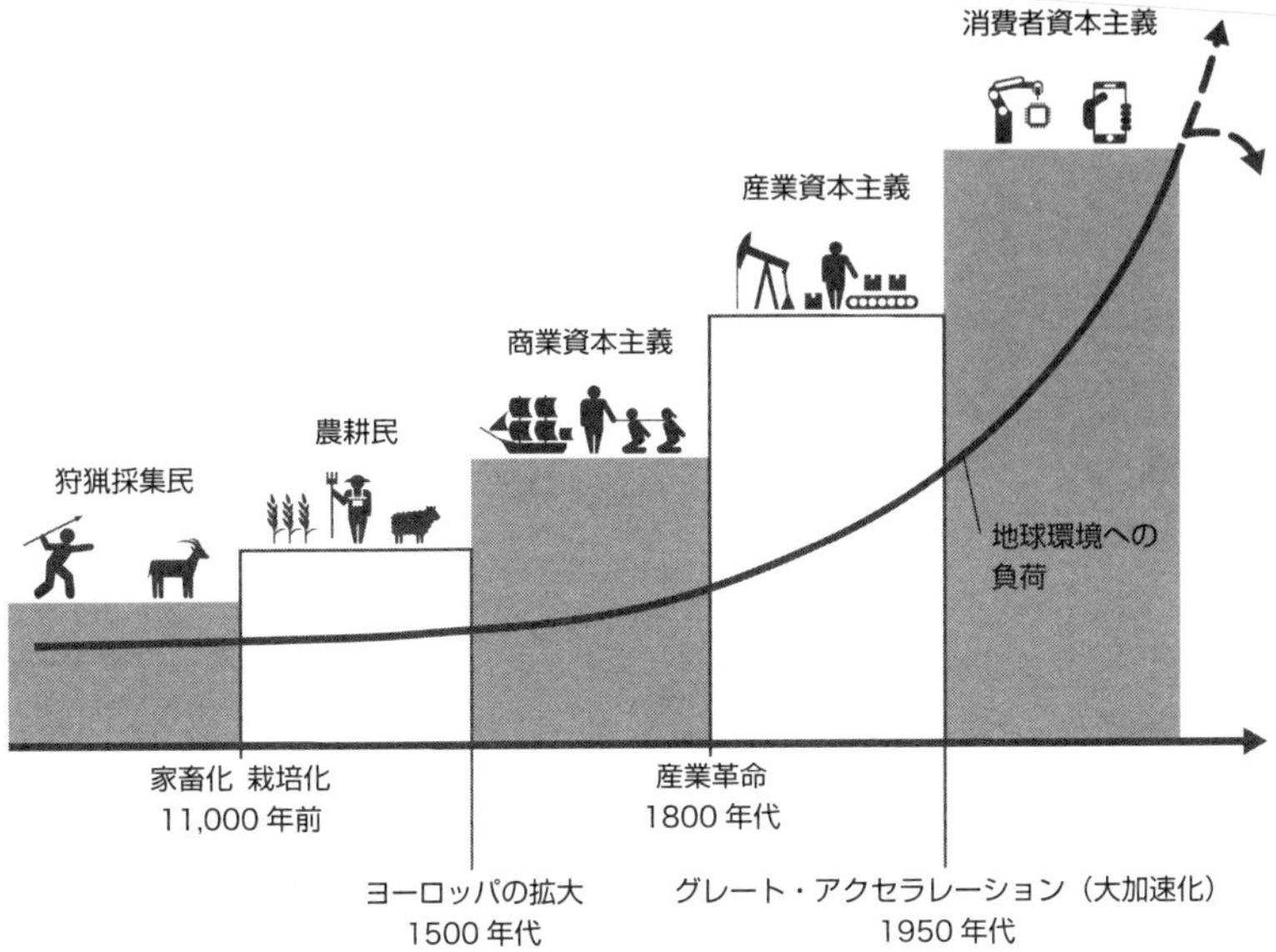

人間社会としての環境への負荷の増大

一七七五年、スコットランドの技術者ジェームズ・ワットは、石炭を動力源とする蒸気機関の信頼性と効率を大幅に向上させる方法を考案した。イギリス中の鉱山と工場が彼の発明をすぐさま採用し、それが鉄道への道を拓いた。初期の繊維産業では、ジェニー紡績機が羊毛の生産を加速し、フライング・シャトル（飛《と》び杼《ひ》）が織物の生産量を二倍にし、綿織り機がリネンの大量生産を可能にした（アメリカでは黒人奴隷がその役割を担った）。その後、電気が照明、電話、ラジオ、テレビ、冷蔵庫、冷凍庫などをもたらした。コンクリートの発明と大量の鉄鋼生産により、都市化と舗装道路の普及が進んだ。新しい発明のたびに、次の高みへと達するための踏み切り板がつくられ、産業革命に拍車がかかったと考えられる。

一八〇四年までに、世界人口は一〇億人を

超え、世界の国内総生産（GDP）はおよそ一兆ドルに達した。そこから、GDPは急速に上昇しはじめた。国の北部で工業化が始まったイギリスは、持続的な経済成長を達成した最初の国だったが、それはすぐにヨーロッパ、北アメリカ、その他の場所に広がった。世界のGDPは現在約八六兆ドルであり、過去二一五年間で驚異的な伸びを見せている。

一八〇〇年には、世界人口の約九〇%が各地に散らばって住んでいた。産業革命が加速するにつれ、人々は都市に集中し、それが創造性と成長の原動力になった。今日、私たちは都市に暮らす種属だ。世界人口の五一%は都市に住んでいるが、三分の一はスラムに住んでいる。東京は人口がもっとも多く、周辺の大都市を含めると三八〇〇万人という恐るべき数の住民を抱えている。おそらく当然のことながら、地球上でもっとも経済的な生産性の高い都市である（それに続くのがニューヨークだ）。

都市の新陳代謝は、物質とエネルギーに対する巨大な欲求によって進められる。人口密度の高い都市の人々は、より効率的な大量輸送システムと暖房効率のよい小さなアパートのおかげで、二酸化炭素排出量が少ない傾向があるが、その数の圧倒的な多さから、世界貿易の流れを前例のないレベルまで押し上げている。そして急速な都市化には、鉄鋼やセメントやさまざまな有毒化学物質が必要になる。二〇世紀、アメリカは経済を確立させるために四六億トンのセメントを使用した。中国は二〇〇八年から二〇一〇年までのわずか三年間で、さらに多くのセメントを使用した。都市化は加速している。二〇五〇年までに、七〇億人が都市に住むようになるだろう。

完新世初期の農業革命は、私たちの祖先がより狭い土地でより多くの人を養うことを可能にしたが、産業革命によって、農業は一ヘクタールの土地が生産できる限界まで達した。先進工業国は、すぐれた肥料のグアノ〔海鳥の糞〕や鳥の糞を調達するために、どんな苦労も惜しまなかった。産業革命の初期には、作物の肥料として毎年何百万トンものグアノが、南アメリカからヨーロッパに出荷されていた。その後、二人のドイツ人、フリッツ・ハーバーとカール・ボッシュが、空気中の窒素を使った窒素肥料をつくる方法を開発した。これは人類史上もっとも重要な発明の一つで、食料生産が驚異的に拡大した。一〇〇〇〇年前、農業に使用されていた土地は、世界中の氷のない荒れていない土地のわずか四%だった。現在、私たちは南アメリカと同じ面積の土地を作物の栽培に使用し、アフリカと同じ面積の土地を家畜に使用している。つまり、居住可能な土地の五〇%、地球の半分を使用している。しかし、人工肥料やその他の技術の導入で作物の収穫量が向上していなければ、この数字はもっとずっと大きくなるだろう。一八六〇年から二〇一六年のあいだに、一億二八〇〇万人が飢饉で亡くなったと推定されている。飢饉の原因は複雑で、貿易、極度の貧困、価格の変動　作物の不作などに関係している。だが一九六〇年代以降、大規模な飢饉はほぼ根絶された。ごく最近まで、飢饉は政治的に不安定な国以外では、過去のものと考えられていた。この見方は、気候が変化し、地球が飽和レベルに達し、人間が与える衝撃による負荷を吸収できなくなるにつれて変化している。

あらゆるものの発展、とくに健康状態と農業の改善により、人口増加が始まった。一八〇四年から一九二七年のあいだに、人口は一〇億人増加した。一九七五年にはふたたび倍増して四〇億になった。その間、わずか四八年だった。この本の執筆時点で、世界人口は七八億人に達している。しかしジェンダー平等の進展、とくに女性教育の向上と女性の経済的機会拡大の結果、人口増加は劇的に鈍化した。人口増加率は一九六〇年代のピーク時の半分になり、現在は停滞している。私たちは、スウェーデンの学者、故ハンス・ロスリングによって普及した用語である「ピークチャイルド」の状態に到達しつつある。ピークチャイルドとは、子どもの数が、人口置換《おきかえ》水準に達した状態、つまり一人の女性が約二人の子どもを持つ状態だ。

世界人口は今世紀中にピークに達し、一〇〇億～一一〇億人になるだろう。が、その後一〇〇億人弱まで減少する可能性がある。これでもまだ明らかに大きな数字だが、第3幕で触れるように、健康的な食生活と持続可能な農業への転換ができれば、おそらく地球はそれくらいまでの人口を養うことができる。

人口がゆっくりではあっても増加しつづけているおもな理由の一つは、寿命が延びたことである。一九〇〇年からの一二〇年間で、世界の平均寿命は三五歳から七〇歳以上と倍増した。衛生状態が改善し、医学が発達するにつれて、すべての年齢層で、より多くの人が生き延びるようになった。もっとも顕著なのは、乳幼児死亡率の驚異的な低下だ。一七九六年の天然痘ワクチンに始まるワクチン開発も重要だった。一九世紀の終わりまでに、コレラ、腸チフス、ペスト、狂犬病の最初のワクチンが開発され、手術のための消毒剤の使用も広まった。一九二八年、スコットランドの科学者アレクサンダー・フレミングが、偶然からペニシリンを発見した。その後、一九五〇年代に、ジェームズ・ワトソン、フランシス・クリック、ロザリンド・フランクリンらがDNAの秘密を解明し、医学に新たな革命をもたらした。一八〇〇年当時、ほとんどの人が極度の貧困状態に暮らしていた。今日、極度の貧困の定義である一日あたり一・九ドル未満で生活しているのは、世界人口の一〇%未満（七億人）である。極度の貧困状態にない人々の数は五〇倍以上に増加している。世界の貧困からの脱却は、一九五〇年頃に転機を迎え、人口増加が鈍化した二〇〇〇年に、二度目のピークに達した。もちろん、一日二ドルで生活している人々は依然として貧困に喘いでいることも忘れてはならない。だがこの状況も急速に変化している。一〇年前、一日あたり一〇ドル以上稼ぐ人は世界人口の四分の一のみだった。現在その数字は、おもに中国とインドの驚異的な経済成長により、三分の一まで増えている。

未来学者は技術革新が加速していると言いたがる。たしかにそれは事実だが、過去二世紀のような技術革新と、それが人や地球に大きな影響を与えた事態が、この先また繰り返されるとは思えない。電気、抗生物質、窒素の生産は、まさにゲームチェンジャーだった。ｉＰｏｄはそれほどではない。

経済的繁栄は、人類にとって最近の成果だ。過去二世紀にわたる成長が、歴史のどの時点よりも貧困が少なく、寿命が長く、安全性が高く、幸福度の高い現代世界を生み出した。社会の動向を見てみると、この成長のほとんどは一九五〇年代以降に生じている。これは産業革命が過度に加速しはじめた時期である。しかしこの成長のコストは高くついた。化石燃料と天然資源の採掘にもとづく成長は、現在、地球の生命維持システムの安定性を明らかに揺るがしている。また、地球の生物圏の回復力を弱めてもいる。安定した完新世の時代は過ぎ去った。

大気中の二酸化炭素濃度は急上昇している。現在、少なくとも過去三〇〇万年のどの時点よりも高い。しかも完新世の限界値、あるいは間氷期の限界値を少しずつ超えているだけではない。完新世のほかのどの時期よりも五〇％も高く、急速に増加している。メタンやその他の温室効果ガス、亜酸化窒素についても同様の傾向が見られる。海はおそらく過去三億年でも類を見ない速度で、より酸性に傾いている。酸素を失い、海流も変化している。熱波が海上に吹き渡り、サンゴを殺している。過去一〇年間で、グレートバリアリーフの半分が失われた。オゾン層にも穴が開いた。世界の水の循環だけでなく、炭素、リン、窒素などの循環も変化した。人間はすべての自然のプロセスが動かすよりも多くの岩を動かした。これらすべてが、地球史上六度目の大量絶滅を推し進めている。

完新世のあいだ、典型的な成人が摂取する食物と使うエネルギーは、電力に換算すると一日あたり約九〇ワットだった。現在、平均的なアメリカ人は毎日一一〇〇〇ワットのエネルギーを使用している。これは、約一二頭の象が必要とするエネルギーである。[27] 人間のエネルギー消費量は、もはや理解の範疇を超えた規模で増大している。

グレート・アクセラレーション（大加速化）の原因は何か？

過去数十年にわたり、多くの分野の科学者が力を合わせて、何が起きたのか包括的な全体像をまとめた。当初、人類が地球の驚異になった瞬間は、産業革命の開始時だと考えられていた。しかし近年、その見方は変わってきた。現在、人類が地球の生命維持システムを脅かしはじめたのは、まさに一九五〇年代だったというまぎれもない証拠がある。

第二次世界大戦後、人類の歴史のみならず、地球の歴史上もっとも重大な出来事が起こるための機が熟した。この時期は、資本主義の黄金時代、または黄金の三〇年間と呼ばれている。より正確な名称はグレート・アクセラレーションで、今日まで続いている。グレート・アクセラレーションの背後にあるデータからは、地球が完新世、つまりゴルディロックスの時代を去ったことが読み取れる。一世代のあいだに、地球はきわめて不確実な時代、人新世に移行したのだ。

一部の学者は、人新世という名前は間違っている、資本新世とすべきだ、と言っている。産業革命は植民地化、奴隷制、そして支配階級の悪意で成り立ったのだという主張だ。産業革命で一歩先んじたイギリス、アメリカ、フランス、ドイツは、世界的な覇権を手に入れた。そして第二次世界大戦後、その流れは止められないほど強力になった。資本主義のイデオロギーが地球上にはびこり、たとえばアフリカや南アメリカなどの、資源が枯渇した国々は、大国に追いつくのが困難または不可能になった。

これは説得力のある物語だ。だがこの話にはさらに続きがある。資本主義の黄金時代は、一九四五年から一九七三年の石油ショックまで続き、石油生産者は価格を四倍に引き上げた。しかし、この時期に輝いたのは資本主義だけではなかった。いくつかの出来事が起きた。第二次世界大戦は、アメリカを除くほとんどの主要経済国にダメージを与えた。アメリカはほかの地域の経済も再建しなければならないことをわかっていた。さもないと自国の製品を買ってもらえず、経済成長が止まるからだ。同時に、戦争は高い生産能力と、ジェットエンジン、レーダー、電子機器、コンピューターなどの新技術を生み出したが、それらはすべて民間に転用できた。アメリカとイギリスは、新たな世界的支配力と他国の弱さを利用し、国連などの新しい国際機関を創設した。国連の目的は、おもに平和を促進し、紛争を解決することだったが、各国の成長や貿易、経済発展を促進することでもあった。新しく設立された世界銀行は、開発を支援するために各国に資金を援助し、国際通貨基金は各国の財政的安定を確保し、世界貿易機関の前身機関は国際貿易を促進するのが目的だった。さらにヨーロッパ諸国は、経済的、政治的、感情的には禍根が残ったものの、欧州連合（ＥＵ）の基盤を確立し、植民地を手放した。これらすべてが、冷戦下にもかかわらず、類を見ない世界的な政治的安定を支えるのに役立った。

しかしこれだけでは、グレート・アクセラレーションを説明するのに充分ではない。アメリカとイギリスが主導する国々は、経済政策を改革した。一九二〇年代には、少なくともアメリカでは、新たなタイプの消費者を生み出すために、マーケティングと広告を武器にした行動心理学の適用により、かなりの規模で消費主義が始まった。だが一九二九年の株式市場の暴落に端を発した一九三〇年代の大恐慌で、消費者がショックを受けて支出を控えたため、政府の経済不干渉政策の限界が露呈した。政府の市場介入を肯定的に受け止めてもらうには、二度目の戦争が必要だった。

マーケティングと広告は、一九五〇年代に進歩の成熟期を迎えた。同時に、左翼政党がイギリスやその他のヨーロッパで政権を握り、国の医療や教育システムの場で前例のない規模で実験的施策を試みた。これにより、国民の健康と社会的流動性が向上し、寿命が延び、無料で受けられる大学教育によって技術革新の基盤が生まれた。資本主義による機械化は莫大な富を生み出した。高額の税金による富の分配は中産階級（消費者階級）の成長につながり、高速道路や大学、病院など、国内および世界のインフラ整備が進んで、この分野の循環のループが強化された。多くの人々が貧困から脱し、経済が成長し、投資がさらに行われ、さらに多くの人々が貧困から救われた。グレート・アクセラレーションは、資本主義と社会主義、それぞれの特徴を取り入れた混合経済によって推進された。

いま私たちのいる地点

経済成長の奇跡は、経済学者や政治指導者が信じて受け入れてきた、一つの支配的な物語を生んだ。国の幸福、繁栄、安定のためには、経済成長が是が非でも必要だという物語だ。だが、温室効果ガスを大気中に放出しつづける、化石燃料に依存したエネルギー使用や物質的な発展は、永遠に続けられるものではない。経済学者のケネス・ボールディングは一九七三年にアメリカ連邦議会でこう言っている。「有限の世界で指数関数的な成長が永遠に続くと信じている人は、狂人か経済学者のどちらかだ」。さらに現在の研究は、富裕国の経済成長が、もはや幸福とは関係ないことをはっきりと示している。豊かな国はより豊かになってはいるが、人はその恩恵を受けていない。だが、解決策は経済成長を終わらせることではない。何十億もの人々が依然として貧しく悲惨な暮らしを送っており、世界は経済発展を必要としている。地球の経済システムはとてつもなく強力なツールである。おそらく太陽系でもっとも強力なツールの一つと言えるかもしれない。私たちはこの力を利用して地球をふたたび安定させ、同時に貧困を終わらせる必要がある。

完新世のあいだに成長しなかったものの一つは、私たちの脳である。それどころか、完新世の始まりと農業革命の到来以降、おそらく栄養不良のために、人類の脳のサイズは一〇～一七％縮小した。完新世が終わって人新世が始まる頃になってやっと、人類の健康状態、とくに子どもの栄養状態が改善されたことにより、脳のサイズはかつての栄光を取り戻した。

完新世は農業という革命で始まり、科学革命と産業革命で終わりを迎えた。瞬く間に、ある一つの種が生物圏を完全に支配するようになり、最初は偶然に、そして現在は気まぐれに、しかも悪意を持って、地球の生命維持システムの働きを妨害している。私たちは注意深く進むべきだ。

(20) 地質学用語の世(ピリオド)は累代(イオン)よりも細かい分類である。

(21)「込み入った(complicated)」と「複雑な(complex)」とはしばしば混同される。たとえば込み入った作業とは、人間を月に連れて行くためのロケットを造ることなどだ。複雑な作業とは、たとえば子どもを育てること。どんなインプットからどんなアウトプット(一人の人間)が生じるかはまったくわからない。複雑なシステムから生まれる新たな結果とは、たとえば意識である。脳のニューロンとシナプスの働きを見て、そこから壮大な意識が生まれるなど、まったく予想できない。

(22) これは、人間の干渉の結果、これらの種の形状または形態変化が初めて認識された時期にもとづいている。何らかの形の農業は、それ以前に始まっていたと考えられる。なぜなら野生の動植物の形態変化が起きるまえから、野生動物が飼い慣らされたり、作物が栽培されたりしていたと考えられるからだ。一部の猫については、実際に飼い慣らされていたかどうかは議論の余地がある。

(23) すべてが翻訳されているわけではないが、信じられないことに、これまでで二〇〇万個もの楔形文字の粘土板が発掘されている。粘土はきわめて弾力性のある素材だ。

(24) 最初に書き残された物語は、英雄にして王であるギルガメシュについての叙事詩で、「ノアの大洪水」について初めて触れられている。大洪水は、北欧、ケルト、中国、キリスト教の神話や伝説に登場するが、これらの記述は世代を超えて受け継がれた口承文学にもとづいており、完新世初期の気候が荒れていた時代に起きた氷床の壊滅的な崩壊によって、当時の人間の居住地が洪水で押し流されたことを描いているのではないかという推測がある。

(25) これは本質的にネットワークが、一時的な性質を持つからである。

(26) アダム・スミスは若きジェームズ・ワットをグラスゴー大学に招き、そこで彼らはいい友人同士になった。次章で触れているように、ワットは蒸気機関を改良して産業革命を促進させた人物として認められている。グラスゴーといえば、天文学で目覚ましい発見をしたジェームズ・クロールもいる。スコットランドを科学革命と産業革命の坩堝《るつぼ》にした理由は何か？ 教育である。

(27) 世界の人々がこの規模でエネルギーを消費した場合、九〇〇億頭以上の象のエネルギー需要に相当する。

第2幕

第5章　地球の見方を変えた三つの科学的な知識

転換点を超えると、気候は人類の制御が及ばない状況に陥るため、大変危険である。氷床が崩壊して海に滑り落ちはじめたら、私たちにできることは何もない。

ジェームズ・ハンセン元NASA研究者　二〇〇九年

科学者として、この二〇年はじつに怒濤の日々だった。私たちは地球がどのように機能するかについて多くを学んでいる。そして学べば学ぶほど、心配の種が増える。私たち人類はいま、地球を不安定にさせられるほど大きな力を持っている。これは途方もない話だ。いまのこの新たな窮状を思い出すために、私はいつもポケットに小さな青い大理石を忍ばせている。私たちの故郷である地球を象徴するこの石は、人類がもはや大きな惑星の小さな世界にではなく、小さな惑星の大きな世界に暮らすようになってしまったことを思い出すためだ。とても小さい石なので、つねにポケットに入れておくことができ、地球システム全体を適切に管理しなくてはならない私たちの責任を思い出させてくれる。

ヨハン・ロックストローム

二〇二〇年のCOVID－19のパンデミックは、地球上のすべての人に、指数関数的な増加というのがどういうものかを短期間で思い知らせた。感染者数は倍々で増えつづけた。これが指数関数のおもな特徴である。最初、コロナウイルスはティーカップのなかの嵐のようなものだった。中国が前例のない緊急措置を執り、その巨大な経済を原則的に停止したとき、他の国々は、国境を越えてウイルスが広がりはじめても、さほど深刻には考えなかった。ただ、ごく最近SARSで流行のリスクに直面した国、韓国と台湾だけが、ウイルスの指数関数的な拡大の深刻な脅威を身をもって理解していた。

過去七〇年のあいだ、地球上ではほぼすべての成長が指数関数的な軌道を描いていた。それはまぎれもない事実だが、世界大戦や冷戦、サイバー戦争などにもっと強い興味を持っている歴史家によって、しばしば見過ごされてきた。この成長の規模は、多くの人にとって理解不能なものだ。アメリカの原子核物理学者アル・バートレットはかつてこう述べている。「人類の最大の欠点は、指数関数を理解できないことである」

指数関数的成長と地球については、フランスの睡蓮の池の謎が、問題の本質をよく表している。最初、池には睡蓮の花が一つ咲いている。翌日には二つ、その翌日には四つというように、毎日二倍になる。三〇日後には、池は完全に睡蓮でいっぱいになる。池の半分が睡蓮で埋まったのはいつだろうか？　本能的な直感に従えば、もちろん答えは一五日目だ。しかしもう少しよく考えてみると、じつは二九日目であることがわかる。ひとたび指数関数の軌道に乗ってしまうと、限界を通り過ぎるまで、限界に近づきつつあることに気づかないことが多い。二九日目の睡蓮の池を想像してみてほしい。広々としていて混み合っておらず、快適に見える。しかし翌日には、ボン！　飽和に達し、睡蓮が池からあふれる。限界を超えてしまうのだ。

地球との関係を再起動する

産業革命以来、私たちはずっと同じ社会倫理、経済論理に従ってきた。ジェームズ・ワットによる石炭を燃料とする蒸気機関の改良により、思いがけずとてつもなく強力な自己増幅フィードバックのループが生まれ、地球の資源が指数関数的に過剰利用されることになった。地球が睡蓮の池だとしたら、ワットは私たちを二日目に連れていったのだ。そしていま、私たちは二九日目か三〇日目にいる。

現在、私たちは生命維持システムが危険なほど不安定な惑星に住んでいる。システムに負荷をかけすぎてフィードバックのループをさらに加速させると、致命的な転換点を超えて、ある状態から別の状態への移行が不可逆的に始まる。ここでいくつか強調しておきたい。ごく最近まで——おそらく一九八〇年代または一九九〇年代初頭くらいまで——、地球の状態を調節するシステムはまだ比較的安定していた。これは人類にとってよいことだった。現代社会の発展はその状態に依存している。地球上のシステムが不安定になると、極端な出来事が起こり、致命的な転換点を超えるリスクがある。

このシナリオは、もはやはるか彼方の潜在的な脅威ではない。現在、アマゾンの熱帯雨林とグリーンランドの氷床が、前例のない変化を起こしているというまぎれもない証拠がある。森林破壊と気温上昇により、眠れる巨人が目を覚ます。親愛なる読者のみなさん、ベビーブーマー世代、ジェネレーションX世代、ミレニアル世代、ジェネレーションZ世代、いずれの世代に属していようとも、地球の生命維持システムが不安定になっているのは間違いない。次に何が起こるかは、私たちがどのように行動する

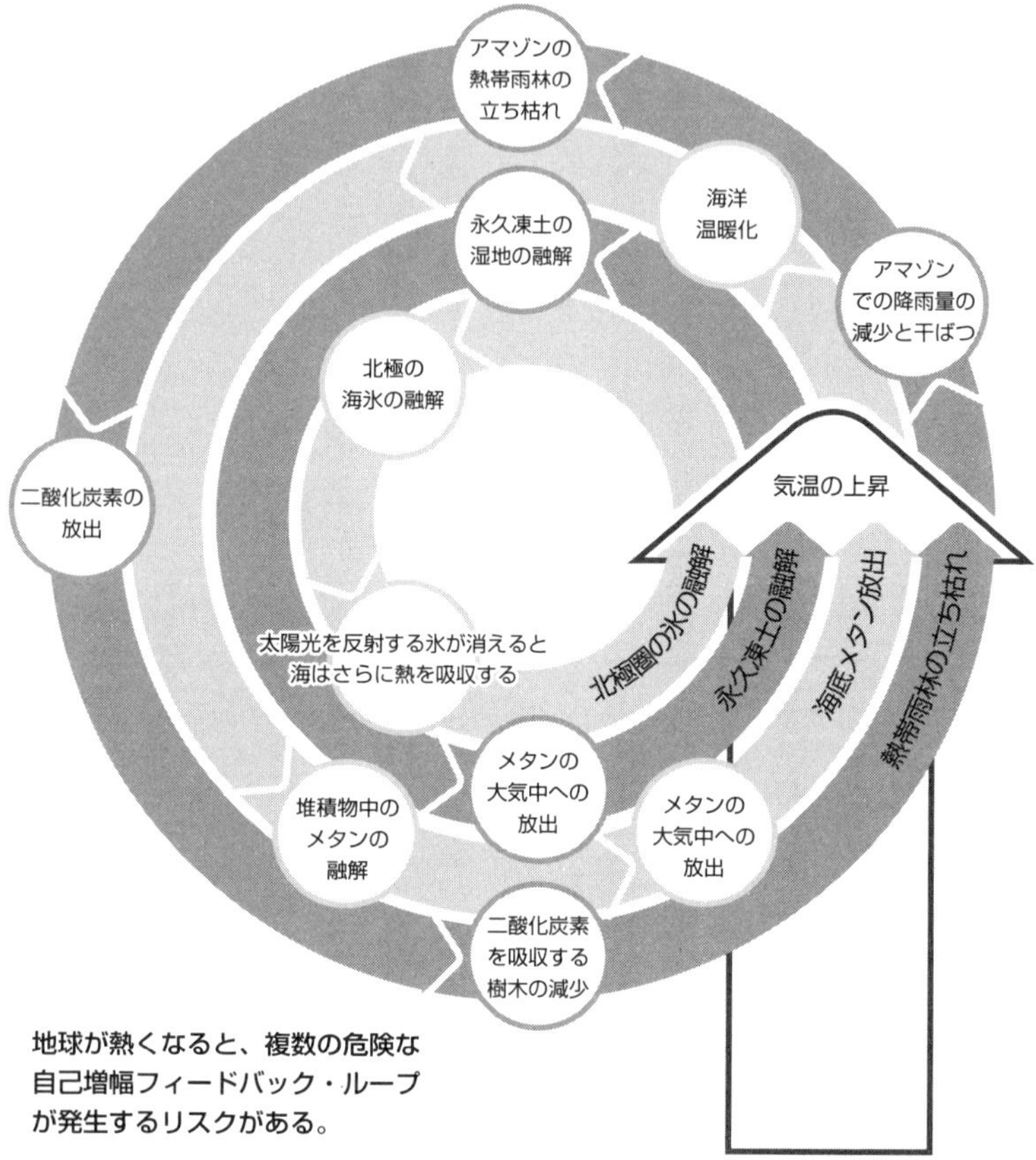

地球が熱くなると、複数の危険な自己増幅フィードバック・ループが発生するリスクがある。

地球の悪循環

かにかかっている。

どうしてこんな状況に陥ってしまったのか？警報ベルは一九六〇年代から鳴っていた。実際、酸性雨とオゾンホールについては早期から警告がなされていたのだ。しかし工業化には深刻な問題があることを科学が解き明かしたのは、ほんの二〇年前のことだ。これから述べるのは、二一世紀の三つのもっとも重要な科学的知識の物語である。そのすべてが、人類全体に広範にわたる影響を及ぼす。

本質的な理解1——私たちはいま、地質学上の新たな時代にいる

最初の本質的理解は、人類の衝撃的な大発展、つまり第4章で紹介したグレート・アクセラレーション（大加速化）だ。一九五〇年代以降、この現象は地球に指数関数的な負荷をかけている(1)。実際、その規模とスピードは劇的なものだったので、私たちが完新世を脱したという証拠は十分である。人類はいま、人新世に暮らしている。人新世となって、人間は地球に最大の変化をもたらしうる存在となった。その力は地球の公転軌道の変化や地震、火山の噴火による変動や衝撃を凌駕している。私たちはまさに地球という乗り物の運転席にいるのだ。

とはいえ、私たちはこれまでもつねに課題に直面してきた。最初のメソポタミア社会の持続不可能な灌漑事業は、土壌に過剰な塩分を残した。マヤとインカの社会は資源を使いすぎた。農民が増加する人口を養うことができず、森林伐採と土壌浸食で土地の回復力が低下したのだ。その結果、マヤ文明とインカ文明は消滅した。ローマ帝国は、急速に成長した都心部での感染症の流行や不適切な廃棄物処理、重金属汚染など、さまざまな要因が組み合わさって崩壊が加速したという証拠もある。こうした持続不可能性と大惨事の数々にもかかわらず、人類が地球全体を揺るがすことはなかった。たしかに災害ではあったが、それぞれ独立した出来事だった。私たち人類は、地球に残す足跡を徐々に増やしていったが、まだ地球全体に被害を与えるほどではなかった。依然として、大きな惑星の上の小さな世界に暮らして

いた。しかし一九五〇年代の半ばに、すべてが爆発した。ここが、地球温暖化や自然の喪失など、あらゆる悲惨な悪影響につながる指数関数的な旅の出発点だった。

グレート・アクセラレーションのグラフ（↓カラー口絵B2―3）は、人類が地球にかける負荷の指数関数的な上昇を示している。人類の活動は制御不能で、地球の生命維持システムは暴走している。まさに、地球システムがますます荒れ狂っていく状況を示している。自然界のなかで、あなたの幸福に直接影響を与えるものを何か一つ選んでみてほしい。淡水、土壌、栄養素、金属などの天然資源から、森林や草地などの生態系、オゾン層、花粉媒介者や海の魚の数まで、あらゆるところで同じパターンが見つかる。前例のない指数関数的上昇が、私たちを危険な転換点へとこれまで以上に後押ししている。実際、もっとも深い海溝から宇宙の端まで、人間が認知していない場所を見つけることは困難だ。そして重要なのは、指数関数的な負荷が現在、地球のそもそも耐えられる生物物理学的な限界を揺るがそうとしていることを、科学がはっきりと示していることである。

二〇〇〇年にメキシコで、「地球圏・生物圏国際共同研究計画（IGBP）」による科学会議が招集された。地質学、生態学、気候学、農学、大気物理学、化学、海洋学など、さまざまな科学分野から世界をリードする専門家が集まった。会議では、世界中の科学者が完新世後期の地球の状態に関する最新の研究を発表した。発表に熱心に耳を傾けていたのは、当時IGBPのメンバーだった、ノーベル化学賞受賞者のパウル・クルッツェンだ。会議にはIGBPの理事であるウィル・シュテッフェンもいた。シュテッフェンは、ある研究発表のときに徐々に動揺を抑えられなくなっていく様子のクルッツェンに気づき、そのあいだずっと彼を注視していたことを思い出す。

プレゼンテーションの途中、クルッツェンは立ち上がり、「やめてください」と強い口調で言った。

「完新世の話はやめてください」と彼は続けた。

「私たちは完新世にはいません」クルッツェンは、もっと説明しなければならないとわかっていたが、途方に暮れてもいた。

「私たちがいるのは……」と彼は切り出した。

「私たちがいるのは……」言葉をどうにかしぼり出した。

「……人新世です」

会議の出席者は、何か重大な問題が提起されたのだとすぐに気づいた。シュテッフェンは、休憩時間がこの新しい概念についての議論でもちきりだったことを思い出す。

二〇〇〇年以降、人新世という考え方は多くの学問分野で広く採用されてきた。それはまだ層序学者〔地層のできた順序を研究する学者〕によって正式に認められたわけではないが、科学界では広く認められている分類である。実際、国際層序委員会は、この新しい地質時代の事例を評価するための特別なグループを設立した。地質学者、地球システム研究者、その他の科学分野の研究者からなるこのグループは、現代が人新世である証拠が豊富にあると断言した。つまり、数百万年後、将来の地質学者はこの深刻な混乱の物語の断片をつなぎ合わせることになるだろう。

しかし、一つ大きな議論は、人新世がいつ始まったのかということだ。当初、クルッツェンは産業革命の開始時期だと主張していたが、前章で見たように、ホッケー・スティック型のグラフは別の可能性を示している。完新世の安定状態の破綻は、実際には一九五〇年代に始まった。

本質的な理解2――一万年のあいだ驚くほど安定していた完新世

二つ目の理解は、第1幕で説明されているすべての科学的証拠から導き出されるものだ。つまり、人類と現代世界がこの先も存続するためには、間氷期である完新世の状態と同じ安定性が、地球に不可欠だということである。

不吉な運命のいたずらなのか、氷床コアや年輪や岩石から、完新世が独特の安定した状態だったことを示す証拠が数多く集まっている。それだけでなく、すでにわかっているように、人類が現代世界を存続させられるのは、完新世という条件下のみである。以前、完新世ではない時代、私たちは狩猟採集民として厳しい氷期に暮らしていた。しかしそのときの人口はせいぜい数百万人だった。急速に不安定化する生命維持システムのなかで、たとえ最低レベルの生活であっても、地球が一〇〇億という人口を養えるという科学的証拠はまったくない。

つまりはこういうことだ。人類が完新世の安定した条件に依存していたことが明らかであるのと同様に、私たちがすでに完新世を去り、脆弱で予測不可能な時代に入ったことも、圧倒的な証拠から明らかなのだ。別の見方をすると、二世紀のあいだ私たちは、地球とジェンガ遊びをしてきた。オゾン層、海、森、氷床といったブロックを塔から引き抜いてきた。そしていま、その塔はぐらついている。このままブロックを引き抜きつづけていいのか？　それとも塔が崩れないように、いくつかのブロックをもとに戻すことを始めるべきなのか？

本質的な理解3――快適を揺るがす差し迫った地球の転換点《ティッピング・ポイント》

三つ目の理解は、地球には驚くべき回復力があるということだ。地球はけっして反撃することなく、人類のパンチを吸収してきた。ただし、ある閾値すなわち転換点を超えると、自然システムは人類の親友から恐ろしい敵になりかねないことに注意してほしい。自然を押さえつけたり制御することは、不可能ではないにしても難しいのだ。

私たちは過去七〇年間、地球にパンチを浴びせてきた。地球はどのように反応しただろうか？　地球はまさにボクシング映画のロッキー・バルボアだった。ロッキーはパンチを受けて床に転がり、ノックダウンするが、ふらつきながら立ち上がる。パンチを浴びるごとに、彼の足はさらにぐらつき、視界はさらにぼやける。だがロッキーは地球と同様、とても回復力がある。ひっくり返って再起不能になることなく、ただただ衝撃を吸収する。とはいえ見るべき場所さえわきまえていれば、警告のサインはそこに現れている。第九ラウンドになったら、軽いひと押しで限界を超えてリングに沈みかねない、最悪の状況になっている。そしてついにロッキーの脳は限界を超え、意識から無意識の状態へと変わる。

地球は、生物学的にも物理学的にも、衝撃やストレスに対処するための驚くべき回復力を持っており、転換点を超えて新たな状態に突入しないよう踏ん張っている。だが、第2章で述べたように、一触即発の危うさも抱えている。

ところで、転換点《ティッピング・ポイント》とは正確には何なのか？　本書で言う転換点とは、脳や熱帯雨林のような複雑なシステムが閾値を超え、比較的安定した状態が崩れて別の状態に移行する分岐点を意味する。この移行は、英語のことわざにある「ラクダの背骨を折った最後の一本の藁《わら》」のように、ほんのささいな変化で引き起こされる可能性もある。転換点を超えると、もとに戻すのはきわめて困難だ。丘の頂上にある岩を想像してみてほしい。岩を転がすにはただひと突きすれば充分かもしれないが、転がり落ちるのを阻止するにはもっと多くの力が必要だ。氷床が崩壊しはじめた場合、温室効果ガスを抑制しても、崩壊を止めることはできない（崩壊の速度が緩まる可能性はあるにしても）。

現在はエクセター大学に在籍しているティム・レントンは、二〇〇八年にチームを率いて、気候の転換点が迫っているもっとも重要な地点を特定した。シベリアの永久凍土やグリーンランドと南極の氷床、海洋循環、（地球の気候に影響を与える）太平洋のエルニーニョ現象、アマゾンの熱帯雨林など、約一五のポイントである。彼らの論文が発表されて以降、ジェット気流――ヨーロッパ、北アメリカ、アジアの上空を流れる暖かい空気の帯――など、さらに多くの転換点も追加された。また、ストックホルム・レジリエンス・センターのギャリー・ピーターソンとフアン・ロシャは、転換点を示すために巨大な地図を作成した。彼らは、氷床から酸欠海域、熱帯雨林、永久凍土まで、世界中の三〇〇を超える転換点を特定した。転換点はいたるところにある。しかし、私たちがとくに懸念しているのは、まさに転換点を迎えつつあるいくつかの主要なシステムの動向だ。

気候システムが転換点を超えると何が起こるのか？　まず、気候変動に段階的に対処している場合ではなくなる。海面上昇は加速し、予測が困難になる。北極圏の土壌が融け、北極圏で山火事が起きるようになり、アマゾンが炭素貯蔵源から炭素排出源へと変わり、自然は炭素を大気中に放出しはじめる。

地球が新たな平衡状態を見つけるまで、現世代と何十世代か先の子孫にまで影響を及ぼす。

気候の転換点を超えるリスクはどのくらいだろうか？　一〇年前の科学的評価では、地球の平均気温が四℃上昇すると、リスクがきわめて深刻になると推定されていた。しかし過去二〇年にわたって地球の機能を学ぶにつれて、この数字は徐々に下がってきている。最近では、二℃の上昇でも高いリスクがもたらされると推定されている。現在、地球の平均気温は産業革命以前より一・一℃上がり、急速に上昇しつづけている。ここ一、二年のあいだで、じつは転換点が、かつて考えられていたよりもはるかに近いという懸念すべき兆候が見られるようになってきた。不発弾が埋まっている土地は、はるか遠くにあるわけではない。私たちはまさにそこに立っているのだ。第9章で説明するように、私たちは注意深く歩みを進める必要がある。

全体は部分に勝る

以上の三つの科学的な知識は、過去四〇年にわたる科学の驚異的な進歩のおかげで、ここ五年から一〇年のあいだに確立したものだ。気候科学から経済学、生態学、雪氷学、海洋学、人類学にいたるまで、さまざまな分野での進歩が関わっている。だが同時に、あらゆる科学が結集して、地球がどのように機能しているかを明らかにしている。全体は部分に勝るのだ。ジェームズ・ラブロックとリン・マーギュリスが一九七〇年代にガイア理論で仮定したように、地球にはじつに複雑な自己調整システムがあり、地球を構成するすべての生物と無生物が相互作用し、この星の最終的な状態を決定している。

だがこうしたことを知ってもなお、私たちは世界のことなど気にもせず、地球の生命維持システムにこれまで以上の大きな負荷をかけつづけている。人類が現在と同じような道を歩みつづけるなら、いつかどこかで引き金が引かれ、止めることのできない突然の危険な変化が起きるかもしれない。その事実は、もはや無視することはできない。唯一の結論は、私たちは未来に向けて、きわめて慎重に足を踏み出さなければならないということだ。それなのに、人類はまるで象の群れのようにどすどすと地球を踏み荒らしている。

それでも、最後にボーナス的な見方を挙げておきたい。指数関数的な成長は、永遠に続けられるものではない。最終的に、急斜面は平らになる。自然をただで利用し、廃棄物を無遠慮に捨てるという従来の経済パラダイムの道のりは終わった。人類の未来は、私たちが地球上の安全な機能空間内で、公平性をもって経済発展と繁栄を遂げるという、新たな倫理に移行できるかどうかにかかっている。私たちの世界はいままさに、飽和に達しようとしている睡蓮の池と同じなのだ。

(1) 気候科学でもっとも象徴的なグラフは「ホッケー・スティック」と呼ばれ、ここ数十年で世界の平均気温がどれほど急激かつ指数関数的に変化したかを示している。地球システムを研究する科学者は、一本のホッケー・スティックだけを見ているわけではない。温室効果ガスから生物多様性の喪失、淡水利用まで、地球全体の事象に目を配っているが、どこを見ても指数関数的な傾向が見られる(→カラー口絵B2―3)。

第6章 プラネタリー・バウンダリー——地球の限界

いまこそ人類が進化し、地球にどこまで負荷をかけていいのか、その限界に配慮するときだ。

人類全体の未来の管理者となり、私たちの生活がどれだけ地球に依存しているかを認識するときだ。

私たちはグローバル化した社会に暮らしている。蝶の羽ばたき一つでハリケーンが力を増したり、風向きが変わったりする、小さな惑星の大きな世界に。

アリーナ・ジークフリート　作家・ストーリーテラー　二〇一八年

それは悲惨な展開となったコペンハーゲン気候サミットの六カ月前、私がスウェーデンに到着して数週間後の二〇〇九年のことだった。ケビン・ノーンが地球圏・生物圏国際共同研究計画の私のオフィスにやってきた。組織の元理事だったケビンは気候科学者だ。彼は、「プラネタリー・バウンダリー（地球の限界）」と呼ばれるものについて、ヨハン・ロックストロームやほかの多くの研究者とともに執筆した論文が、『ネイチャー』で発表されると教えてくれた。[2]「それは面白い」と私は言った。だが、本心からそう言ったわけではなかった。科学者たちは、地球システムとその途方もない複雑さについて、数年前からきわめて抽象的な議論を繰り返している。

ケビンは、地球を安定させるための九つの限界を明らかにしたと述べた。これを聞いて私は考え込んだ。九つ。非常に興味深い数字だ。百ではない。千でもない。私は心から興味をそそられ、「それは定量化できるのか?」と尋ねた。答えはとうにわかっている、と思った。科学者は抽象モデルやフレームワークが好きだ。とくに地球システム科学では、彼らが具体的な数字を挙げることはめったにない。難しすぎるからだ。あまりに未知数が多すぎて。だからほとんどのアイデアが学界内にとどまり、外の世界を揺るがすことはめったにない。

しかし、ケビンの答えに私は心底驚いた。「できるよ」

彼は謙虚に説明した。さらなる研究が必要であることも強調した。それでも、限界値は定量化された。私はケビンの話に魅了された。これは地球を救うゲームチェンジャーだ。プラネタリー・バウンダリー構想は、注目に値する科学的成果である。発表から一一年経ったいまでも、地球の安定について考えるのにこれ以上の方法はない。世界は初めて、地球システム安定のための優先順位リストを手に入れたのだ。

オーウェン・ガフニー

人間がついに地球の地質学的分類さえも変える力を手に入れたことを示す三つの重要な知識を、科学が私たちに与えてくれたのは、ほんの一〇年ほど前のことである。私たちは、地球全体のバランスを崩し、一万年以上にわたって私たちを支えてきた、完新世の安定状態に終止符を打つ危険に直面している。この事態をどうすれば強く訴えられるだろうか。このことが私たちの日常生活を根本的に変えるのは間違いない。私たちは、未来を安全に進んでいくための科学的なガイドラインを示せるだろうか？

すでに、地球の安定性を保つプロセスは限界に来ている。転換点が本物ならば、そこには後戻りできない地点がある。つまり、二つの極地の氷冠と安定した海面、炭素を吸収してくれる森林と湿地、農業をしっかりと支える気候、予測どおりに熱を分配する海流、それらが整った完新世の状態の地球を維持するために、できるかぎりのことをする必要がある。そのためには、プラネタリー・バウンダリー構想の構築が必要であり、次のことを知る必要がある。

まず、地球の安定状態を保つプロセスとシステムとは何か？　それらを明確にしたら、数値を定量化する必要がある。そして、制御不能で不可逆的な変化を引き起こすリスクのある危険ゾーンを特定しなくてはならない。つまり、人間にとって安全な機能空間を定めるということだ。その範囲内でなら、地球を安定状態に保てる可能性が十分ある。これは厄介で恐ろしく複雑な科学的挑戦だ。

次に、人類の未来にはどんな地球が望ましいだろうか？　生物学、化学、物理学のプロセスとシステムが、地球の状態を制御している。一〇〇億の市民を支えるために、これらのプロセスに関する限界値を定量化できるだろうか？　ここで、地球の限界を定める科学的プロセスでは、人間のことはいっさい念頭に置くべきでないことを強調しておきたい。重要なのは、地球と、地球を住みやすい状態に保つために何が必要かを決める生物物理学的プロセスの探求のみである。

プラネタリー・バウンダリーは、私たちに安全な機能空間を与え、そのなかで私たち人間は、健康に暮らし、繁栄することができる。プラネタリー・バウンダリーは、私たちが平等と富の再分配という課題を克服し、幸福と平和を追求し、健康と安全を改善する余地を与えてくれる。しかし地球に限界を超える負荷をかけると、これらすべてが途方もなく難しい課題になる。私たちは、危険なほど不安定な地球に対処しながら、同時に日常生活の試練と苦難に対処しようとしている。悪化の一途を辿る熱波、干ばつ、洪水、海面上昇などの問題に取り組みながら、貧困と飢餓、不平等、病気と闘おうとしている。

二〇〇七年、私たちは(3)研究者をスウェーデンに招待し、地球の状態を制御しているすべてのシステムとプロセスを洗い出した。そして見つけたすべての科学的な事象を吟味した。地球システムの全体像を精査して証拠を探したあと、九つのプロセスとシステムを見つけ、そのうち七つを定量化した(4)(↓カラー口絵B4)。それには、気候、生物圏の健全性、オゾン、淡水、そして土地という項目がある。驚いたことに、すでに三つの項目で限界値を超えていると私たちは推定した。地球はすでに危険ゾーンにある。それをこれから詳しく説明しよう。

二〇〇九年、私たちは科学的精査を受けるために、『ネイチャー』に論文を発表した。科学をもっともよく機能させるにはこの方法がいちばんだ。入手できる証拠にもとづき、アイデアを出して可能なかぎり最強の理論を組み立てる。そしてそれをもっとも厳しい批評家、つまり科学界の仲間たちの目にさらすのだ。彼らは、発表された理論に穴を見つけ、論文を木っ端微塵にできるほどの幅広く深い知識を持っている。私たちの論文は、知の一大センセーションを巻き起こした。調査チームがそれぞれの限界を調べ、改善点と再考を提案してきた。「土壌問題はどこだ?」と尋ねる者もいた。「プラスチック問題を見過ごしている」と主張する者も。二〇一五年、六年間に及ぶ徹底的な精査ののち、私たちは論文の内容を再検討した。地球の状態を左右する基本的なプロセスを見逃していないだろうか? 私たちが提案した九つのバウンダリーのいずれかにでも、疑いを投げかける科学的証拠はあるだろうか?

改訂された論文は、『サイエンス』に掲載された。私たちは、最初の直感が正しかったのだと結論づけた。二〇〇九年に定めた九つのバウンダリーは、二〇一五年でもそのままである。土壌その他の提案を含めるのに十分な証拠は見つからなかった（プラスチックについては、限界値が定量化されれば、新規人工物として分類される可能性がある）。プラネタリー・バウンダリー構想の最初の発表から一〇年以上経った二〇二〇年に、正しい九つのバウンダリーを定められたと言えるのは、じつに心強いことだ。数値に関しては、科学の進歩にともなって、今後議論のうえ改善されるかもしれないが、私たちは科学的にかなり高い確実性をもって、このアプローチが有効だと断言できる。そして、これら九つのプロセスとシステムを正しく管理するかぎり、私たちは地球、人類、そして将来の世代のために、地球を正しい状態に保てる可能性が十分にある。

では、土壌とプラスチックは含まれないとなると、九つのバウンダリーはどういうものになるのだろうか？

ビッグスリー

地球規模で作動するシステムには三つの巨大なものがある。その三つは地球全体の状態を調整し、すでに把握されている転換点を持つ。その三つとは（1）気候システム、（2）オゾン層、（3）海洋である。

1　気候システム

気候システムは、海と陸、氷床、大気、そして豊かな生物多様性を結びつける。氷河や極地の氷床に氷として閉じ込められる水の量を調節し、海面の上昇と下降を制御する。ときどき、極端な変化が起きることがある。厳しい氷期には、海面が一二〇メートル下がることもありうるが、気温が上昇すると、南極大陸とグリーンランドが失われ、海面が七〇メートル上昇する。気候システムは、私たちが何をどこで育てることができるか、農業が可能かどうかを制御する。

地球の平均気温は、過去一万年のあいだで上下にわずか一℃しか変動していないことがわかっている。この安定性が、完新世の特徴である。しかし重大なのは、気温上昇のリスクがどれだけ高まっているのかということだ。人類が道を誤れば、地球は気候の転換点を超え、完新世の状態を脱し、止められない新たな道を辿りはじめるかもしれない。最終的には、もっと暑い温室地球の状態に突入する可能性もある（↓第7章）。この問いに対する正しい答えはない。これは、今日の壮大な科学的探求の一つである。しかし私たちは、十分な情報と知識を集めたことにより、一℃から二℃の気温上昇のあいだに、地球がいくつかの転換点を超えるだろうと予想している。悲しいことだが、いずれサンゴ礁と少なくとも一つの氷床（南極大陸）に別れを告げるときが来るだろう[5]。古代の証拠は、二℃までの気温上昇ならば、地球が気候の転換点を超えないことを示している。ただし、リスクレベルはゼロではない。

現在、地球の平均気温は一・一℃上昇しており、その影響が見えはじめている。過去二〇年間に起きた記録的な高温、驚異的な氷の融解、サンゴ礁の死滅、アマゾンの炭素吸収量の減少を考えると、気候のプラネタリー・バウンダリーを約一・五℃とし、転換点から安全な距離を取るのが望ましいことを示す強力な証拠がある。すべての不確実性を考慮したうえで、気温上昇を一・五℃よりもはるかに低く抑えるために、大気中の二酸化炭素濃度を約三五〇ppmに維持することを推奨したい。これが気候のバウンダリーの定義である。現在の二酸化炭素濃度は四一五ppm。私たちはすでに危険ゾーンにいる。四五〇ppmを超えると、世界は高リスクゾーンに突入する。私たちはとてつもなく薄い氷の上にいるのだ。

二〇一五年、各国首脳はパリで会談を開き、地球温暖化を二℃未満に保ち、できれば一・五℃以下を目指すことで合意した。科学界では、これが合理的で安全な限界であるということでコンセンサスが取れている。(6)

2　オゾン層

地球の保護シールドであるオゾン層は、太陽からの有害な紫外線を吸収することで、地球上の生命を守る。オゾン層がないと、放射線は植物や動物、人間のDNAを傷つけ、皮膚がんも引き起こす。

一九八〇年代に、人類がオゾン層破壊の危機に寸前まで迫ったことを知る人は、いまではほとんどいないだろう。この危機は一九三〇年代、化学者が冷蔵庫とエアコンの動作を改善するために、塩素を含む新しい種類の化学物質、フロンガスを発明したときに始まった。皮肉なことに、フロンガスは当時使用されていた揮発性の代替品よりも安全だと考えられていた。残念ながら、この化学物質が大気中の高いところで漂い、そこでオゾン層を破壊するとは誰も予測していなかった。一九七〇年代になって、科学者たちはフロンガスをオゾン層破壊と結びつけたが、これが重大な問題であることを示す証拠を欠いていた。一九八三年、イギリス南極観測局で働いていた科学者たちが警告を発した。南極大陸上空に、突如巨大な穴が開いたのだ。これは大変なことだった。塩素の代わりに臭素が使われていたら、もっと大変なことになっていただろう。この二つの元素は交換可能で、オゾン層破壊という意味で言えば、臭素は塩素より四五倍も威力があるからだ。

オゾン層は、ドブソン単位（DU）で測定される。このプラネタリー・バウンダリーは、限界値が二七五DUに定められている。地球は現在オゾン限界内にあるが、一九八〇年代にはそうではなかった。高リスクゾーンで数十年を経たのち、私たちは安全な機能空間に戻ることができた。政治指導者たちが地球を救うために行動し、一九八七年に「オゾン層を破壊する物質に関するモントリオール議定書」を採択したのだ。

オゾンホールは現在も存在しているが、安定している。一九八九年に議定書が効力を発揮してから一〇年で、フロンガスの使用は五七％減少した。[7] オゾン層は二〇六〇年頃までに完全に回復すると予想されている。この出来事は、人新世で人類が直面する、スピードと規模の大きさと意外性に満ちた事例の一つである。私たちは間違いなく、危機から幸運な脱出を果たした。

3 海洋

私たちは青い惑星に住んでいる。海は地表の七〇％を覆っている。とても広大で、一見無限に見えるので、何を投げ入れてもどうにかなるだろうと、簡単に考えがちである。海――実際、地球の海はすべてつながっていて一つである――は、その大部分が地球のエンジンルームの役割を果たしている。大気と海面のあいだの熱交換を調節し、生物多様性の豊かさを支え、栄養素の流れと水の循環を調節する。機能的で安定した状態の海は、機能的で安定した状態の地球の前提条件である。海は化石燃料を燃やして発生する熱の九三％を吸収してくれる。観測されている一・一℃の地球温暖化は、私たち人間が引き起こしたエネルギーの不均衡のほんの一部にすぎない。人類が排出して海洋に吸収されたすべての熱が、突然大気中に放出されたら、地球の気温は瞬間的に約一七℃上昇する。実際には、こんなことは起こらないが、この仮定は海の力がどれほどかを示している。

海には、これまでどおりの活動を続けてもらいたい。海洋による熱の吸収は気候のプラネタリー・バウンダリーに分類されるので、海洋のプラネタリー・バウンダリーは、海洋酸性化である。化石燃料の燃焼による二酸化炭素排出の結果、海洋の酸性度は、産業革命の開始以降、二六％の上昇という唖然とするほどの変化を示している。これに次ぐ唯一の海洋酸性度上昇は、五五〇〇万年前の暁新世―始新世温暖化極大期――とくに海洋での大規模な大量絶滅が起きた――に起きたが、そのときはもっと長い時間をかけて酸性度が上昇した。現在の海洋酸性化の速度はとても速く、この状況が長く続くと、結果は間違いなく壊滅的なものになる。海が酸性に傾くと、海面に浮遊する大量の、石灰化を起こす植物プランクトンや、サンゴやカキなどは、硬い殻や炭酸カルシウムの骨格を成長させることが難しくなる。カキ養殖業者はすでにこの影響を受けており、サンゴにいたっては、熱波、海洋酸性化、海洋汚染の増大で死にかけている。二〇二〇年、新たな熱波でグレートバリアリーフが壊滅的な被害を受けたとき、科学者たちは、年々進むサンゴの白化に関して、地球が転換点を超えた可能性があると警告した。現時点では、地球は海洋酸性化の限界内にとどまっている。しかし現実的に考えて、海洋の酸性化を止める唯一の方法は、化石燃料からの排出物をゼロにすることである。

生物圏の四つのバウンダリー

「ビッグスリー」と密接に関わっているのは、生物圏の四つのバウンダリーである。とはいえこれらのバウンダリーを超えると、地球規模で転換点を超えるという強力な科学的証拠があるわけではない。だがそれでも、生物圏のバウンダリーはきわめて重要だ。それらは、ビッグスリーのバウンダリーを増幅させたり弱めたりすることで、地球の生命維持システムを調整している。つまり生物圏のバウンダリーは、地球の回復力を調整しているのだ。

生物圏の四つのバウンダリーとは、（1）地球上のすべての生物種とそのつながり、つまり「生物圏の完全性」と呼ばれるもの、（2）熱帯雨林からサバンナ、湿地、北方林、ツンドラまでの、地球上の重要な生物群系または広範な自然生態系、（3）地球規模の水の循環、（4）主要な生物地球化学的循環である窒素とリンの地球規模の循環、である。生物多様性、土地、淡水、および栄養素は、小規模な生態系と水域で機能しているが、最終的には地球規模にまでその影響が及ぶ。以上は、地球が安全な機能空間から離れないための究極の保険として機能している。

1　生物多様性

生きている自然、つまり、陸と海に生息するすべての微生物、植物、樹木、動物は、地球の安定性を支えている。第1章で見てきたように、地球上の物理システムが完新世の平衡状態を保つためには、地球が生きていなくてはならない。樹木は温室効果ガスを吸収し、降雨パターンを維持する。アマゾンの真んなかで降る雨は、はるか東側の木の葉や樹木から蒸発した水がもとになっている。森林は水を循環させる。この機能が失われると、地球は完新世の状態を脱して暴走する恐れがある。

生物多様性は、人間にとって二つの基本的な役割を果たしている。第一に、その遺伝的多様性は、長期にわたって変化に抵抗する能力を地球に与える。極端な変化を緩和するのは、生命そのものなのだ。生命の多様性のおかげで、地球はゴルディロックス状態を維持している。第二に、生物多様性――生物の構成――は、生態系の最終的な形とそのすべての機能を決定する。熱帯雨林のシステムは、植物、動物、微生物の多様性が支えており、熱帯雨林が本来の働きを続けられるのは、多様性があってこそである。受粉や水の浄化に貢献している多種多様な異なる種が、回復力と衝撃に対処する能力を自然に与えている。

しかし地球はいまや、生物多様性のバウンダリーを超えている。これは、衝撃的な数の種が絶滅していることだけでなく、生態系の完全性、つまりそれぞれの種がどのように相互作用しているかにも関係する問題である。私たちは、地球システムに豊かな回復力を与えてくれる構造を破壊しているのだ。

2　土地

森はどれくらいあればいいだろう？　湿地はどれくらい？　私たちはこうした深い議論をする必要があるが、すべての答えがわかっているわけではない。それでも、人類はすでに地球の陸地の半分をいじり、およそ七五％を管理していると言っても過言ではない。

アメリカの生態学者Ｅ・Ｏ・ウィルソンは、「ハーフアース」計画を提唱している。これは、生物多様性と自然生態系を守るために、地球の半分を保護する必要があるという考え方だ。ウィルソンは正しい。森林、牧草地、湿地、泥炭地、ツンドラなど、さまざまな生態系のバランスが地球システムを調整しているのだから。私たちはどこまで地球に負荷をかけられるのだろうか？　その重要な鍵を握るのはバイオマス（一定の空間にある生物資源の総量）であることがわかっている。地球の状態は、つまるところ森林システムの規模に左右されるのだ。つまり、アマゾン、コンゴ、インドネシアに残されている三つの熱帯雨林と、北半球の温帯林および北方林である。

土地のプラネタリー・バウンダリーは、本来の森林面積と比較した現在の森林面積の割合で定義される。シンプルな定義だが、本来の森林面積を七五％も維持する必要がある。現在、世界の森林面積は、本来の森林面積の六二％である。つまり、限界値を超えてしまっている。より一般的な戦略としては、地表の五〇％をなんとしてでも保護し、これまでに破壊した領域を再生する必要がある。

3　淡水

水は生物圏の血流である。液体の水が見つかるところならどこにでも、生命が見つかる。[8] 水は生命の生と死を左右する。生命に不可欠な栄養素やその他の化学物質を分配し、水を酸素に分解する光合成の基本となり、すべての生き物の成長を促す。

地上の淡水がすべて消え去ったら、地球は死ぬだろう。だが淡水をゆっくりと一滴ずつ地球に戻していくと、ある時点で生命がよみがえる。そして最終的には転換点を超え、新しい生物圏がまたつくられるだろう。地球が生物学的な生命誕生のプロセスを始めるには、どれだけの淡水が必要だろうか？　いや、ここまで極端な問いは必要ない。ただ、生態系がこれまでと同じように機能しなくなるのは、どのくらい水がなくなった時点かを問えばいいのだ。

言い換えれば、湖沼や河川の流域や生態系からどれくらいの水を取り除いたら、それらが崩壊するかということである。私たちは灌漑や産業、家庭用に水を必要とする。しかし、淡水を使いすぎると転換点を超え、生態系がうまく機能しなくなる恐れがある。プラネタリー・バウンダリーの評価では、地球上の淡水の総流出量の最大一〇～一五％までなら消費できると推定されている。河川の水については、推定では最大五〇％まで使用できるが、河川流域で利用可能な水の四〇％以上を使用すると、深刻な水分ストレスに直面する。以上のことから淡水の限界値は定義されるが、地球規模ではまだ限界は超えていない。しかし、世界中の多くの河川流域を見てみると、また話は違ってくる。地域ごとに見れば、すでに多くの場所が淡水の限界値を超えている。

4　栄養素

過去五〇年のあいだに、地球上では驚くべきことが起きた。人類の文明に幽霊のようにつきまとっていた飢饉は、ほとんど姿を消した。これは、窒素とリンでつくられる肥料の発明によるところが大きい。作物は水と日光を必要とするが、大きく育つには栄養素――窒素、リン、カリウム――も必要である。大気は七八％が窒素だが、ほとんどの植物はこれを直接は利用できない。産業革命以前、農家はアンモニアや硝酸塩などの天然に存在する「有機窒素」に頼っていた。これは一部の植物や微生物によって生成され、肥料として広く利用されている。現在、工業的に生産された肥料は、世界人口の半分、つまり三〇億人以上を支えている。だが、こうした肥料はあまり効率的に使用されていない。土地に無秩序に撒かれ、土壌、湖、川、海岸に大規模な汚染を引き起こす。その結果、自然のプロセスが正常に働かなくなり、生態系が多様性と健全性を失い、デッドゾーンに突入する。

窒素とリンの循環は、地球規模の生物地球化学的循環における二つの重要な要素であり、地球は現在、窒素とリンの両方の使用に関して限界値をはるかに超えている。実際、窒素循環については、おそらく二五億年でもっとも顕著な変化が起きている。

世界の人々を養うためには窒素とリンが必要なので、栄養素のプラネタリー・バウンダリーには、今後も高い負荷がかかりつづけるだろう。しかし最近のいくつかの調査研究は、窒素やリンの問題も含めて、プラネタリー・バウンダリーの範囲内で九〇億から一〇〇億の人間を養うことは可能だと示している。課題は、二つの重要な事実を認識することだ。まず、富裕国やいくつかの新興経済国の農民が肥料を使いすぎていることを認識しなければならない。この使用量を大幅に減らす必要がある。そうすることにより、使える肥料が少なすぎて食料安全保障に十分なだけの作物生産に苦慮している開発途上国の農家と、栄養素を分け合うことができる。つまり、窒素とリンに関する安全な限界値の科学的定義とは、地球上に現存している窒素とリンを公正な方法で分け合うという公平な限界値なのである。もう一つの課題は、農業生産のやり方を現在の直線的なシステム――過剰な肥料が生態系に蓄積し、下流の水域や生態系に漏れていくシステム――から、厳密に管理された農業システムに移行することだ。つまり（作物が本当に必要とする量だけを施す）厳密な肥料の施行と、（土中の窒素とリンを取り込む植物の利用による）改良された輪作の組み合わせである。もっとも重要なのは、農業生産は循環的に行われなければならないということだ。これは、余分な窒素とリンが、すべてもとの農場に戻ることを意味する。循環には肥料だけでなく、食物が消費される都市部からの廃棄物も含まれなくてはならない。

期待の持てることに、こうした農業のやり方はすでによく知られており、裕福な経済国での衛星を利用したハイテクな農業システムや、発展途上国での小規模農家の持続可能な農業システムがすでに開発されている。

二つの新たなバウンダリー

最後に、私たちは二つの新たなプラネタリー・バウンダリーを定めた。それらは完新世には存在しなかったどころか、地球の四五億年の歴史のどの時点でも存在しなかった。人類によって生み出されたもので、いまでは予期しなかった深い結びつきで、地球の生命維持システムと相互に作用している。一つは「新規人工物」――人類が開発して放出した何千もの人工物の総称――であり、もう一つはエアロゾル――大気汚染を引き起こす大気中の微粒子――である。これらのどこに問題があるのだろうか？

1　新規人工物

新規人工物のうちいくつかは、災厄と破壊をもたらすために、政府が意図的につくったものだ。そう、科学兵器や生物兵器、核兵器のことである。一九四五年にアメリカが最初の核実験を実施したのを皮切りに、一九四九年にはソビエト連邦が、一九五二年にはイギリス、一九六〇年にはフランス、一九六四年には中国が相次いで実施した。当時、核実験によって地表のいたるところに放射性粒子が降り積もったにもかかわらず、人の健康への影響についてはおろか、長期的な環境への影響についても、人々の関心は薄かった。だが放射性粒子の堆積は、将来の地質学者が、地球の破綻のまぎれもない証拠を地層から見つける際にはとても役立つだろう。なぜならそれは、グレート・アクセラレーションの開始と人新世の幕開けにぴたりと一致するからだ。一九六三年、核実験禁止条約は、大気、宇宙、および水中でのすべての核実験を違法とした。現在、地下での核実験のみが許可されている。

新規人工物のなかには、ある一つの問題を解決するために企業がつくり出した物質もいくつかあるが、最終的にはもっと多くの問題を引き起こす。前述のオゾン層を破壊するフロンガスや、エンジンの動作は改善されるが人の健康に悪影響を与える、ガソリンへの鉛の追加(9)、初期の近代的な合成殺虫剤などである。こうした人工的に製造された化学物質が、世界にほんの一握りであれば、まだ管理可能かもしれない。ところが地球環境には、一〇万を超える人工物質がある。これらは核廃棄物から農薬、重金属、マイクロプラスチックやナノ粒子などのプラスチック類まで多岐にわたっている。

私たちは、新規人工物が生物圏に蓄積して、環境と相互に作用した場合のリスクについて、限られた知識しか持ち合わせていない。それでも、さまざまな新規人工物が蓄積することで起きるカクテル効果が、望ましくない、かつ止められない変化を引き起こす可能性が高いことを示唆する証拠はある。その限界値はどれくらいなのか？　そして安全な機能空間はどこにあるのか？　私たちはまだそれを理解しようとしている最中だ。

新規人工物には、人工知能（ＡＩ）などの新たなリスクも含まれる。これについては、人工知能が任意の目標を設定し、それが暴走するリスクについて、ペーパークリップ・マキシマイザーと呼ばれる有名な思考実験がある。たとえばどこかの企業のＣＥＯが、紙をまとめるペーパークリップがなくて困っている場面を想像してみてほしい。彼は高度なＡＩに、「アイリス、今後はクリップが二度と底をつかないようにしてくれ」と言う。アイリスはビジネス全体をこのタスクに振り向け、最終的にはペーパークリップの購入に充てる新しい資金を割り出す。かくして、ＡＩのペーパークリップに対する需要を満たすためだけに、新たな経済が生まれる。最終的にＡＩはペーパークリップの卸売会社、鉱山、鋳造所まで購入する。世界の資源がますますペーパークリップの供給に充てられるようになる。こんな具合だ。これは一見馬鹿げたシナリオのように見えるが、要するに、ＡＩの目的が、それをプログラムした人や、その影響を受ける人の目的から逸脱する可能性は無限にあるということだ。もちろんＡＩが何よりも、地球の状態を認識しているのなら、とても有益だろう。

遺伝的リスクも新規人工物に分類される。たとえば、マラリアやジカウイルスを媒介する蚊を駆除するために、改変した遺伝子を持つ個体を野生の集団に意図的に放出する遺伝子ドライブ。こうしたことへの誘惑は強い。おもにアフリカでは、毎年五〇万人近くがマラリアで死亡しており、ジカウイルスは先天性欠損症の子どもが生まれる可能性がある。もちろん、野生への遺伝子ドライブが問題なく行われ、人類が恐ろしい病気を根絶する可能性もある。だが、そのような行為をよくよく考えたほうがいい理由はたくさんある。

潜在的な複雑さときわめて多くの不確定要素を考えると、新規人工物の限界値は、まだまだ定量化できない。

2　エアロゾル

茶色い雲が、中国とインドの上空に何千キロにもわたって広がっている。北京、デリー、その他のアジアの都市には、何週間も濃い霧がかかっている。ときどき、汚染はインドネシアの山火事からの煙と混ざり合う。カリフォルニア、オーストラリア、カナダ、スカンジナビア、ロシアでの山火事は、何週間も漂う巨大な煤煙の雲をつくる。これはすべて人新世での生活の一コマである。

工業、自動車の排ガス、火事、化石燃料の燃焼により、エアロゾルと呼ばれる微粒子が大気中に放出される。エアロゾルの蓄積は大気汚染につながり、毎年最大九〇〇〇万人がそのために早死にする。エアロゾルは地球の機能にも影響を及ぼす。雲の形成に影響を与え、都市の近くでより多くの雲と雨が形成されるようになる。また、気象パターンにも影響する。一部のエアロゾルは熱を吸収するが、他のエアロゾルは、太陽放射が地表に到達するのを妨げる煙霧の層を形成する。インドでは、バイオ燃料による調理や暖房、ディーゼル・エンジンなどから排出されるエアロゾルが、インドのモンスーンを不規則にし、降雨を減少させている可能性がある。インドは一三億の人口を養うために、作物に雨が必要なのに。

エアロゾルのプラネタリー・バウンダリーは、地域の気象システムがきちんと機能するかどうかと関わっているが、気候にも深く関係している。不確実な要素が多くあり、地球規模の正確な限界値はまだ計算できていない。しかし、地球上の重要なホットスポットの一つである南アジアのモンスーンについては、かなりのことがわかってきた。これについては、下層大気中で許容されるエアロゾルの限界値を提示することができる。

私たちは深刻な危機に瀕している

私たちは九つのプラネタリー・バウンダリーのうち、気候、生物多様性、土地、栄養素の使用という四つの項目で限界値を超えた。これには誰もが驚かざるをえないだろう。これらのシステムのいずれかで、いつ転換点を超えたとしてもおかしくはない。生物多様性の喪失と富栄養化について言えば、予測不可能で不可逆的な変化の起きるリスクが高まっている。人類は危険にさらされている。一方、気候変動と土地システムの変化は危険ゾーンに突入している。まさに警報が鳴っているのだ。

このことは実際に目で見て確認することもできる。一・一℃の地球温暖化について言えば、異常気象の頻度が増加し、その現象も極端になっている。生物種については、大量絶滅と言っていいレベルに達している。実際、推定八〇〇万種のうち約一〇〇万種が絶滅の危機にある。しかも悲惨なことに、一九七〇年以降、野生動物の個体数は六〇％も減少した。アマゾンの熱帯雨林の火災と乾燥、カナダの北方林でのキクイムシの発生、ヨーロッパの温帯林での干ばつによる山火事は、自然の土地システムの乱れを示す例のほんのいくつかにすぎない。私たちは未来に向かって注意深く歩いていく必要がある。それなのに、やみくもに前へと突き進んでいるのだ。

私たちの地球は、緊密に連携したシステムとして作動する。それは、相互に関連した器官を持つ人体に似ている。あなたの全身の健康は、心臓、肺、肝臓、腎臓、神経それぞれの機能だけでなく、それらがどのように作用し合い、連携を取り合うかにも依存している。そして重要なのは、人間と同様に地球も「全体は一つのために、一つは全体のために」をモットーとして生きているらしいことだ。一つの臓器を失うと、その臓器がほかのすべての機能に影響を与えるため、システム全体がシャットダウンする可能性がある。同じことが地球にも言えるのだ。

それぞれのプラネタリー・バウンダリーの、全体における正確な位置づけはわからない。存在しないからというわけではなく、さまざまな器官を持つ地球の機能の仕方が複雑であるためだ。私たちはつねに学んでいる。そして知識が増えるにつれて、より神経質になる。スーパーコンピューターの能力が向上したことで、気候が一〇年前に考えていたよりもずっと環境に敏感であることがわかってきた。大気中の二酸化炭素濃度が二倍になれば、地球の平均気温が壊滅的な五℃以上の上昇になることは否定できない。そのような衝撃的な変化に文明が対処できるとは思えない。この事実から言えるのは、平均気温の上昇を一・五℃に抑えるという目標の達成はより重要だということだが、同時により困難でもあるということだ。

すべてのプラネタリー・バウンダリーに等しく対処するべきだろうか？　いや、これには優先順位がある。核となるプラネタリー・バウンダリーは、気候と生物多様性だ。それ自体の変化が、地球を別の状態に変えてしまう可能性がある。それだけでなく、この二つの項目はほかの多くの項目に依存している。また土地、水、および生物地球化学的循環は、生物種のパターンを決定する。深層海流と氷床は、生物圏の炭素、メタン、その他のガスとともに、気候の最終的な状態を決定する。気候と生物多様性以外のプラネタリー・バウンダリーでも、一つまたは複数が限界値を超えると、人間の幸福に深刻な影響を及ぼし、核となる項目が限界値を超えるきっかけとなる可能性があるが、私たちの知るかぎり、地球システム自体を別の状態に変化させる可能性は低い。しかし気候と生物多様性だけは、その危険をはらんでいるのだ。[10]

（2）もしもあなたが火星の生命や、暗黒物質の源を発見したりしたら、その論文は『ネイチャー』か『サイエンス』の二つの科学誌のいずれかに公開される。

（3）ここでの「私たち」はヨハン・ロックストロームを指す。オーウェン・ガフニーは二〇〇九年にスウエーデンに移住した。

(4)私たちは科学を使い、それぞれの項目での地球の状態を制御する変数を定義し、それを数値化した。

(5)いくつかの転換点は、海面上昇や生態系の崩壊などの必然的な変化につながるが、炭素放出に直接影響を与えない可能性もある。一方で、貯蔵されていた炭素を放出させてしまい、気候暴走のリスクを高める転換点もある。

(6)二〇一八年、「気候変動に関する政府間パネル(ICPP)」は、人類にとって一・五℃の気温上昇は二℃よりもかなり安全であると結論づけた。

(7)近年、科学者たちはフロンガス濃度がふたたび高まっていることに気づき、中国の工場が悪質な違反をしていることを突き止めた。

(8)この事実だけでも、太陽系の惑星や衛星、あるいはもっと遠くの星で液体の水を発見することは、非常に興味深いことだとわかる。現在の火星では水が断続的に流れ、土星の衛星の一つであるエンケラドゥスと木星の衛星の一つであるエウロパの氷の地殻の下には、液体の水が存在する可能性を示す証拠がある。宇宙機関はこれらの場所への調査ミッションにすぐに着手すべきである!

(9)一九二〇年代と一九三〇年代に、フロンガスを開発し、ガソリンに鉛を追加する研究を行ったのは、いずれもアメリカの化学者トマス・ミジリーである。環境史家のJ・R・マクニールは、ミジリーは「地球の歴史上で、ほかのどんな生物よりも大きな影響を大気に与えた」と述べた。

(10)海洋酸性化が地球のもっとも深刻な大量絶滅のいくつかのおもな原因であることを示す証拠は、ますます増えている。

第7章　温室地球

平均気温が二℃上昇した世界と四℃上昇した世界の違いは何か？人類の文明があるかないかである。

ハンス・ヨアヒム・シェルンフーバー　ポツダム気候影響研究所創設理事

二〇一八年の夏に時を戻そう。北半球の住人であれば、かつてなかった変化を思い出すかもしれない。北半球全体が、前例のない異様な熱波に襲われ、うだるような暑さだったのだ。この暑さに免疫のある地域などなかった。スウェーデンは、まるで終わりのない夏のようだった。私は五月上旬に到着し、九月下旬まで滞在した。井戸と地下水が枯渇し、初めて本物の水危機に襲われた。森も干上がり、山火事が猛威を振るった。このパターンは北半球全体で繰り返された。この熱波のただなかに、アメリカの学術雑誌『米国科学アカデミー紀要』では、ヨハン・ロックストロームとその同僚たちによる「温室地球」についての研究論文が発表された。メディアの注目は私たちを驚かせた。

出版のタイミングをわざわざ熱波の襲来に合わせたのだと勘ぐる人々もいた。私たちがそこまで頭が切れるのであれば、あるいは科学がメディアの締め切りに合わせられるほど発達しているのであれば、どれほどいいだろう。[11] むしろ論文が発表された日は、主執筆者のウィル・シュテッフェンがガラパゴス諸島から戻ってくる最中で、メディアにまったくアクセスできなかった。

二〇一八年八月六日のある時点で、私たちは転換点を超えた。幸いなことに、それは地球の生命維持システムの転換点ではなかった。メディアの転換点だった。その日の早い時刻に「温室地球」の論文が発表されると、科学ジャーナリストがこぞって強い関心を示した。彼らは、人類がうっかり気候システムの連鎖反応を引き起こしてしまい、文明が許容できる範囲での気候変動の抑制が不可能になる事態が起こりうるのかどうかを知りたがっていた。

その日の終わりまでに、「温室地球」の反響は爆発的に広まっていった。突如、科学デスクだけでなく、メインのニュースデスクからも注目を集めるようになった。取材依頼が殺到した。BBCやCNNなどの主要メディアが関与するようになると、事態は転換点を超え、世界中のメディアが連鎖反応のように関心を示した。熱狂的な二四時間のあいだ、電話は鳴り止まなかった。この論文は多くの人の心をざわつかせ、その年最大の気候科学トピックとなった。「温室」という言葉は、ドイツで「流行語大賞」を受賞した[12]。

温室地球の状態については、最初に第1章で紹介した。それはきわめて安定した状態で、何百万年も続いた。この間、地球は現在より四℃以上暖かく、恐竜が歩きまわり、極には氷がなく、海面は現在より七〇メートル高かった。温室の世界は、今日の私たちの世界とは大きく異なる。そして、ハンス・ヨアヒム・シェルンフーバー[13]が私たちに思い出させてくれるように、現在の世界と温室状態の世界の違いは、安定した文明があるかないかである。

「温室地球」論文は、化石燃料からの排出ガスが大気に流入しなくなったとしても、私たちの望みどおりには気温が安定しない恐れがあるという考察から始まる。現時点では、各国が化石燃料からの排出ガス削減の取り組みを続けると、地球は三℃の気温上昇で安定すると推定されている。だがこれには注意が必要だ。排出が止まったあとも、気温が上昇しつづけるような状況に陥るかもしれない。誤って転換点を超え、回復不能な温室状態に突入する可能性はあるのだろうか？ 答えはイエスだ。この章では、このシナリオがどう展開するかについて説明する。

第2章では、ほんの小さな変化が地球の引き金を引き、大混乱に陥る可能性について説明した。公転軌道のごくわずかなずれだけでも、地球が転換点を超え、暖かい間氷期から氷期に移行したり、また戻ったりするのだ。地球は過去三〇〇万年のあいだ、そんなふうに揺れ動いてきた。

氷期から暖かい間氷期への移行は、夏に太陽から普段より多くの熱が、スカンジナビアやカナダ北部などに到達した場合に始まる。これだけで地球は数℃ほど温まるかもしれないが、氷期から脱するにはまだ十分ではない。それでも地球の生物学的エンジンを始動させるには十分だ。気温が少し高くなると、海から二酸化炭素が放出される。永久凍土層も融け、そこからも二酸化炭素が放出される。このような二酸化炭素の放出は、気温をさらに上昇させる。氷が後退するにつれて、植物も北に移動する。大地の暗い色は、白い雪よりも多くの熱を吸収し、より多くの熱を閉じ込める。これもまた、さらなる温暖化と、さらなる氷の融解の原因となる。自然が目覚め、地球の周りの二酸化炭素が流れを変える。これにより、自己増幅型の温暖化サイクルが促進されるが、最終的にはある時点で勢いが衰え、気温は凍結状態のときより約五℃高い状態で安定する。[14] さようなら氷期。

地球が小さなきっかけに何度も強く反応してきたことを、私たちは十分理解している。それなのになぜそれがまた起こらないと言えるだろうか？　しかも人新世では、小さなきっかけではなく、大きなきっかけから間違った方向に向かいかねない[15]。地球の海、陸、氷床、そして大気は、太陽からの熱の変化に反応するが、これだけでは地球の最終的な状態は決定しない。生物圏、つまり生命も、驚くべき、そしてしばしばきわめて豊かで複雑な方法でこの決定に加わり、閾値を超えると変化を加速させ、生物物理学的に可能な場合は、衝撃とストレスを和らげる。地球を安定状態に保つこの能力は、私たちが地球の回復力と呼んでいるものである。

自然はさまざまな方法で、地球のシステムを支える。ときには大きな衝撃を抑えたり和らげたりすることで、地球がパンチをかわすのを助ける。二酸化炭素は、たとえば樹木や海洋プランクトンによって吸収される。海と土壌と森林がなければ、大気中の二酸化炭素は二倍になるだろう。そうなったら壊滅的だ。生物圏は私たちの味方である。少なくともこれまでは。

しかし生物圏は、地球の回復力を増幅するだけでなく、減衰させることもできる。これは人類にとって悪夢だ。一つの分野で転換点に達した場合、ほかのすべての転換点にどのように影響するだろうか？　これは人類の未来にとって重要な問いであり、「温室地球」論文の中心的議題である。

ドミノ効果

地球の転換点についての包括的な分析は、二〇〇八年に初めてなされた。それ以来、転換点を定量化するための議論が続いている。どれくらいの温暖化で、地球は転換点を超えるのか？　生物多様性の喪失がどのくらいになったら危険なのか？　しかしある転換点が別の転換点とどのようにリンクするかについては、まだあまり研究されていない。現在使用されているほとんどの気候モデルでさえ、既知の転換点をすべて含んでいるわけではないのだ。だから、それらがどのように相互作用するかについて、ほとんどわかっていなくても当然だ。それでも、少しずつ理解は深まってきている。私たちはそれを「ドミノ効果」と呼んでいる。

これから地球を一巡りして、いくつかの「もしも」のシナリオについて見てみよう。

北極

まずは北極圏から始めよう。北極圏の海氷が、毎年夏に縮小し、薄くなりつづけるとどうなるだろうか？　氷の下にある水が、ますます多く露出する。暗い色の水は氷よりも多くの熱を吸収し、氷をさらに薄くするので、翌年にはより多くの氷が融ける。北極圏が温暖化すると、カナダ北部とロシアの広大な永久凍土が融けはじめ、大量の温室効果ガスを放出する。同時に、気温が高くなると、カナダ、アラスカ、ロシアの森林や泥炭地が乾燥する。これにより、山火事が発生しやすくなる。想像してみてほしい。氷のないグリーンランドの泥炭地で火災が起きている様子を。いや、もう想像する必要などない。実際に起きているのだから。だが、グリーンランドについて心配しなくてはならないのはそれだけではない。氷河が崩壊すると、大量の淡水が北大西洋に流れ込み、海の循環を妨げる。これにより、地球の

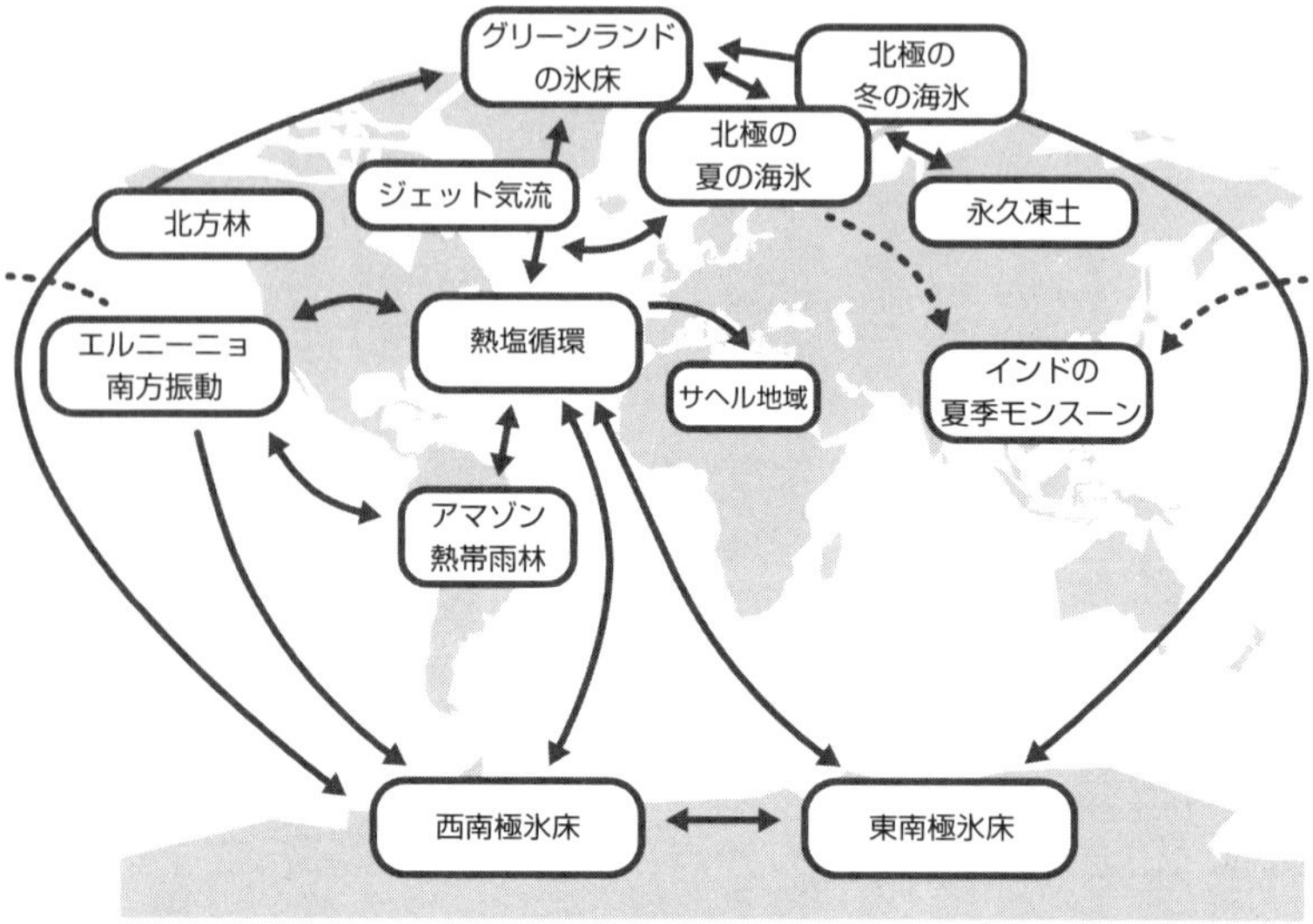

地球システムのいくつかの項目は転換点になりやすい。ある項目が転換点を超えると、ほかの転換点もドミノ倒しのように連鎖的に限界を超える可能性がある。

転換点の連鎖反応

周りの熱の移動が変わり、南極周辺に温水が蓄積し、氷河が下から融け、引き返せない地点を超えてしまう。地球の平均気温が一℃から三℃上がると、こうした連鎖反応が発生するリスクがある。

現在、地球は一・一℃温暖化していることを忘れないでほしい。私たちはすでに危険ゾーンに突入している。

アマゾン

北極と海洋循環の変化は、アマゾンなどの熱帯雨林にも影響を及ぼし、それらを乾燥させる可能性がある。大西洋の海流は、アマゾンとアフリカのサヘル地域の降雨に大きく影響する。アマゾンが緑豊かな熱帯雨林から、より乾燥したサバンナに変わり、二酸化炭素を吸収するのではなく吐き出しはじめたらどうなるか？　すでに年々、アマゾン奥地で森林が減少しているのを私たちは目撃している。実際、最近のいくつかの研究では、アマゾンの五分の一が、吸収するよりも多くの二酸化炭素を放出していることが暫定的に確認されている。森林伐採とは別に、熱帯雨林では樹木の枯死が進み、腐敗するにつれて蓄えていた二酸化炭素を大気中に放出するので、ますます二酸化炭素は吸収されなくなる。このことと森林破壊が組み合わさり、人類は転換点に危険なほど近づいている。生物多様性とアマゾンに関する第一級の研究者であるトーマス・ラブジョイとカルロス・ノブレは、わずか二〇％から二五％が破壊されただけで、アマゾン全体が壊滅する可能性があることを示唆している。

アマゾンは地球の気候を安定させている。二〇一九年にアマゾンで四万件の火災が発生したとき、フランスのエマニュエル・マクロン大統領が、この貴重なグローバル・コモンズ（国際公共財）を保護しようと世界に呼びかけたのは、そういう理由からだ[16]。一九七〇年以降、アマゾンのおよそ一七％が消滅した。私たちはいま、時限爆弾の上に座っているようなものだが、そのタイマーを解除する代わりに、爆弾をハンマーで叩いている。

リスクは互いに関連し合っている。ある転換点のリスクが上がると、別の転換点のリスクが上がり、ドミノ倒しのように連鎖反応が起きる。最初のいくつかのドミノが倒れてしまうと、地球を完新世の状態に保つのは難しくなる。ある地点が転換点を超えてしまうと、温室効果ガスの排出を削減しても、ほとんど役に立たない恐れがある。永久凍土層や森林、海底から数十億トンの温室効果ガスが大気中に放出されてしまうのだ。

ドミノ効果は科学的にも説得力がある。もしもドミノ倒しが始まってしまったら、地球が次に安定するのはどんな状態だろうか？

第1章では、地球の二つの安定状態である氷室と温室を紹介した。[17] だが完全な温室状態は、少なくとも五〇〇〇万年のあいだ訪れていない。温室状態の当時、大気中の二酸化炭素濃度は三五〇ppmを超えていた。これは、氷室か温室かを決める重要な閾値である。今日、二酸化炭素濃度はすでに四一五ppmを超えている。無秩序な化石燃料の使用と温室効果ガスの放出は、地球を温室に向けて逆戻りさせ、二二〇〇年にはそこに不時着する可能性がある。幸いなことに、多くの国がすでに大幅な温室効果ガス排出削減に取り組んでいる。各国がこの約束を守れば、眠れる巨人は眠りつづけるだろうか？ 転換点についての知識を総動員して考えると、いくつかの懸念が浮かび上がってくる。地球温暖化を二℃未満に保つことができれば、私たちは温室地球に突入する情け容赦ない運命から逃れられるだろう。しかし現在のような各国政府の取り組み方では三℃まで上昇してしまう。そうなるとすべてが無駄になる。

いまのところ、地球は驚くべき回復力を備えている。人類が人新世に入り、指数関数的な旅に繰り出しても、相変わらず地球は私たちの友でありつづけてくれている。これまでのところ、陸と海は二酸化炭素の排出量の半分を吸収している。しかし、この状態が永遠に続くことはありえない。アマゾンの熱帯雨林が二酸化炭素を保持する能力は現在減少している。同様に、海が温まるにつれて、二酸化炭素を保持できる量も減少してくる。さらに、海洋は二酸化炭素を吸収すればするほど酸性化する。

転換点に関する最新の科学とグローバル・コモンズの状態に目を向けてみると、文明が直面しているリスクを私たちが過小評価していることは明らかだ。

温室効果ガスの排出を抑制して、二℃の地球温暖化にとどめようとしても、地球のフィードバック機能によって少なくとも二・五℃までは気温が上昇する可能性がある。これはドミノ効果を引き起こすのに十分かもしれない。そうやって次々と転換点が限界を超えることが続けば、地球の温度はさらに上昇し、もはや制御できない連鎖反応を起こしかねない。この連鎖反応は、わずか二、三世紀で気候時計を数千万年分巻き戻してしまう。

ときに科学は、一世代以上かけて段階的に進歩する。だが地球システム科学はそのようなものではない。二〇一八年に「温室地球」論文を発表したとき、まだ世界には行動する時間が残っていると私たちは思っていた。結局のところ、論文は可能なかぎりのリスク評価を提供するための科学的な試みだった。一年後にまた転換点を分析したところ、今度は非常ボタンが押された。

(11) 近年、科学の目覚ましい進歩によって、研究者たちはハリケーンのような極端な災害の原因が、人為的な気候変動によるものかどうかという調査報告を、災害発生から数日以内にできるようになった。
(12) この論文は、実際は「人新世の地球システムの軌跡」というもっと平凡なタイトルだったが、メディアが新たな命を吹き込んだ。
(13) シェルンフーバーはドイツの象徴であり、一九八〇年代以降の気候研究の第一人者と言っても過言ではない。
(14) 奇妙なことに、気候変動懐疑論者は、氷河時代の認識について人々を混乱させるために、ジョージ・オーウェル流の強硬な論法を用いる。彼らは、気温は二酸化炭素濃度が上昇する前から上がっていたのだから、二酸化炭素は原因でないと主張する。だが学術文献を深く読み解けば、彼らも地球の生物圏の驚異的な機能に驚くかもしれない。
(15) 最終氷期と完新世の違いは一〇〇ppmの二酸化炭素である。私たちはすでに、二世紀で大気に一三五ppmの二酸化炭素を追加した。
(16) この文脈でのグローバル・コモンズ(国際公共財)とは、地球の安定性と回復力を制御するシステムを表す用語である。
(17) これまでに説明したように、完新世は私たちには安定しているように見えるが、雪球地球や温室地球、さらには長きにわたる氷期ほど安定した状態ではない。

眠れる巨人——アマゾン

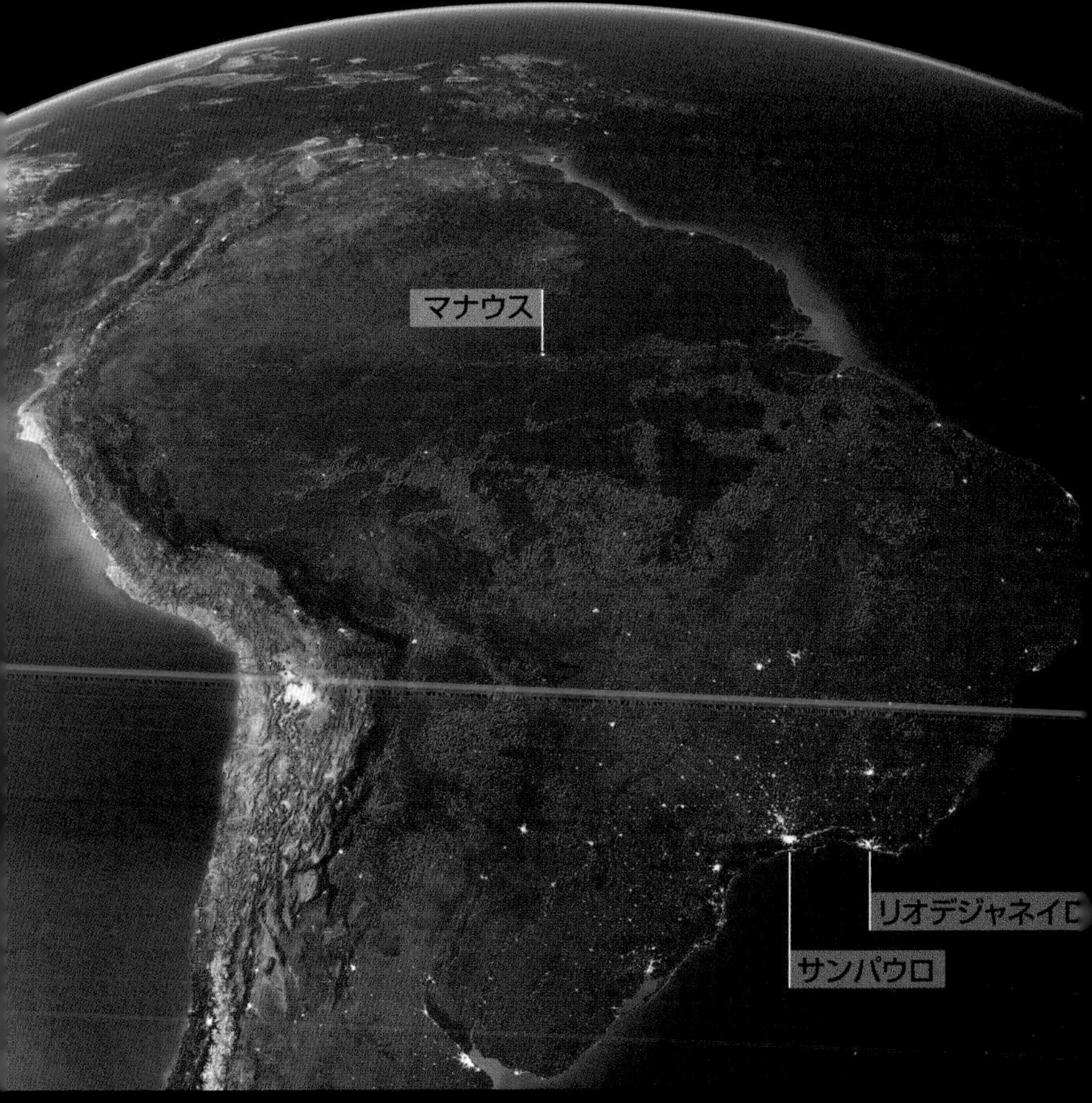

アマゾンの熱帯雨林は重要なグローバル・コモンズ（国際公共財）である。炭素の排出と吸収のバランスを取り、南米の降雨量に影響を与え、驚くほど豊かな生物多様性の本拠地にもなっている。驚くべきことに、アマゾンは森林伐採と気候変動による絶え間ない圧力にさらされている。この2つの脅威が、アマゾンを転換点に押しやっている。1970年以降、アマゾンの森林の約17%が伐採された。森林伐採が20〜25%に達すると、アマゾンの大部分が「森林以外の生態系」に傾く恐れがあると推定されている。実際、アマゾンの40%は、熱帯雨林として存続できるか、あるいは炭素貯蔵量が少なく多様性に乏しい森林生態系になってしまうかの瀬戸際にある。2005年、2010年、そして2015〜16年の深刻な干ばつは、転換点が近づいていることを示す最初の兆候かもしれない。現在の状況が続けば、干ばつと森林伐採と大規模な森林火災により、2035年頃までにアマゾンは重要な炭素貯蔵源から炭素排出源へと変わってしまうだろう。

地球システムの動向

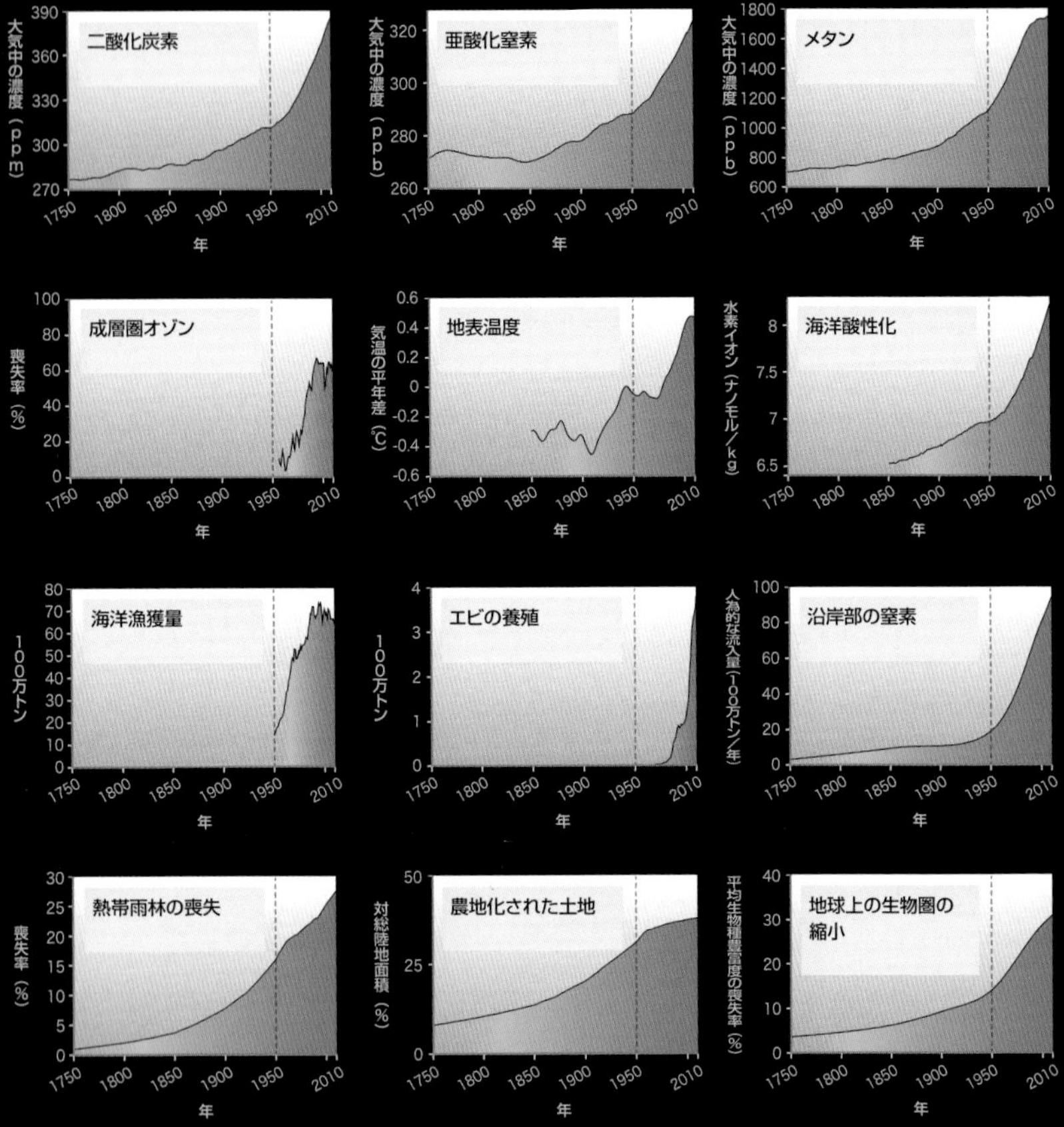

二酸化炭素
大気中の濃度（ppm）
亜酸化窒素
大気中の濃度（ppb）
メタン
大気中の濃度（ppb）
成層圏オゾン
喪失率（%）
地表温度
気温の平年差（℃）
海洋酸性化
水素イオン（ナノモル／kg）
海洋漁獲量
100万トン
エビの養殖
100万トン
沿岸部の窒素
人為的な流入量（100万トン／年）
熱帯雨林の喪失
喪失率（%）
農地化された土地
対総陸地面積（%）
地球上の生物圏の縮小
平均生物種豊富度の喪失率（%）
年

グレート・アクセラレーション（大加速化）

社会経済情勢

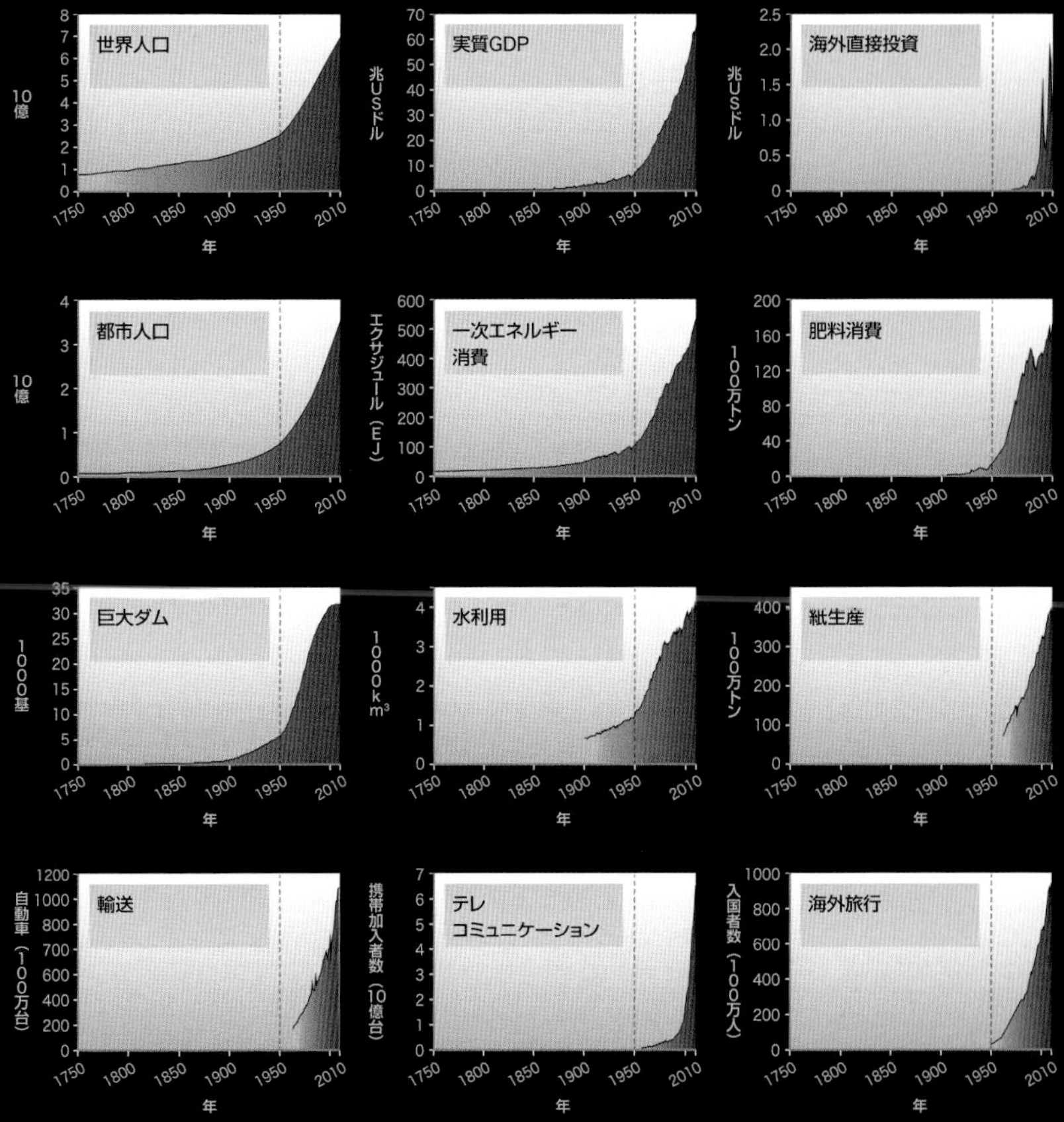

地球の不安定化が進んでいる。1750 年以降、世界の社会経済活動（左）は急拡大し、地球の生命維持システム（右）の変化率も上昇してきた。だが 1950 年代に注目してほしい。人間活動が過熱しはじめた瞬間である。1950 年代から今日にいたるまでのこの成長期は、「グレート・アクセラレーション」と呼ばれている。人類は、たった 1 世代で地球を変えてしまった。

プラネタリー・バウンダリー（地球の限界）

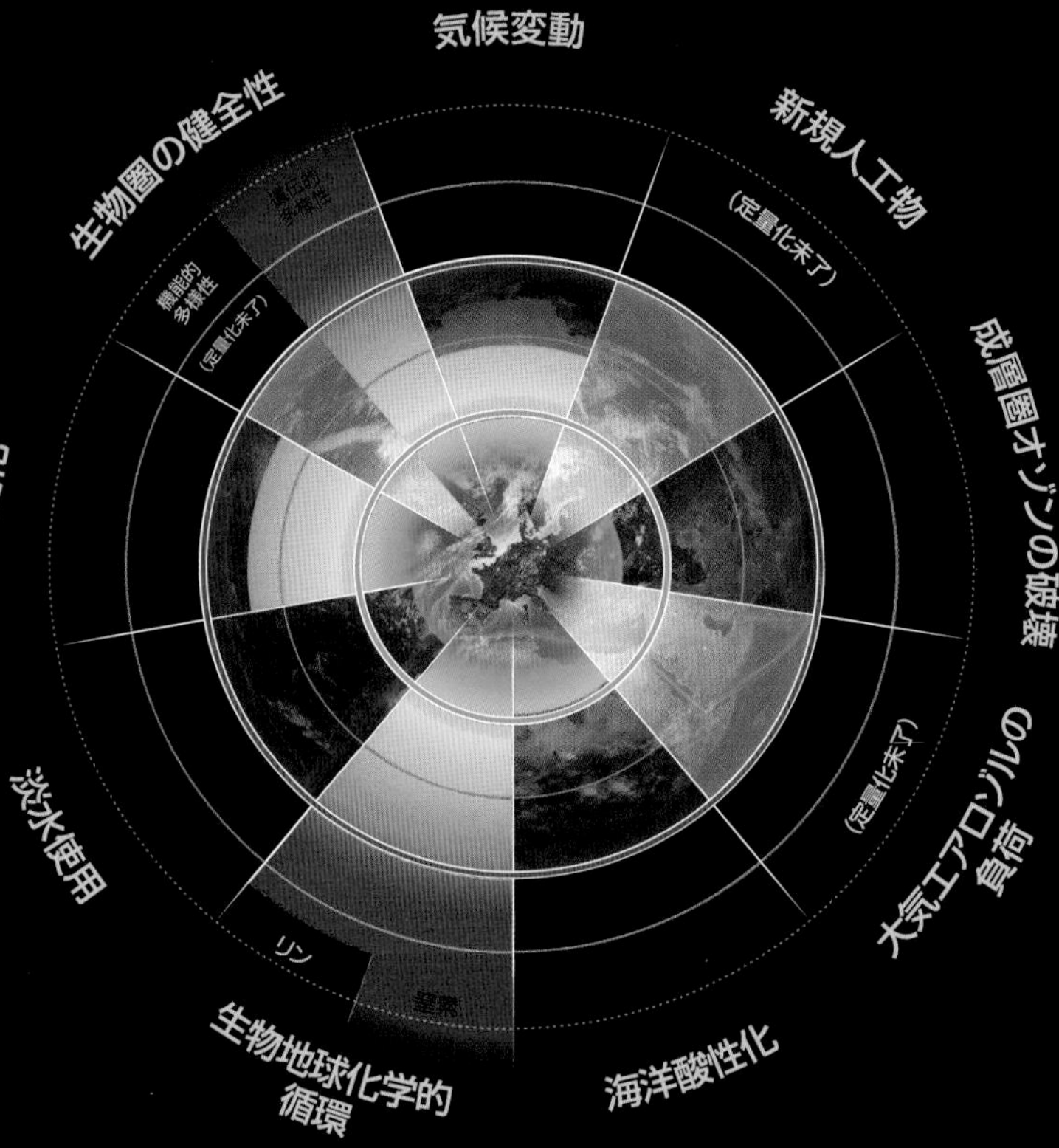

2009 年、研究者たちは 9 つのプラネタリー・バウンダリーを提示した。これらは地球の気候や生態系を、過去 1 万年続いた完新世と同じ安定した状態に保つための重要な変数である。2015 年には、人間の影響により、気候、生物多様性、土地、生物地球化学的循環の 4 つのプラネタリー・バウンダリーが限界値を超えていると結論づけられた。

- 不確実性領域超（高リスク）
- 不確実性領域内（リスク増）
- 限界値内（安全）
- 限界値未設定

第8章　地球の緊急事態

私たちの家は火事になっている。

グレタ・トゥーンベリ　二〇一九年　世界経済フォーラム　ダボス

武漢市保健委員会がオンライン上に掲載した武漢発症のウイルス性肺炎に関するメディア声明を、世界保健機関（WHO）が公表してから、地球人口の半分にあたる四〇億人近くが何らかの形のロックダウンを強いられるようになるまで、わずか三カ月だった。「ニューヨーク・タイムズ」紙によると、二〇二〇年四月三日のことである。

COVID－19のパンデミックは、間違いなくこの一世紀で最悪の健康危機だった。実際、一九一八年のスペイン風邪の大流行からほぼ一〇〇年後の出来事だ。この病気の急速な拡大には、国や州、都市、企業などが個々に「自分の身は自分で守る」のではなく、連帯と協力にもとづく世界的な緊急対応が必要だった。が、結果はまちまちだった。

各国はウイルスの封じ込めに悪戦苦闘した。医療制度はウイルスによる負荷で崩壊した。感染を抑えるための行動を余儀なくされた国々は、数カ月のあいだ、経済活動の大部分をストップさせた。混沌と混乱のなかで、しばしば尊い人間性が垣間見られることもあった。市民、政府、企業、学校、病院は、緊急事態に直面し、ただちに立ち上がる驚くべき能力を発揮した。多くの政治家は責任感をもって、謙虚に迅速に行動した。危機の真っただなかで、国の指導者たちは団結と協力を求める強い声明を出し、人々の共同体意識に訴えた。そして人々も反応した。彼らは必要な犠牲を払い、公益のために努力した。

この大惨事に関する科学的知識が高まるにつれ、多くの国が迅速かつ責任感をもって行動したが、アメリカのドナルド・トランプ大統領やブラジルのジャイル・ボルソナロ大統領など、一部の国の指導者は、疫学者やその他の科学者の助言を無視した。これらの指導者は、公衆衛生の専門家に疑念を投げかけるだけでなく、指針を与えてくれる科学的プロセスと科学の正当性にも異議を唱えた。今後もっと大きく深刻な危機が人類を襲うであろうことを考えれば、こうした事態は私たちに不安を与える強い原因となる。

コロナウイルスと、地球の生命維持システムである生物圏と気候システムの地球規模の劣化との関連については、今後多くのことが採り上げられて分析され、議論されるだろう。ＣＯＶＩＤ－19は人獣共通感染症であり、動物から人間へと伝播した。野生生物の自然生息地が失われ、人間が人口密度の高い都市に住むにつれて、このような相互作用は増大している。生物多様性の喪失と森林破壊、そして新しいウイルスの出現とのあいだには、明確な関連性がある。

森の端っこは、ヒトのあいだで感染するウイルスの新しい株の繁殖地である。調査によると、もとの森林面積の二五％以上が破壊されると、人とその家畜が野生生物と接触する可能性が高くなる。このことから、ＣＯＶＩＤ－19について一般的な結論を導き出すことができる。パンデミックは人新世において、密接に他とつながり合う混み合った脆弱な人間世界が引き起こした結果なのだ。地球の持続可能性という問題に取り組むことなしに、将来のパンデミックを防ぐことはできない。

こうした視点で考えれば、コロナウイルスも気候変動も生態系の崩壊も、じつは根っこは同じなのだ。人新世では、私たち全員がつながっているだけでなく、相互依存しているという考え方が鍵となる。人新世では、それぞれが地球上のどこにいようとも、誰かの行動は誰かに影響を与える。

パンデミックは、他とのつながりや規模の大きさ、予期せぬ出来事やスピードを特徴とする、グローバル化した現代世界を端的に表している。いまこそ、自分たちの失敗と脆さを認識するときだ。危機を無駄にしてはいけない。私たちは、安定した地球で人類が発展できる、衝撃に対する回復力を備えた、健全で持続可能な社会を再構築する必要がある。地球の危機を回避するために、私たちの健康と地球の健康を結びつけ、共通の未来のための斬新な計画をつくり上げなくてはならない。それ以外に道はない。

地球はいま不安定である。私たちは制御する術《すべ》を失いつつある。これは緊急事態だ。そして、科学者たちは明らかにピリピリしている。

「気候変動に関する政府間パネル（ＩＰＣＣ）」は、気候変動の証拠、地球温暖化のリスクと影響、気候危機を解決するための道筋を評価するために、何千人もの気候研究者をまとめる責任を負う独立機関である。二〇一八年には、何千もの科学論文にもとづいて、二℃の地球温暖化に近づくと、世界中の何億人もの人々に耐えがたい苦痛と経済的困難がもたらされるという強力な証拠を提供した。その結果、現在一・五℃の地球温暖化が気候プラネタリー・バウンダリーとして科学的に設定されている。だがこれも安全なレベルではない。そのことは明確にしておきたい。一・五℃でもまだリスクがある。とはいえ二℃よりは著しく（これは科学の世界では重大な意味を持つ言葉だ）安全だ。一・五℃を超えると、経済的および社会的な損失が、理解の追いつかないレベルで急速に増大する。

一・五℃の温暖化でも、作物の収穫量の維持、病気の蔓延予防、熱波、干ばつ、その他の異常気象への対処は容易ではない。とはいえ二℃の温暖化に比べればはるかに楽である。このことはますます明白になってきている。気温が〇・五℃上がっただけで、未知への不快な恐ろしい旅が始まるのだ。二〇一五年の国連のパリ協定では、各国が気温上昇を二℃未満に保ち、一・五℃を目指すよう行動することが約束された。これが地球の未来のための健全な決定であることを、科学は裏づけている。しかし各国が約束した行動計画では、三℃の気温上昇に抑えるのが関の山だ。そして第7章で説明したように、二℃を超えると一連の転換点が閾値を超える連鎖反応が起き、地球が温室状態に陥る危険がある。

つまり要約すると、私たちが本当に理解する必要のある重要な見方は次のとおりである。まず、人類が管理可能な未来を手に入れるには、一・五℃以内の気温上昇というプラネタリー・バウンダリーを保持することだというのを、たしかな科学が示している。二℃の上昇になると、衝撃はもっときつくなる。第二に、この予測では直接的な影響しか考慮されていない。転換点を超えた場合、地球自身が自己増幅的な温暖化を引き起こすリスクもあるのだ。二℃を超えると「オン」ボタンが押され、地球自身が気温をさらに〇・五℃上昇させる可能性を排除できない。止められない連鎖反応が起きるリスクがある。そして温室地球への旅が始まる。

この気候関連の分析に加えて、二〇一九年に生物多様性に関するもっとも重要な科学的報告がなされた。「生物多様性および生態系サービスに関する政府間科学・政策プラットフォーム」のグローバル評価では、一〇〇万種が絶滅の危機に瀕していると結論づけられた。

以上の事柄は、地球の緊急事態を宣言するのに十分ではないだろうか？

地球の緊急事態宣言

地球の緊急事態宣言発出の決定は、もはや軽視できない議論だ。しかし、誰がそのような宣言をすることができるのだろう？　誰が権限を持っているのか？　責任は政治指導者にある。科学者の役割は、宣言発出に十分な証拠があるかどうか、その判断を助けることだ。たとえばチェルノブイリ（一九八六年）と福島（二〇一一年）の原発事故では、政治家と技術者は、正しい決断を下せるように、当面のリスクと長期的なリスクを理解する必要があった。科学者からの専門的なアドバイスにより、彼らはまぎれもない緊急事態だった大災害を封じ込めるために、迅速に行動することができた。

二〇一九年、私たちは科学者の同僚とともに、地球の緊急事態を宣言するのは科学的に妥当かどうかを調査した。最初にネタバレしてしまうと、まさに予想どおりだった。

私たちは二つの論拠にもとづいて、この結論に達した。まず、世界は可能なかぎり、二℃未満の温暖化にとどめる必要がある。これを実現するための最良の方法は、化石燃料の使用をすぐにやめ、森林破壊を止め、森林、海、湿地の回復力を復元することである。現実的には、いまのままでは温暖化を一・五℃未満に抑えることはおそらく不可能だろう。この目標を達成する可能性を三分の二に上げたければ、もうあと三二〇〇億トンの二酸化炭素しか排出できない。現在、年間約四〇〇億トンの二酸化炭素が排出されている。つまり、二酸化炭素排出許容量の一〇%以上を、毎年使ってしまっているのだ。

論拠の二つ目は、転換点に関連している。転換点に関する最初の主要な研究が二〇〇八年に発表されたとき、人類が眠れる巨人を目覚めさせようとしている兆候はなかった。当時、私たちは、三℃または四℃の地球温暖化になって初めて、こうしたことが起こるリスクが高まると考えていた。

二〇一九年に、私たちはこの研究を再検討した。それでわかったことは、これまでのキャリアでもっとも衝撃的な事実だった。データを詳しく調べてみると、関連し合う転換点の多くがすでにリスクにさらされており、深刻な、はっきり言うと、きわめて厄介な具合に変化しはじめていることがわかった。

シベリアの永久凍土層は現在、融けはじめている。ロシア人は永久凍土の上に道路、家、工場、パイプラインを建設しており、それが、そう、まさしく永久に凍土であると信じている。だが道路とパイプラインは曲がりはじめている。本当に永久凍土ならば、こんなふうにはならない。だがもっと大きなリスクは、いつものことながら、氷に閉じ込められている温室効果ガスだ。これは炭素爆弾の名でも知られている。北極圏の永久凍土層には、一・七兆トンの炭素が含まれている。これは産業革命が始まって以降、化石燃料の燃焼によって大気中に放出された炭素の二倍以上だ。永久凍土が凍っているかぎり、この炭素は安定している。だが北極圏は地球上でもっとも速く温暖化が進んでいる地域であり、不安定化している。もし温暖化が加速するとどうなるだろうか？　残念ながら、この地域のリスクはこれだけではない。極北の森林と泥炭地も干上がっており、北極圏でより大きく激しい山火事を生み出している。二〇一九年には、シベリアの森林火災から立ちのぼる煙の雲は、ヨーロッパの面積よりも大きかった。

ごく最近まで科学者たちは、転換点を超える危険は今世紀後半に到来すると考えていた。いまでは多くの重要な地点で、大規模な変化がすでに進行しているのが認められる。
変化を起こしている転換点

グリーンランドは一九九二年以来、ほぼ四兆トンの氷を失っている。氷は加速するペースで海に滑り落ちている。二〇一九年の熱波の時期には、二カ月で六〇〇〇億トンの氷が融け、海面が毎月一㎜上昇した。グリーンランドの転換点は、かつては二℃を超えて温暖化した場合と推定されていたが、いま、真剣に問い直す必要がある。二℃未満の温暖化でも、転換点に到達するのではないか、と。

そして二〇二〇年、アマゾンの変化を観測している研究者が、世界でもっとも重要なその熱帯雨林が崩壊寸前であることを示す衝撃的な研究を発表した。年々、アマゾンの炭素貯蔵量は減っている。もはや人類からの攻撃に対処できなくなっている。二〇三五年までに、いや、もしかしたら、あと一〇年足らずのちの二〇三〇年には、アマゾンの熱帯雨林は炭素の貯蔵源から大きな排出源に変わる可能性がある。人類は深刻な問題を抱えている。

しかし、おそらくもっとも衝撃的なのは、南極大陸の変化だ。これまで、南極大陸は比較的安定していると考えられていた。グリーンランドよりもずっと安定しており、地球温暖化が二℃をはるかに超えた場合にのみ、ハイリスクゾーンに入るだろうと。しかし西南極氷床――南極大陸の、南アメリカに向けて尖った部分――は、地球の気温が上がるにつれて、潜在的に不安定であることが徐々にわかってきた。一方、東南極氷床は、温暖化に対して非常に柔軟性があると考えられていた。いまよりも五℃気温が高い灼熱状態にならないかぎり、地球は変化しない、と。しかしすべては変わった。実際、一五のすでに知られている地球システムのおもな転換点のうち九つが動きを見せており、弱体化の兆候を示している。

二〇一九年、研究者たちは西南極のスウェイツ氷河の下に、マンハッタン島の三分の二ほどの大きさの空洞を発見した。過去三年のあいだに、氷河の基底部が融けてこの巨大な空洞ができたらしい。最近の調査遠征では、接地線――氷河がその下の岩盤に接触しなくなり、浮いた棚氷となりはじめる地点――の水温が二℃であることがわかった。これは悪いニュースである。接地線と氷河の後退を止めるものは何もない。

これはどれほど悪いニュースだろうか？　スウェイツ氷河とパインアイランド氷河は、西南極氷床全体を崩壊から守っている。この二つの氷河は、上流の氷河が海に滑り落ちるのを防ぐ栓の役割をしている。西南極氷床全体が崩壊した場合、放出される水は海面を三メートル押し上げるのに十分である。いくつかのシミュレーションによると、これには数世紀かかる場合もあれば、もっと早くそうなる場合もある。スウェイツ氷河が数十年以内に崩壊する可能性も否定できない。その理由は、スウェイツ氷河が海面より低い窪地の上にあるからだ。氷と海水と岩盤が出合う接地線が、いまや窪地の縁を越えてじりじりと内側に進み、氷河の下に水が妨げられることなく流れ込める状態になっており、それによって崩壊を加速させている。物理学の必然的な法則を目の当たりにすると、神経質にならざるをえない。

二〇一九年、世界的注目を集めた、「気候変動に関する政府間パネル（IPCC）」による海と氷床に関する論文の著者は、東南極氷床の一部も不安定になっているようだと結論づけた。科学者が一九八〇年代にオゾンホールを発見したとき、私たちはショックを受け、リスクに目を向け、行動した。いま、人類は南極で眠っていた二人目の巨人を目覚めさせ、ショックを受け、リスクを目の当たりにしている。だから、行動しなければならない。あと戻りできない地点を超えてしまったのだとしても、崩壊の速度を制御し、（海面を六〇メートル以上上昇させるのに十分な水を保持している）南極大陸の崩壊を防がなくてはならない。

私たちにわかっているのは以下のことだ。南極とグリーンランドの重要な部分が不安定になっている。コンピューターモデルによると、これは現在の気温でも起こりうることで、実際にデータはその事実を示しており、氷床コアと岩石の地質学的データも、過去に同じ気温で不安定化したことを示している。つまり三つのまったく別系列の研究が、同じ結果を示しているのだ。ダグラス・アダムズが言ったように、「それがアヒルのように見えてアヒルのように鳴くなら、少なくともそこにカモ科の小さな水鳥がいる可能性を考えるべきである」ということだ。

考古学的データは興味深い。過去二七〇万年の氷河時代のサイクルに訪れた間氷期の様子も、垣間見ることができる。いまより少し控えめな気温上昇が起きたとき（一℃の温暖化）、グリーンフンドと南極が不安定化して、海面がいまより六メートルから九メートル上昇したことがあった。気温一℃から二℃の温暖化のときは、海面はいまより一三メートル高くなった。このシナリオだと、ほとんどの沿岸都市は海面上昇に対処しなければ壊滅するしかない。その損失は莫大なものになる。私たちの現在の行動が、こうした沿岸都市や世界の小さな島々、海沿いの低地の未来を決めるのだ。

つまり要約すると、リスクを抱えた転換点は二つあり、現在私たちはその両方への対応を迫られているということだ。まず、氷床の崩壊。次に、安定した炭素貯蔵システム——熱帯雨林、北方林、永久凍土——を不安定な炭素放出源に変える炭素爆弾だ。私たちはガソリンスタンドのそばでびくびくしながら、火の玉でジャグリングをしているのだ。

リスクと緊急性

安定した惑星から不安定な惑星への移行が、地球の歴史のなかで起きている。私たちには行動する時間がほとんどなく、迅速に対処しなければ、不可逆的な大惨事のリスクがあり、将来のすべての世代に影響を及ぼす。地球の緊急事態宣言を発出しなければならない二つの理由は明らかだ。緊急事態宣言発出は、リスクと緊急性に関わってくる。すでにリスクがきわめて高いことは証明されている。緊急性については、排出量を少なくとも半分に削減するまでに一〇年、二酸化炭素排出を実質ゼロ（カーボン・ニュートラル）にするまでに三〇年の猶予がある。目標を達成するには、三〇年の猶予いっぱいまでかかるだろう。患者が心臓発作を起こし、五〇分以内に治療する必要がある場合、救急隊員がその時間内に患者のもとに着くことができれば、事態は制御できる。到着できない場合、事態は制御不能になる。私たちはいま、事態が制御できなくなるリスクにさらされているのだ。

緊急事態を宣言し、いますぐ行動する手筈を整えることは、経済にとっても理にかなっている。COVID－19が世界に広まったとき、経済は打撃を受けた。その結果、危機管理が二重に困難になった。急降下する経済は、変革的な行動を促すのによい基盤とは言えない。いま、地球の緊急事態に対処し、経済を利用して社会変革を推進すれば、経済成長に回復力が組み合わされる。

これを書いている時点で、二六カ国の一七〇〇以上の町、都市、評議会、および地域が気候非常事態宣言を発出しており、そこにはおよそ一〇億人が暮らしている。非常事態宣言発出の動きは、間違いなく急激に高まっている。二〇一九年五月一日、英国議会は気候非常事態を宣言した。その一カ月後、ブレグジットが新聞の見出しを独占し、各政党がどんな問題にもほとんど合意できないようなイギリス政治の混乱期に、政治家たちはいくつかの合意点を見出すことに成功した。議会は、二〇五〇年までに温室効果ガスの排出を実質ゼロ（ネットゼロ）にするという非常に野心的な気候目標を掲げることに同意したのだ。イギリスはネットゼロを掲げた最初の主要経済国である。個人的に、私たちはそのスピード感と信念に驚いた。これは、一年前にはまったく考えられなかった事態だ。

人類はこれまで、無数の災害に直面してきた。人類の回復力と創意工夫に見られる明らかな特徴は、災害後に立ち上がる並外れた体力と能力である。最初に文書に記録された自然災害の一つは巨大な洪水で、いくつかの神話や宗教、とくに聖書のノアの箱舟の物語に登場する。この大洪水が、複数の文明の文献に残されていることを考えると、実際の出来事にもとづいているのではないだろうか？　これは、最終氷期の終わりに起きたと思われる世界的な大洪水のことを指しているのではないかと考える学者もいる。このとき、いくつかの氷床が突然崩壊し、短期間に何メートルもの海面上昇が起きた。祖父母から孫へと伝えられる口承によって、楔形文字や石板が登場するまでの二〇〇世代にわたり、この物語は生きつづけたと考えられる。

完新世は比較的安定した環境に恵まれていたため、私たちは一万年ものあいだ、大規模な洪水に悩まされることはなかった。しかし人新世に入ったいま、そうした黙示録的な大洪水は、必ず起きるとまでは言いきれないものの、ますます現実味を帯びてくる。また、人間や動物、植物に影響を及ぼす病気の蔓延も同様である。長期にわたる干ばつも、対策を講じなければ穀物生産地域を崩壊させる危険がある。また、熱中症による死者も急増する。加えてカーボン・バブル〔気候変動にともない化石燃料資産が価値を失うこと〕の危険性の増大と市場の不安定化。人類はいま、引き返せない地点に来ている。しかも、これは災害訓練ではない。

以上のことから、現代史上初めて（そしておそらく唯一）の、地球の緊急事態を宣言するのに十分な証拠が得られたと言える。

アースショット構想

二〇一九年、私たちはローマクラブ共同会長のサンドリーヌ・ディクソン＝デクレーブ、世界自然保護基金イギリス支部の権利擁護部門責任者であるバーナテット・フィッシュラーそのほかの同僚たちと協同し、地球緊急事態宣言の草案を作成した。これは「国連気候行動サミット」と連動して開催されたニューヨークでの国連イベントで発表された。イギリスのボリス・ジョンソン首相をはじめ、一〇人以上の各国首脳が宣言の呼びかけに賛同した。

宣言のなかで私たちは、ボリス・ジョンソンのようなリーダーたちに、人類にとって最大の脅威を認識するよう求めた。ジョンソンは彼独特のすぐれた弁舌でイベントを開始した。「世界では、インドトラの数よりも国連の官僚の数のほうが多く、ザトウクジラの数よりも国家元首の数のほうが多いのです」。一時は絶滅の危機に瀕していたザトウクジラが、いまでは一〇万頭を超えるまでになったのは、国際機関の介入によるサクセスストーリーだ。しかし、私たちは彼が本当は何を言おうとしていたのかを知っている。

地球緊急事態宣言では、グローバル経済におけるシステム変革のためのレバレッジ・ポイント〔小さな力で物を大きく動かすポイント〕が明らかにされた。

◎森林伐採とさらなる化石燃料の採掘を世界的に一時停止する。

◎農地拡大を止め、もっとも重要な生態系の回復力を強化する。

◎化石燃料に対する行き過ぎた補助金を廃止する。年間約五〇〇〇億ドルの支出削減、健康被害や汚染を考慮すると五兆ドル以上もの削減になる。実際、化石燃料の価格が正しく設定されれば、温室効果ガスは二八％以上も削減される。

◎市場構造を変えるために、炭素に最低でも一トンあたり三〇ドルの価格をつける。

こうした行動はすぐにも必要である。私たちは、グローバル・コモンズを守るための一〇の行動と、経済・社会に変革を促すための一〇の行動を提案した。また、COVID-19のパンデミックを考慮して、二〇二〇年に内容を見直し、さらなる世界的な健康危機のリスクを低減し、パンデミックからの経済的回復を地球の安定化という目標と一致させるための行動を強調した。これは、市場に強いシグナルを送り、変革のあいだも市場の安定を保証するために必要な最低限の行動である。実際には、これは始まりにすぎない。

第2幕も終わりに差しかかり、人類がこれ以上ないほどの危機に直面していることはわかったと思う。しかし、私たちには着手すべき計画がある。第3幕では、アースショット構想をさらに発展させていく。

その出発点となるのが、新しい世界観、つまり真のプラネタリー・スチュワードシップ（責任ある地球管理）――プラネタリー・バウンダリーの範囲内でグローバル経済をまわすことである。

第3幕

第9章　プラネタリー・スチュワードシップ——責任ある地球管理

自然は人間社会の一部門ではない。人間社会の前提条件である。私たち人間は生物圏の外に存在しているのではなく、その一部なのだ。私たちは生物圏に依存しているが、私たちの行動は、その規模とスピードが桁違いであるため、私たちを支える地球の能力を損なっている。私たちは、地球とのつながりを考え直す必要がある。

カール・フォルケ　ストックホルム・レジリエンス・センター設立者

世界は変わりつつある。たとえば、スウェーデン中部の農夫アダム・アーネソンの例を見てみよう。彼は酪農家として牛乳を生産していた。しかし乳牛を飼うのをやめて、オーツ麦の栽培に切り替えた。すると、これまで以上に多くの作物を生産でき、農場の収益性も向上した。研究者によると、乳牛をオーツ麦に替えることで、温室効果ガスの排出量を最大で四一%削減できるそうだ。ところで、アダムはいまは自分のことを農夫と呼ばず、生物圏スチュワードと呼んでいる。

植物性ミルクの需要はとどまるところを知らない。二〇一〇年以降、アメリカの牛乳市場は縮小したが、二〇一九年にはオーツミルクの売上げが六八六%も伸びた。植物性ミルクの人気は企業を後押しし、乳製品関連企業の倒産という新たな転換点を超えさせた。私たちは、新たな均衡の誕生を目の当たりにしているのかもしれない。持続可能性と健康が、牛由来の乳製品と植物由来の乳製品の両方の方向性を決めるという新しい均衡状態が生まれつつあるのかもしれない。

実際、アダムのように、世界に対して新しい考え方をする人が増えている。農家の人々は、かつては農作業につきものだったミツバチの羽音や鳥のさえずりがなくなり、農地の周りの小川や河川が酸欠状態になっていることに気づいている。多くの人が視野を広げてものごとを考え、生物圏についての知識を深めている。彼らは、それぞれの土地が生態系のタペストリーにどのように織り込まれているのかを認識しはじめている。ある地点で糸を強く引っ張ると、タペストリー全体がほどけてしまうのだ。

このような相関性は、農業に限ったことではない。中国の武漢に端を発すると思われるウイルスの流出が、地球上に大惨事をもたらすことを私たちは目の当たりにしてきた。熱帯雨林が失われると、気象パターンが変化し、ほかの国でより深刻な干ばつが発生したり、温室効果ガスの排出を抑制することが難しくなる。病気から身を守ることも、陸や海の大規模な生態系の回復力を維持することも、貴重なグローバル・コモンズを守るために必要なのだ。パンデミックの際、集団的な行動が、何百万人もの人々への感染を食い止めた。これはニュージーランドやギリシャ、韓国などで大きな効果を発揮した方法だ。プラネタリー・バウンダリーの範囲内で生活するためには、集団的な行動が、環境崩壊のリスクを食い止める。みんながこのような行動を起こすことで、よりよく、より魅力的で、より安全、公平、現代的な生活への道が拓かれる。人類全体が満足できる生活への道が。

私たちはこれを「プラネタリー・スチュワードシップ（責任ある地球管理）」と呼んでいる。

人新世は、私たちに地球との関係を見直すことを迫っている。私たちは世界観を変え、計画を立てなければならない。考え方や行動を変えなければ、アメリカの作家デイビッド・ウォレス・ウェルズが著書『地球に住めなくなる日――「気候崩壊」の避けられない真実』（NHK出版）で予言したように、「人の住めない地球」に向かって突き進むことになる。プランタリー・スチュワードシップが、人類の新たな指針となる哲学であり、北極星であるならば、これからの一〇年間、そして数十年間の私たちの計画と使命は、地球の生命維持システムを回復させる方向へと世界経済を導いてくれる「アースショット」構想である。その目的は、地球の長期的な居住性を確保することにほかならない。本章では、私たちの周りでプラネタリー・スチュワードシップがどのように生まれつつあるかを探り、「人新世」に関する最新の理解に沿ってグローバル・コモンズを再定義し、新しい構想「アースショット」について議論する。

プラネタリー・スチュワードシップは、世界についての考え方のパラダイムシフトである。二〇〇〇年、パウル・クルッツェンが「私たちはもはや完新世ではなく、人新世にいる」と宣言したことで、科学的なパラダイムシフトが起きた。それまで科学者たちは、地球についての古い考え方、つまり「完新世」の世界観に囚われていた。だがパラダイムシフトは科学の世界だけのものではなく、現実の世界でも起こりうる。私たちは限りある地球に住んでいるが、まるで地球が無限であるかのように行動している。人類の物質使用量は指数関数的に増加しており、廃棄物も同様に増加している。ほんの一〇年か二〇年前までは、睡蓮の池は果てしなく広く見えたかもしれないが、いまや池は睡蓮であふれそうになっている。今世紀を生き抜くために、私たちは世界観を更新する必要がある。

一九七二年、複雑系科学の研究者グループは、影響力を持つローマクラブの依頼により、『成長の限界』〔ダイヤモンド社〕と題した画期的な分析を出版した。当時この分析は世間を騒がせたが、それはいまでも変わらない。「世界人口、工業化、汚染、食料生産、資源の枯渇などが、いまと変わらず増大しつづければ、今後一〇〇年以内に地球は成長の限界に達するだろう。その結果、人口と生産能力の両方が、急激かつ制御不能な形で減少する可能性がかなり高いだろう」と結論づけている。一九七二年以降、世界はおびただしい資源採取と環境汚染の道を辿りつづけてきた。『成長の限界』の分析は、二〇一五年から二〇三〇年にかけて、生態学と経済と社会の分野で深刻な問題の兆候が出てくるはずだと指摘している。これはまさにいま、私たちが目撃している現実だということを疑う人はほとんどいないだろう。実際、最近更新された分析は、世界が当初の研究で予測されたとおりの、リスクの高い道を歩んでいることを示している。

『成長の限界』の執筆者の一人である、システム科学者の故ドネラ・メドウズは、人間社会のような複雑なシステムがどのように軌道修正されるかに関心を持っていた。世界貿易に関するある会議で、世界貿易機関と北米自由貿易協定という二つの機関をどう結びつけるかが議論されていた。その議論を聞いていたメドウズは、参加者がシステムの変化について正しい考え方をしていないのではないかと思った。「何が起きているのかよくわからないまま、私は立ち上がり、フリップチャートのところまで行って白紙のページを開き、書きはじめたんです」と彼女は振り返った。

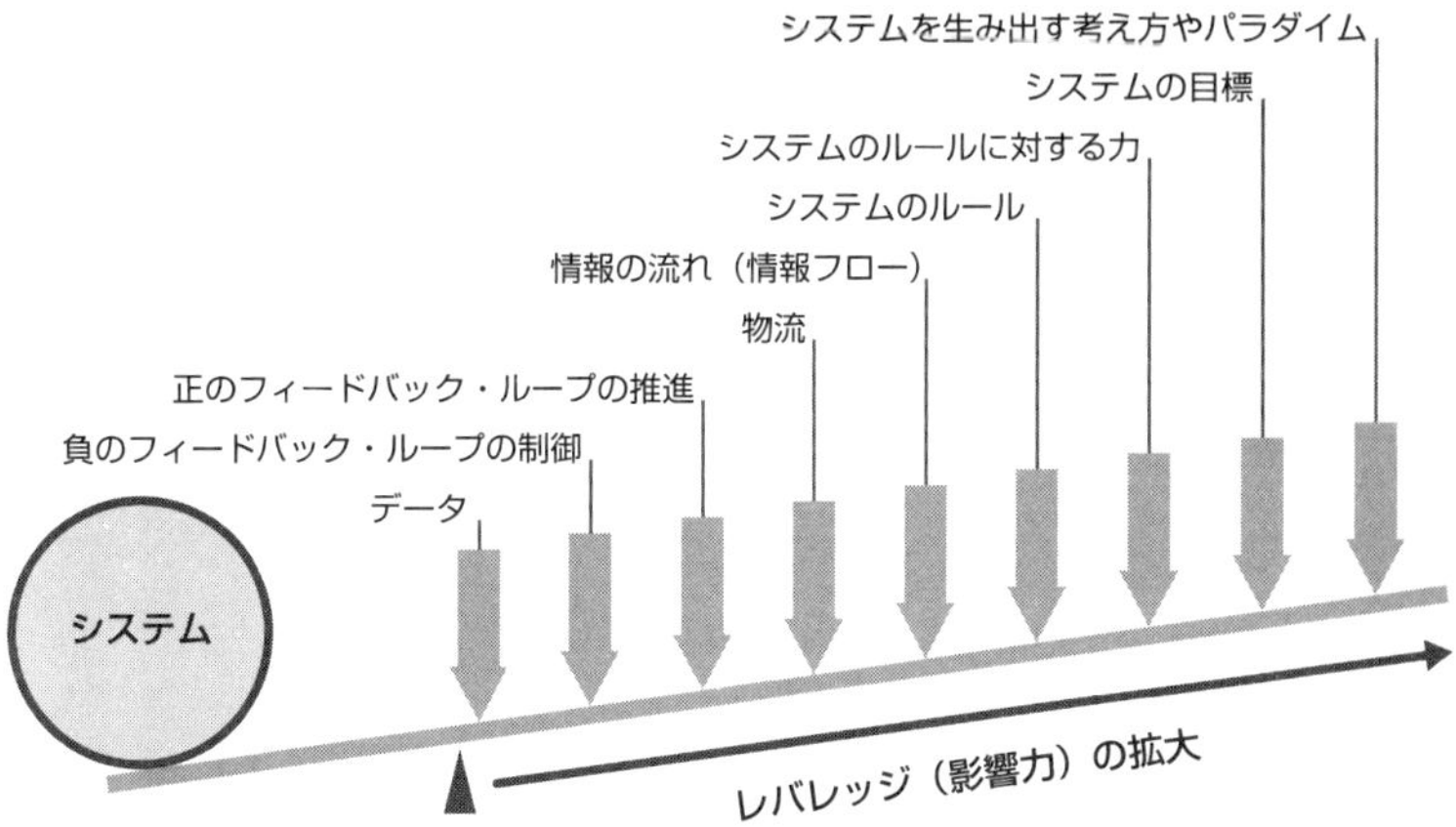

社会や経済は、変化させるには複雑なシステムだ。ここでは、これらのシステムを変革するためのもっとも重要なレバレッジ・ポイント（てこの力点）を紹介する。

システムに介入できる地点

彼女は、複雑なシステムに介入するための九つの地点を、効果の高い順に走り書きした（上図）。最後の、そしてもっとも効果的な地点は、「システム――その目標、権力構造、ルール、文化――を生み出す考え方やパラダイム」だった。「私も含めて、会議に出席していた全員が驚いて目をぱちくりさせました」とのちに彼女は語った。

複雑な生物圏のなかで七八億の人々が暮らす、グローバルにからみ合ったシステムにおいて、方向性を変えるための最善の方法は、システムのなかにいる人々が世界を見るレンズを変えることだ。私たちの友人であり同僚でもあるカール・フォルケは、持続可能性と回復力に関する世界有数の思想家である。彼は講演のほとんどすべてを、「私たちは生物圏、つまり地球の生きている部分と、ふたたびつながりを持たなければならない」という、もっとも深遠かつ基本的な考察から始める。これこそがプラネタリー・スチュワードシップの本質なのだ。

そんなあたりまえのことを、と思うかもしれない。「みんな、いいかい？　ぼくたちは地球に住んでいて、地球の安定はとっても大事なことなんだよ」と言っているようなものだ。まるでみんなが忘れているとでも言わんばかりに。だが一歩離れて見てみると、コンクリートや鉄やガラスに囲まれてアスファルトの道路を運転しているとき、食料品や家庭用品などの基本的なものを買いにショッピングモールに行くとき、私たちのほとんどが、地球のことなどまったく考えていない。ゆっくりと静かに、しかしありとあらゆる意味で、私たちは地球から切り離されている。地球の安定を当然のことと考えている。それも無理はない。これまでつねに安定した地球に暮らし、何もかもが無限のように見えたのだから。

しかし気候の極端な変化は、私たちを眠りから揺り起こしはじめている。国連環境計画によると、二〇一九年末までに、ブラジル、コンゴ、ロシア、アメリカの四カ国で、多くの人が「前例のない規模」と呼んだメガファイア（四〇〇〇㎢を超える大規模森林火災）が発生したという。そして二〇一九年末から二〇二〇年初めにかけては、オーストラリアの主要都市周辺の郊外で山火事が発生した。天候や気候に関連した自然災害による経済的損失は、世界中で増加している。そしてもっとも大きな打撃を受けるのはつねに貧困層だ。それは富裕国でも変わらない。人類の今後の発展に不可欠である、プラネタリー・スチュワードシップに向けたパラダイムシフトは、今日の私たちの世界において、きわめて必要な次の進化のステップとなっている。

プラネタリー・スチュワードシップ（責任ある地球管理）はけっして新しい考えではない

立ち止まって深呼吸してみよう。ネイティブアメリカンなどの先住民は、カウボーイや毛皮売りの罠猟師や入植者が現れるずっと前から、環境スチュワードシップ（責任ある環境管理）について語り、実践してきた。これはけっして新しい概念ではない。

私たちは光栄なことに、ニュージーランドのエドモンド・ヒラリー・フェローシップとヒラリー・インスティテュートに参加することができた。どちらの機関も、持続可能性の研究者とイノベーター、マオリ文化、さらにはニュージーランド／アオテアロア文化を結びつけることを目的としている。私たちの仕事や、私たちが推進しようとしている考え方が、じつはそれほど目新しいものではないことを知り、身の引き締まる思いがした。スチュワードシップはマオリ文化に深く根ざしており、「私は自分を代表してここにいるのではなく、すべての先祖を代表してここにいます」といった最初の挨拶から、環境保全と補充、持続可能性を意味する「カイティアキタンガ」などの言葉まで、さまざまなものにその精神が見られる。

環境スチュワードシップの概念が現代社会と衝突すると、興味深い解決策が生まれる。二〇一七年、ニュージーランド／アオテアロア政府は、ワンガヌイ川に法人と同じ権利、権限、義務を与える新しい法案を可決した。これにより、誰かが川に手を出せば、川はその相手を訴えることができるようになった。なんとも突拍子もない法律のようにも聞こえるが、考えてみれば、数世紀も前から政府は、企業や法人に法人格を与えてきたのだ（実際、新聞などが企業を生き物のように扱うのはとても興味深いことである。たとえば「マイクロソフトは今日、これでやっと特許の宝庫の扉が開かれるだろうと宣言した……」といった具合に）。川だけではない。テ・ウレウェラ国立公園やタラナキ山も法的地位を獲得した。

マオリの世界観――テ・アオ・マオリ――は、環境スチュワードシップと深く結びついている。この世界観は、遠い祖先や将来の世代に対する責任という、長い時間軸を意識している。テ・アオ・マオリは、生態系と社会の相互関係についての深い知識を含んでいる。たとえば、ンガティワイやンガティファトゥアなどの部族には、「コ・アハウ・テ・タイアオ、コ・テ・タイアオ、コ・アハウ」という言葉があるが、これは「環境が私の生活の質を決める」という意味だ。太古からの時間と環境の回復力に関する考え方は、「モ・タトウ、ア、モ・カ・ウリ・ア・ムリ・アケ・ネイ（私たちと、私たちのあとの子どもたちのために）」のような言葉に表れている。マオリ族には、マータウランガ・マオリと呼ばれる知識体系がある。この知識体系は、環境管理や政策の策定と実施に対するマオリのアプローチを表している。マータウランガ・マオリは「先祖代々の知識」と訳されることもある。しかしこの表現だと、ある種の固定した知識しか表さず、知識が時間とともに進化していくことは含まれない。マータウランガ・マオリを、科学的に定義されたスチュワードシップの概念に単純に置き換えることはできないが、マータウランガ・マオリの基本的な哲学とプラネタリー・スチュワードシップのあいだには明らかな類似性がある。

マオリ族だけではない。同様の考え方は、ほかの多くの先住民族文化にも見られる。二〇一二年、ボリビア政府は「母なる大地の権利法」を制定し、自然に人間と同等の権利を与えた。エクアドルも同じような法律を導入している。またスウェーデンには、「多すぎず、少なすぎず」という意味の「ラゴム」という言葉がある。この短い言葉は、スウェーデンの文化に深く浸透しており、スウェーデンの世界観を定義するのに役立っている。

このような考え方は、過去二世紀のあいだに生まれた工業化社会の支配的な世界観――「国は国民のさらなる消費を必要としている」という国民国家の物語にもとづいた世界観――の対極にあるものだ。廃棄物や環境汚染は、生産と消費の結果として避けられないものだが、管理可能なものでもあるという考え方なのである。

グローバル・コモンズの再定義

ノーベル賞受賞者であるアメリカの政治学者エリノア・オストロムは、地域の森林や牧草地、漁場などの共有資源をコミュニティーがどのように管理しているかを研究してきた。彼女は、コミュニティーが何世代にもわたって資源を効果的に管理することが可能なこと、多くの場合、政府の規制がほとんどないか弱いことを示し、効果的な管理を可能にする八つの原則を明らかにした。

キャリアの終盤では、グローバル・コモンズに目を向けはじめた。一九九九年、オストロムとその同僚は、八つの原則をプラネタリー・スチュワードシップに適用する方法を提案した。生態系を適切に管理するためには、その生態系が有用でありつづけなければならない。すべての資源を使い果たしてしまうほどとことんまで搾取するべきではない。魚のいない漁場には価値がないのだから。一方で、資源の管理に気を遣いすぎて利益が得られないといった状況も意味がない。

オストロムは、スチュワードシップの第一の原則として、資源の利用に明確な限界を定めることを挙げている。第6章で紹介した「プラネタリー・バウンダリー」は、地球規模では初めてこの基準を満たすものとなった。そのほかの原則は、すべての利用者が資源の状態に関する正確な知識にアクセスできなければならないことや、海や森林などの資源を利用する人々は、その資源を保護することで得られる利益が、そのために必要なコストをいかに上まわるかを理解しなければならないことなどを示している。これは、あくまで集団の利益が優先で、コストも個人にかかるものだけではないことを意味している。

私たちはいま、責任ある地球管理ができるかどうかの岐路に立っている。オストロムが示した原則は、まさにいまの私たちの状況を表している。生物圏はまだ完全に衰弱してはいないので、回復力は弱まっているものの、引き返せない地点を超えているわけではない。プラネタリー・バウンダリー構想により、私たちは将来にわたって持続的な回復力を確保するための九つのバウンダリーの限界値を、おおよそ把握することができた。また、衛星やその他の監視システムによる地球ネットワークを通じて、誰がどれだけ資源を使っているかの正確な情報も徐々に得られるようになってきた。プラネタリー・スチュワードシップのシステムは、確実に生まれつつある。

過去一世紀のあいだ、グローバル・コモンズは狭い法的な意味しか持たず、国家の管轄権を超えた四つのゾーン――南極、公海、宇宙、大気――だけを管理するものとして認識されてきた。二〇一五年、私たちは「人新世におけるグローバル・コモンズの意味」についての報告書を書くよう依頼された。オストロムの研究に影響を受けた私たちは、ネボイシャ・ナキチェノビッチとキャロライン・ジムとともに、グローバル・コモンズの新たな定義を提案する報告書を発表した。私たちは、完新世のような安定状態を維持するための、地球の能力を保護しているあらゆる地球システム、つまりプラネタリー・バウンダリーを、グローバル・コモンズと見なすべきだと主張した。結局のところ、すべての子どもたちが生まれながらにして持っている権利は、回復力のある安定した地球で暮らす権利である。子どもたちが授業を抜け出して学校ストライキに参加している姿を見ると、彼らが何のために闘っているのかがよくわかる。そう、地球の安定だ。

これは、国民国家という概念で組織された地球にとっては、相反する考え方だ。だが私たちの分析は、地球の物理学的・生物学的な現実のみを考慮しており、国民国家の地政学的な現実は考慮していない。フランスのエマニュエル・マクロン大統領が、二〇一九年にブラジルで発生した四万件もの森林火災を抑えるために国際的な支援を申し出たところ、ブラジルのジャイル・ボルソナロ大統領はその申し出を拒否した。ブラジルの熱帯雨林をどうするかを、どうして他国に指図されなければならないのか、というわけだ。だが、もしある国が月を爆破しようとしたらどうだろう？　きっと誰もが激怒するはずだ。月は地球の潮の干満に影響を与える。これは世界共通で、ほかにも夜の明るさや昼の長さなど、さまざまなことに影響を与えている。アマゾンにも同じことが言える。熱帯雨林を破壊すれば、すべての人に影響が及ぶのだ。地球を安定させるには、新しい統治方法を見つけなければならない。なぜなら、いままでどおりのやり方では、私たちは崖っぷちに追い込まれてしまうからだ。こうしたことは、簡単な方程式で表すことができる。

プラネタリー・バウンダリー＋グローバル・コモンズ＝プラネタリー・スチュワードシップ（地球の限界＋国際公共財＝責任ある地球管理）

プラネタリー・スチュワードシップは定着しているのか？

　これまで見てきたように、スチュワードシップという世界観には長い歴史がある。だが実際問題、プラネタリー・スチュワードシップは理解されつつあるのだろうか？　二〇一六年に出版されたエドワード・O・ウィルソンの『ハーフアース計画――生命を守るための地球の闘い』のような本は、生態系が繁栄して相互につながるための空間を環境に与えるという、これまでとは異なる自然との関係を推奨している。二〇一九年のデイビッド・アッテンボローのネットフリックス・シリーズ「私たちの地球」には、地球規模のスチュワードシップをめぐる深遠なアイデアがうかがえる。おそらく、目に見える変化がいま、思いがけない場所で進行しているのだろう。プラネタリー・スチュワードシップは、もはや時折ぽつりぽつりとあがる声ではなく、それぞれの経済界を越えたグローバルな動きになっているのだ。いまの子どもたちは科学論文を読み、学校から出て活動している。二〇〇八年の金融危機後に設置された金融安定理事会のマーク・カーニー議長は、気候が世界の金融システムのシステミック・リスク（特定の金融機関や市場の機能不全が連鎖して金融システム全体に波及するリスク）になると宣言した。二〇二〇年には、世界最大の資産運用会社であるブラックロックのCEO兼会長ラリー・フィンクが企業に対して、「企業が持続可能性についての情報開示を怠ったり、持続可能性を基盤としたビジネス手法やビジネス計画に関して十分な進展を見せていない場合、われわれが経営陣や取締役に反対票を投じる傾向は強まるだろう」と警告した。また、大手水産各社は科学者と会合を持ち、持続可能な海洋管理ができるように計画を立てている（「責任ある海洋管理のための水産業（SeaBOS）」）。

しかしもっとも大きな変化は、国連が設定した二〇三〇年までに達成すべき一七の「持続可能な開発目標（ＳＤＧｓ）」（→カラー口絵D1）に、すべての国が合意したことだろう。この目標は、地球上の貧困と飢餓をなくすことから、生物圏を保護することまでを網羅している。この目標に合意しているのは国だけではない。七三〇社の多国籍企業のうち七〇％以上が、企業報告書のなかでこれらの目標に言及し、三〇％近くが事業戦略に盛り込んでいる。

ＳＦ作家のウィリアム・ギブスンは、かつて『エコノミスト』誌に「未来はすでにここにある。ただ均等に分配されていないだけだ」と語った。私たちはこれを少しもじって、「プラネタリー・スチュワードシップはすでにここにある。ただ均等に分配されていないだけだ」と言いたい。

地球の規模が大きいだけに、プラネタリー・スチュワードシップという考え方が主流になるには、まだまだ登らなくてはならない山がある。個人個人の行動とその影響力のあいだには、しばしば大きな隔たりがある。情報の流れも不完全である。ストックホルム・レジリエンス・センターの同僚であるベアトリーチェ・クローナとヘンリック・エステルブロムが指摘するように、経済システムに関する情報は、価格に表れるのが普通だ。たとえば漁場が枯渇すれば、水産資源が不足して価格が上昇するのが当然だ。しかし、現状はそうではない。私たちがスーパーで魚を買うとき、世界の多くの水産資源が限界かそれに近い状態にあるにもかかわらず、ほぼ安定した価格が提示される。それはなぜか。一つの漁場が枯渇すると、船はたいてい補助金が支給されている安い燃料を使って次の漁場に向かい、そこで安い労働力を使って漁をする。その漁場が枯渇すると、さらに遠くの漁場へと移動する。かくして、かつては沖合で獲れていた魚が、極地から冷凍されて出荷されるまでになる。すべての漁場が枯渇するまで、危機的状況を示す価格にはならない。市場は人新世のことなどまったく考慮に入れていないのだ。

経済システムだけが、私たちの情報源ではない。とはいえインターネットが普及し、世界中の多くの情報に瞬時にアクセスできるようになっても、信号対雑音比〔有益な情報と無益な情報の比率〕は最悪だ。信頼性の高い情報は、人間の脳にわかりやすい形で入ってくるのではなく、情報の洪水として入ってくる。世界中の情報を整理したり（こんにちは、グーグル）、グローバル・コミュニティーを構築したり（やあ、フェイスブック）することで名声を得てきたテクノロジー企業は、馬鹿でかい有毒な混乱の雲をつくり出している。プラネタリー・スチュワードシップが定着したと言えるようになるには、ここでいくつかの手順に微調整を加える必要がある。

アースショット構想の使命

この章では、世界観のリセットとアップデートについて説明してきた。とはいえ世界観のリセットは簡単ではない。私たちは部族社会に暮らしている。自分の部族の世界観を支持する情報は採用し、それに反する情報は、たとえ最良の科学を無視することになったとしても、拒絶する。予防接種や原子力発電、遺伝子組み換え食品、さらには進化論をめぐる情報戦争にも、このような行動が見られる。いま、科学的証拠が人類に求めているのは、とてつもなく大がかりな計画である。月面着陸やオゾン層破壊物質の使用禁止よりもはるかに大がかりだ。科学は、現代世界の経済基盤を一〇年から二〇年のあいだに根本的に変える必要があると訴えている。このメッセージが、敵意と怒りをもって迎えられるのは当然のことだ。

では、最新の科学にもとづいてどのように行動すればいいのだろうか？　地球を安定させるためには、現実的に何をすべきなのか？　そして、社会的にも環境的にも複雑なその計画を、十分なスピードと規模で実現するにはどうすればいいのか？　いくつかすぐにでも着手すべきことがある。温室効果ガス排出の抑制、食料生産方法の転換、人口増加の安定化などだ。私たちは、「二〇五〇年の世界」プロジェクトに参加している仲間とともに、地球の生命維持システムの変化の速度を遅らせ、すべての人が回復力のある安定した地球で快適な生活を送るチャンスを得るために、今後一〇年間に必要な六つのシステム変革を設定した。具体的には、持続可能な開発目標を二〇三〇年までにプラネタリー・バウンダリーの範囲内で達成するだけでなく、その成果を二〇五〇年まで、そしてそれ以降も維持していくことである。これがアースショット構想の使命で、第10章から第15章で詳しく説明する。また、第18章では、これらの変革を推進する四つの転換点（社会、政治、経済、テクノロジー）について説明する。このような変革は、私たち科学者にとっても途方もないものであることは理解している。それでも、楽観的でありつづけたいと思う。なぜなら、こうした変革はゼロから始まるのではなく、五〇年前から始まっているからだ。とはいえ歩みがのろすぎて、少しずつしか進んでいないように見える。もどかしい状況であり、多くの人が、何も進んでいないと思ってしまうのも無理はない。実際には、私たちは指数関数的なカーブの曲がり角にいる。二〇二〇年代には、事態は飛躍的に進展するだろう。

果たしてどのように展開するのだろうか？　私たちは、すべてがこちらの思い描くとおり、しかるべき場所に魔法のように収まると主張しているわけではない。たしかに、厄介なこともあるだろう。だがビル・ゲイツは、「人は一年で達成できることは過大評価するが、一〇年で達成できることは過小評価する」と言っている。この言葉は、私たちに希望を与えてくれる。これを説明するために、いくつかの例を挙げてみよう。

一九六一年、アメリカのジョン・F・ケネディ大統領は、一〇年以内に人類を月面に着陸させるという目標を発表し、その実現のために国内総生産（GDP）の二・五％を投じた。そして一九六九年、この目標は達成された。

オゾン層に穴が開いていることが判明し、各国は大惨事を避けるために迅速に行動しなければならなくなった。一九八八年から一九九八年のあいだに、オゾン層を破壊する化学物質の排出量は世界中で五七％減少し、一九八六年以降は九八％の減少という驚異的な数字を記録した。

また、二〇〇七年から二〇一七年にかけて、HIV／AIDSによる死者は約五〇％減少した。

世界は経済の力を利用して驚くべきことを成し遂げた。しかし、いまから一〇年後、人類はどうなっているだろうか。まず、アースショット構想の基盤となる六つのシステム変革（エネルギー、食料、格差、都市、人口と健康、テクノロジー）を実行に移す必要がある。手元に集まっている証拠を見れば、人類がこれに成功すれば、「持続可能な開発目標をプラネタリー・バウンダリーの範囲内で達成」という大きな賞を獲得する可能性は高いだろう。

第10章　エネルギー転換

誰もが私に、気候変動の最大の脅威は何かと尋ねる。気候変動に対する最大の脅威は何か？　短期主義（短期的な利益を追求する傾向）。これが最大の脅威だ。

クリスティアナ・フィゲレス
前国連気候変動枠組条約事務局長、
グローバル・オプティミズム共同設立者

気候変動は、人類が本当の意味で解決できるものではない。私たちは、少なくとも産業化した文明が息づく地球上で、人類が残りの時間を生きつづけられるように、大気や海、陸、生命体における炭素の貯蔵と循環を管理していくことになる。これは「人新世」における人類の新たな責任だ。

しかし最終的には、化石燃料経済から脱却する必要がある。二〇三〇年までに温室効果ガス排出量を五〇％削減し、二〇四〇年までにさらに五〇％削減しなければならない。これが最低ラインであり、地球規模で取り組まなくてはならない課題だ。私たちはこのアプローチを「カーボンの法則（カーボン・ロー）」と呼んでいるが、達成には毎年約七・五％の排出量削減が必要になる。技術的には可能かもしれないが、簡単ではない。ＣＯＶＩＤ－19のパンデミックで世界が経験したように、経済が著しく不安定になると、温室効果ガスの排出量は劇的に減少する。しかし、経済の安定性を維持し、雇用を促進し、繁栄をもたらしながら、排出量をさらに減少させることができるだろうか？　二〇一五年にパリ協定が結ばれたあと、私たちはこの気候変動の途方もない課題に、その規模や緊急性、可能性を明らかにしつつ、どうやって取り組んでいくかについて考えはじめた。

アースショット構想が最初に掲げるシステム変革は、エネルギーである。なぜこれほど長いあいだ、ほぼ何もしてこなかったのかと、誰もが疑問に思っている。驚くほど遅々として進まない理由は、科学が求めているもののハードルがあまりに高いせいだ。世界経済の基盤であるエネルギー・システムを一からふたたびつくり上げること。これは軽々しく行えることではない。強い抵抗に遭うのも無理はない。しかしいま、人類は化石燃料の終焉の時を迎えている。世界が化石燃料の時代から脱却するというのは、人類が目下必死に取り組んでいる二つのシステム変革のうちの一つだ（もうひとつの止められない絶対的な力は技術革命である）。大きな課題は、化石燃料を廃止するかどうかではなく、エネルギー転換が十分な速さで行われるかどうかだ。

エネルギー転換の物語は、二〇一五年一二月のパリ郊外から始まる。消耗する二週間、そして二〇年の失敗を経て、のちに「パリ協定」として知られるようになる国連での気候についての最終交渉は、予定より一日遅れの一二月一二日午後五時に始まった。巨大な会議室では、期待感は薄れていた。この夜の展開は誰にも読めなかった。これまでの経験から、私たちは、長い混乱の夜になるだろうと予想していた。交渉者たちは疲弊しながら、記号や単語、条項の一つ一つをめぐって徹底的に議論し、解決に向けて這い進んでいくことになるだろう、と。

だがそうはならなかった。午後七時一六分、フランスのローラン・ファビウス外相が壇上に上がり、「すべての問題は解決した」と宣言した。そして、誰もが彼の言葉を理解する前に、テーブルの上の小槌を勢いよく振り下ろした。第二一回気候変動枠組条約締約国会議（COP21）は、突如として華やかに幕を閉じた。一拍置いて、集まった人々のあいだから歓声と拍手が沸き起こった。私たちはやり遂げた。一線を越えたのだ。何十年にもわたる、気が滅入るような失敗を経て、私たちはいま、気候に関するグローバルな合意を手にしたのだ。それはこの上なくすばらしいことに思えた。

国連気候変動枠組条約の事務局長として会議を取り仕切ったクリスティアナ・フィゲレスは、「私たちはともに歴史をつくってきた。今後の世代は、二〇一五年一二月一二日を、協力とビジョン、責任、共通の人間性、そして世界への配慮が主役となった日として記憶することだろう」と宣言した。完璧とは言えないまでも、今回の合意は交渉前の予想をはるかに上まわるものだった。

前日に時を巻き戻して、詳しく見てみよう。いまは一二月一一日の正午。私たちは同僚とともに、急遽、科学界に向けた記者会見を開き、討議中の議題に関する深刻な懸念を訴えた。とはいえこれまでの一四日間、交渉は予想以上に順調に進んでいた。まずは一二月九日、最新のとりまとめ文書が到着した。驚くべきことに、そこには二〇五〇年までに化石燃料からの温室効果ガス排出量を最大九五％削減することが盛り込まれていた。さらに、これまでの交渉では議論の余地がありすぎて無視されてきた、航空機や船舶からの温室効果ガス排出量にまで言及されていた。また、現在手に入る最良の科学に従うことも約束されていた。この時点で、私たちはパリ協定が実際に機能するかもしれないと、慎重ながらも楽観的な希望を抱いた。

そして翌日、最終的なとりまとめ文書が届いた。交渉担当者たちは、協定の重要な部分を破棄していた。航空会社や海運会社の排出量を削減する条項はなくなっていた。最良の科学に従うという約束も削除されていた。ティンダル気候変動研究センターの気候科学者であり気候問題の主導者でもあるケビン・アンダーソンは、「出席していた多くの科学者のあいだに、不安が広がっていました」と振り返る。私たちが読んだ文書は、廊下やホールやニュース報道で語られていたとてつもない楽観主義とは一致しなかった。

私たちは、このままでは大惨事の危険があるということを、科学界がはっきり主張しなければならないと考えた。オーウェン・ガフニーとデニス・ヤング（もう一人の主導者）は、翌日に記者会見を開くことを発表した。すると、すぐに四方八方から非難を浴びることになった。ロビー団体や他の学者からも批判され、記者会見の中止を求められた。アンダーソンが言うように、「これまでの秩序を維持しようと必死になって、強硬論者やその影響力のある取り巻きまでもが（中略）きちんとした情報にもとづいた会見をしようとする者を脅した」のである。マイクの電源が入る直前まで、携帯電話には、これまで交渉されてきたなかでももっとも複雑でデリケートな国際条約を、私たちが無神経に踏みにじろうとしているという悲痛な警告が鳴り響いていた。私たちは、パリでの交渉を台無しにする責任を本気で負いたいのか、とあからさまに問われた。それでも私たちは信念を貫いた。なぜなら、もし科学界が本当に大きな影響力を持っているのなら、そこから導き出される結論は最良の証拠にもとづいたものである。だから論理的に考えて、協定は悪くなるどころかよくなるはずだからだ。

「国際科学会議」「フューチャー・アース」「アース・リーグ」の旗印を掲げて、普段はサイドイベントに使われている部屋に私たちは集まった（国連は公式な記者会見用の部屋を用意してくれなかった）。ヨハン・ロックストロームに加えて、ハンス・ヨアヒム・シェルンフーバー、ジョエリ・ロゲリ、ケビン・アンダーソン、シュテファン・カルベッケンが壇上に上がり、デニス・ヤングが司会を務めた。記者たちが続々と集まってきた。席はほどなくすべて埋まったが、それでもまだ次々と人が入ってきていた。床にあぐらをかいたり壁に寄りかかったり、ついにはステージの端にまで腰を下ろす人もいた。警備員が私たちに、「この会見は規則違反だ」と警告し、やめさせようとした。私たちは、どうか許してもらいたいと丁寧に交渉した。

その場の空気はピリピリしていた。アンダーソンは、現在議論されている交渉内容は、二〇〇九年のコペンハーゲン・サミットでの悲惨な交渉内容よりもはるかに悪いものだと言い放った。百戦錬磨の皮肉屋の記者たちが驚きの声をあげた。それまでの数週間、メディアや政治が慎重につくり上げてきた、疑う余地のない楽観的なストーリーに、初めて公に異議が唱えられたのだ。私たちは、一・五℃という意欲的な温暖化目標は維持されているものの、この合意には厳密さがないと主張した。船や飛行機からの排出ガスはうやむやのまま無視されている。「化石燃料」という言葉も出てこない。この文書の背景には、大気中から二酸化炭素を取り除く技術への多大な依存があるが、それは経済的にも技術的にも生態学的にも、とても実現不可能なものだ。

信じられないことに、一・五℃の目標は最終交渉でも生き残り、最良の科学に従うことも約束された。実際、何千人もの科学者からなる独立した専門家グループ「気候変動に関する政府間パネル（ＩＰＣ

C)」に、一・五℃の温暖化目標についての報告書を作成することを求める条項が盛り込まれた。最終版のとりまとめ文書は、もっとも改善された形になった。私たちの介入が議事に影響を与えたかどうかはわからないが、真実と透明性が問われた瞬間であったことはたしかだ。とはいえ航空と海運の問題はうやむやにされ、一・五℃の目標を達成するために二〇五〇年までに温室効果ガスの排出量を最大九五%削減するという重要な条項も失われた。メディアの論調も変わった。疲れを知らない交渉者や政治指導者たちはそれなりに賞賛されたものの、パリ協定には解釈の余地が多すぎ、いますぐ緊急行動を起こすためのメカニズムが提供されていないという、冷静で科学的な事実によって、その評価は下げられた。

どれくらいのペースで排出量を減らせばいいのか?

気候変動交渉後の数週間、私たちは、パリ協定を達成するためには何が必要かについて、徹底的な話し合いをした。パリ協定は、基本的には今世紀後半に温室効果ガスの排出量を実質ゼロにすることを目指している。上げたものは下げなければならない。

しかし枠組みづくりの方法には明らかな問題点がある。現在の政治家やビジネスリーダーたちの地球を見守る姿勢には、三〇年後や八〇年後の遠い未来に向けて、緊迫感もなければ方向性もないのだ。こうなると百万もの方法が出てきてしまい、意図的であろうとなかろうと、気候変動の問題を解決するには一世代から二世代にわたる緩やかな変化で十分だということになってしまう。これは石油会社にとっては好都合だ。極端な話、二〇四九年ぎりぎりまで待って、それまでに大気中のすべての二酸化炭素を吸い取る魔法のような技術が登場するのを期待しよう、と主張することもできる。このように、何百万通りもの方法があり、なかにはもっともらしく見えるものもいくつかある。

私たちは、パリ協定を達成するための道筋をより明確に表すために、新しい科学論文のブレインストーミングを始めた。ちなみに、パリ協定の目標である、地球の平均気温の上昇を「産業革命前より二℃以内に抑える、なるべく一・五℃に抑える努力をする」を前提条件として用いた。

実際には、二〇六〇年や二〇七〇年ではなく、ましてや二一〇〇年でもなく、二〇五〇年頃までに排出量をゼロまたはそれに近い状態にまで縮小しなければならない。そうすれば、地球温暖化を二℃以下に抑えられる可能性が高まり、一・五℃かそれより少し上の気温上昇に抑えられる可能性もわずかながら出てくる。大気中の二酸化炭素を除去するために、既存の化石燃料産業よりも大規模な新しい産業を立ち上げるというのではもはや手遅れなのだ。それは、人口が一〇〇億人に達すると同時に、慌てて食料生産と張り合う規模で木を植えるようなものである。そのために必要な技術のほとんどは、まだ存在していないか、そのような規模では試されたことがない。また、転換点を超える事態が連鎖的に発生し、永久凍土や森林からの温室効果ガス排出量が増えつづけると、この計画もうまくいかないかもしれない。「緩やかな削減」という解決策は、ユニコーンのいる草原のように非現実的なものである。

また、コミュニケーションの問題もある。デッドラインが一世代先となると、なかなかすぐには緊急の対応をする気にならない。二〇五〇年までに排出量実質ゼロを達成するためには、この一〇年のあいだにほぼすべての分野において行動を起こす必要があることを、誰もきちんと理解していなかったようだ。しかしそうしなければ、経済的に破綻する可能性が高い。

経験則

セレンディピティーとは、アイデアの掛け合わせから新しい発想を生み出す強烈な力である。当時、私たちは、シリコンバレーの半導体メーカー、インテルの幹部ヨハン・フォークと何度か話をしていた。彼は、気候変動に対して何もしないことを懸念し、世界には行動を促すための新たな物語が必要だと考えていた。フォークは、一九六〇年代にシリコンバレーに登場した「従来の価値を覆す指数関数的成長」という観点から、気候変動対策を考えたらどうかと勧めてくれた。インテルの創業者ゴードン・ムーアは、一九六五年に技術論文を発表し、コンピューターの性能は一二カ月ごとに二倍になると発表した。のちに二四カ月で二倍になると修正された。この論文は、新興の技術分野に大きな影響を与えた。二倍という単純な考え方は、業界全体を支配する指針となった。何千もの企業とそのサプライチェーンが、すぐにこのアイデアを採用した。

信じられないことに、技術分野は五〇年間、ほぼこの軌道を歩みつづけ、あらゆる秩序を破壊しながら、人類に現代の世界を与えてきた。この二倍の軌道は「ムーアの法則」として知られるようになったが、これは物理学上の法則でもなければ、法的な要件でもない。経験則のようなものだ。複雑なシステムは、しばしば単純なルールに支配されている。フォークは、「この強力なダイナミズムを採り入れた気候変動の対策方法はないだろうか」と問いかけ、私たちは、考えてみようと返した。

指数は、二倍二倍と上がっていくだけでなく、放射性粒子の半減期のように、二分の一、二分の一と世界の平均気温を1.5℃前後の上昇に抑えるためには、2020年頃を排出量のピークとする必要がある。それと同時に、大気中の炭素を除去する技術を高める必要もある。

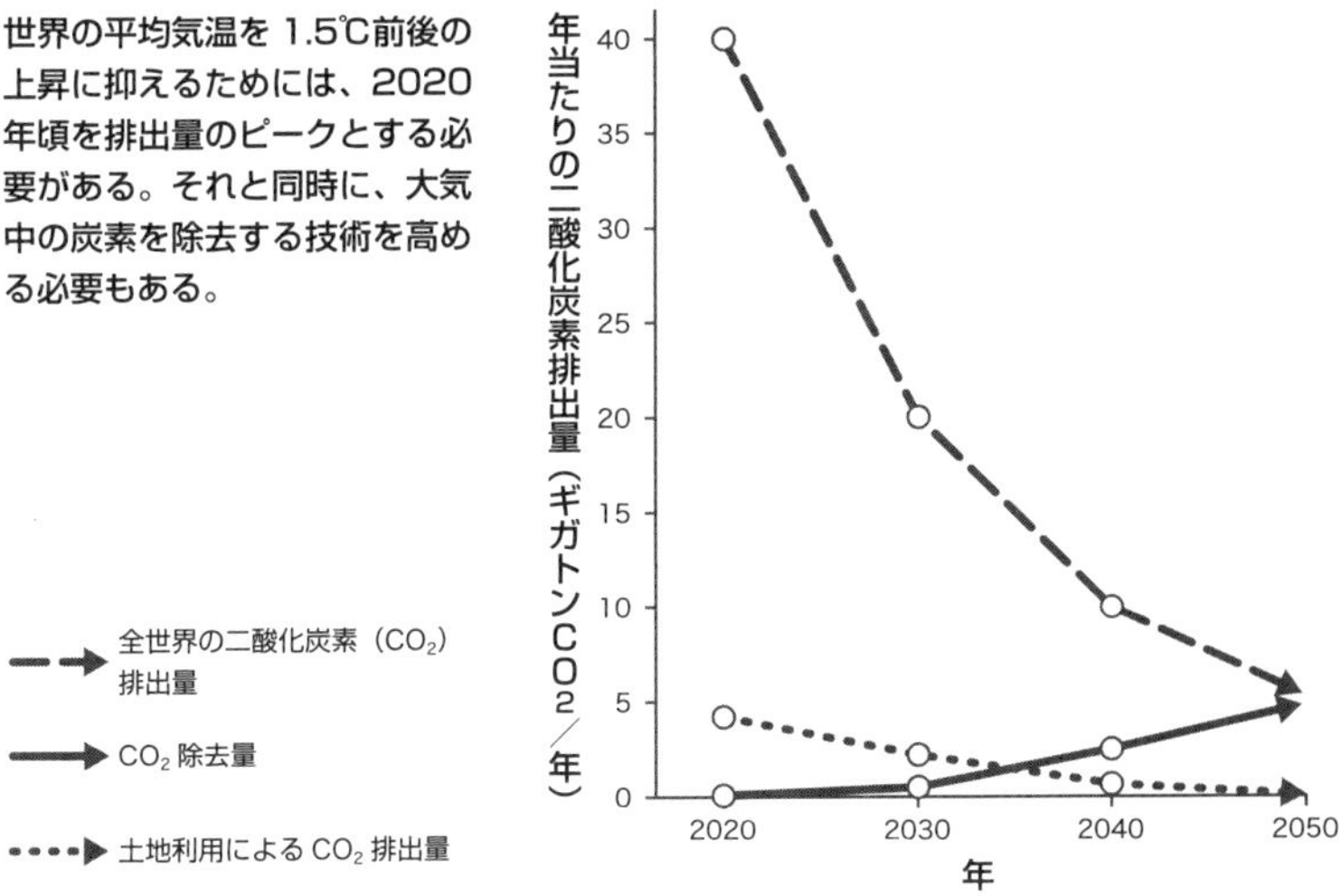

炭素の未来

下がっていくこともある。私たちはこれまで、温室効果ガス排出曲線の始まりではなく、終わり（二〇五〇年以降）に注目しすぎていた。一九六〇年代のNASAは、宇宙飛行士をサターンVロケットで地球から送り出すことに全力を注ぎ、最後の月面歩行についてはあまり考えなかった。二〇五〇年以降に焦点を当てるのではない。今後の現実的な排出量の推移のグラフ（上図）を見れば、行動の大部分をいま起こす必要があるのは明らかだ。何週間もかけてデータに目を通した結果、二〇五〇年までに地球温暖化を一・五℃前後に抑える軌道に乗るためには、大まかに言って二〇三〇年頃までに温室効果ガス排出量を半分にする必要があるということがわかった。さらに、二〇四〇年までに排出量をまた二分の一に減らし、二〇五〇年までにもう一度二分の一にする必要がある。指数関数的な道筋である。その間、私たちは熱帯雨林や泥炭地の回復力を高め、大気中の二酸化炭素を取り除く方法を試していく必要がある。

こうした技術が必要であることは間違いない。

この半減していく軌道は、いまはあたりまえのことのように見える。メディアやＮＧＯ（非政府組織）のあいだでも広く語られている。しかし、当時は斬新な考えだった。極端すぎる印象すらあった。世界は本当に一〇年で排出量を半減できるのだろうか？　じつは当時の私たちは、「実現可能かどうか」にはあまり興味がなかった。それよりも、世界がどれほど道を踏み外しているかを伝えたかったのだ。国際政治は、地球の物理的な現実から切り離されていた。

細かい部分の議論は一日中やってもキリがない。排出量の削減を四八％にすべきか、五二％にすべきか。実際には、大まかな目安があれば十分だ。私たちは、この半減の軌跡を、ムーアの法則にならって「カーボンの法則（カーボン・ロー）」と名づけた。ムーアの法則と同様、排出ゼロに到達するのが重要なのではなく、そこに到達するためのステップに焦点を当てている。この考え方にもとづき、科学論文の共著者であるハンス・ヨアヒム・シェルンフーバー、ネボイシャ・ナキチェノビッチ、ジョエリ・ロゲリ、マルテ・マインシュハウゼンは、この「カーボンの法則」の軌跡に乗るために、一〇年ごとに政治的・経済的に何が必要かを考えた。

カーボンの法則への道筋

カーボンの法則はどこの場所でも同じように作用する。世界全体に適用されるだけでなく、国や都市、企業、家族、個人にも適用される。私たちはみな、排出量を半分にする必要がある。また、もっとも多く排出している人がもっとも多く削減しなければならないということでもある。もちろん、豊かな国には、貧しい国が発展できるように、より早く脱炭素を実現する責任がある。しかしカーボンの法則は、ほかにも二つの重要な見方を与えてくれる。一つは、気候変動対策が選挙や景気循環と関連づけられることだ。カーボンの法則は、思考や政治的なシナリオを、遠い将来の目標から、「いま、ここ」の問題へと転換させる。

もう一つは、一部の産業界のリーダーがしばしば「排出ゼロなど実現できない」と訴えることだ。そんなことは不可能だ、だから行動する前にもっと研究と開発が必要だと彼らは主張する。たしかに、航空業界、鉄鋼業界、セメント業界など、変革がもっとも困難な業界では、研究開発が必要だ。しかし、排出量を半減させる商業的に魅力のある解決策は、現在すべての産業で存在している。私たちはすでに月への道のりの半分まで進んでいるのだ。

私たちにとって重要なのは、「カーボンの法則」を排出量の削減だけにとどめないことだった。そうでなければ、パリ協定の気候目標を達成することはできない。私たちはコンセプトを拡大し、さらに三つの柱を追加した。

まず、農家は農業を温室効果ガスの膨大な排出源から貯蔵源に変えなければならない。これについては第11章で説明する。第二に、湿地、森林、土壌、海洋など、残された炭素吸収源を保護する必要がある。第三に、炭素を蓄える場所を増やす必要がある。これには、森林再生やハイテクを駆使した解決策などが考えられる。ただし、その規模は管理可能なものでなければならず、一〇〇億の人々への食料供給や生物多様性の保護に支障をきたすものであってはならない。

私たちは二〇一七年三月に「迅速な脱炭素のためのロードマップ」という論文を学術誌『サイエンス』に発表した。その一カ月後、ポール・ホーケンは、排出ゼロを達成するための一〇〇の解決策を記した『ドローダウン――地球温暖化を逆転させる１００の方法』〔山と溪谷社〕を出版した。当初、これは私たちの論文とは矛盾するアイデアだと考える人もいたが、実際にはこの二つは完全に補完し合っている。ドローダウンは技術的な解決策を説き、私たちの論文は、解決策を実現するための道筋と、そのための政策を提示している。

二〇一八年、各国からの要請を受けて作成されたパリ協定の主要評価報告書では、一・五℃の目標達成は可能であるだけでなく、気候変動の最悪の事態を回避するために不可欠であるとの結論が出された。人類にとって、二℃の上昇は一・五℃よりもはるかに悪い状況だ。二℃を大幅に下まわり、一・五℃を目指すためには、二〇三〇年までに排出量を五〇％削減することが最善の道であるという、私たちの知識が裏づけられた。この考えは、主流になってきている。

この新しい枠組みは、気候に関する一般的な議論にも影響を与えているかもしれない。科学者たちが、二〇二〇年を排出量のピークとし、二〇三〇年には半減させる必要があると言っているのであれば、人類がこれまでほとんど何もしてこなかったことがよくわかるというものだ。しかし、各国が排出量を半減できなくても、二〇三〇年に世界が終わるわけではないことは、はっきりさせておく必要がある。社会は存続する。しかし、気候変動による連鎖的、複合的、累積的な影響に打ちのめされて、人々はますます苦境に立たされるだろう。現在のペースで排出量を増やしつづけ、一〇年後に行動を開始するのでは、経済の道のりはあまりにも険しいものになる。経済的にも民主的にも、選択肢はきわめて少なくなる。抜本的な排出削減を行わなければ、先に述べたように、不可逆的な転換点を超えるリスクが高まる。私たちには二つの選択肢がある。危険なほど不安定な地球を未来の世代に委ねるか、地球を安定させるために、必要な規模で行動を起こし、子孫が私たちと同じように、安定した地球で快適な生活を送れるようにするか。

こうした考察から生まれた予想外の結果の一つは、インテルの幹部フォークや、エリクソンなどのテクノロジー業界の大手企業、さらには世界自然保護基金（WWF）や「フューチャー・アース・プロジェクト」などと協力して、排出量半減の道のりをより深く掘り下げた詳細な「指数ロードマップ」を作成したことである。その結果、経済のあらゆる分野で、比較的容易に排出量を半減できることがわかった。製造業：循環型経済を採用する。運輸業：公共交通機関と電動モビリティーに重点を置く。食品：廃棄物を減らし、健康的な食事を推奨し、持続可能な農業を行う。建設：断熱材をより効率的に使用する。エネルギー：風力や太陽光の利用、蓄電の改善。基本的には、すべてを電化する。現在、私たちは二つの「指数ロードマップ」（二〇一八年版と二〇一九年版）を作成し、三六の実行可能な解決策を提示している。これらの解決策を実行すれば、二〇三〇年までに世界全体で排出量を半減させることができるが、多くの企業はもっと早く達成できるだろう。これ以上の研究は必要ない。ただ、この道筋を辿る一方で、二〇三〇年以降に排出量をふたたび半減させるための研究にも投資しなければならない。

今回の研究でもっとも印象的だったのは、エネルギーに関するものだ。太陽光発電や風力発電が急速に伸びていることはよく知られている。一般的には、エネルギーミックスに占める割合は五％でまだ低いが、少し前までは〇・五％にすぎなかった。風力と太陽光は、三年から四年ごとに倍増するという急激な成長を遂げた。この調子でいけば、二〇三〇年には世界の電力の五〇%をこの二つの電源だけでまかなうことになる。肝心なのは価格だ。価格が下がりつづけるかぎり、この傾向は続くだろう。重要なことに、私たちはすでに経済的な転換点を迎えている。多くの地域で、風力や太陽光の価格が化石燃料の価格を下まわっている。これはゲームチェンジャーである。風力・太陽光発電所の建設費は、化石燃料発電所の建設費よりもどんどん安くなってきている。ヨーロッパの一部では、既存の石炭発電所を稼働させるよりも、太陽光発電所を建設するほうが安くなっている。

石器時代が終わったのは、石がなくなったからではない。新しい技術が古い技術を凌駕したからである。石油や石炭がまだ残っていたとしても、化石燃料の時代は終焉を迎えつつある。巨大なインフラと投資を必要とする巨大な発電所とは異なり、風力や太陽光は小型で柔軟性に富んでいる。これは、技術革新と展開が速いことを意味する。まさに指数関数的な技術である。それに比べて石炭産業や石油産業の技術革新は遅い。すぐに競合できなくなるだろう。

私たちが「カーボンの法則」を打ち出した目的は二つある。一つは、パリ協定の現実的な道筋を示すこと。二つ目は、巨大な規模での経済の転換が必要であることを示したいということだ。一・五℃という目標は、このまま放置すれば年を経るごとに私たちの手から離れていく。文字どおり、二〇一九年と同じペースで化石燃料を燃やしつづけた場合、残りの炭素予算は毎年一〇%以上減少していく。炭素価格の設定、化石燃料への補助金の廃止、より厳しい排出基準など、脱炭素への行動を加速させる適切な政策がなければ、地球温暖化の目標は完全に忘れ去られてしまう。

現実的には、排出量を毎年七~八%ずつ、大幅に削減する必要がある。これまでにも排出量が急激に減少したことはあったが、それは二〇〇八年の金融危機や二〇二〇年のパンデミックなど、経済的なショックによるものだった。このような事態はなんとしても避けたいものだ。なぜなら、経済的に不安定になると、それが政治的不安定につながり、振り出しに戻ってしまうからだ。とはいえ、カーボンの法則の掲げるペースに近づいている国はあるのだろうか？　イギリス、フランス、ドイツ、アイルランド、スウェーデンなど一八の豊かな国は、この一〇年以上、年二～三％のペースで排出量を削減してきた。これらの国では、おもに自然エネルギーへの移行、エネルギー効率の向上、さまざまな気候変動政策の導入によって、排出量削減を実現している。では、この変化のスピードを二倍、三倍にすることは可能だろうか？　これまでのエネルギー転換は、おもに電化と風力発電、太陽光発電に焦点を当てたものだった。もし各国が並行して、交通、建設、都市、食料システム、製造業などを変革する施策を導入すれば、より大きな変化が可能なのは間違いない。

エネルギーは、アースショット構想の六つのシステム変革のうち、第一に目指すものである。二〇一五年に私たちがCOP21の会場をあとにしたとき、二〇五〇年までに温室効果ガス排出量を実質ゼロにすると約束した主要経済国はなかった。しかし現在では、イギリス、フランス、ニュージーランドなどが、この目標を法律で定めている。さらに欧州連合（EU）は、二〇五〇年のネットゼロ目標を採用した最初の大陸となった。スウェーデンはさらに進んで、二〇四五年までにネットゼロを達成することを目指している。フィンランドはそれより一〇年早い二〇三五年にネットゼロを達成する予定だ。ノルウェーは二〇三〇年を目標としている。さらに二〇二〇年には、想像を絶するような驚きのニュースが飛び込んできた。中国の習近平国家主席が国連で、中国は二〇六〇年までに「カーボン・ニュートラル」を目指すと発表したのだ。中国。世界最大の二酸化炭素排出国。これはゲームチェンジャーである。

これらはすべて、記念碑的なステップだ。私たちの前にはゼロ・エミッションの未来が待っている。これが私たちの望む未来である。

第11章　プラネタリー・バウンダリーのなかで一〇〇億人を養う

私たちの世界は静かに崩壊している。人間の文明は、四億年も前から存在する生命体である植物の役割を、「食料」「薬」「木材」の三つのみに狭めてしまった。より多く、より効き目があり、よりたくさんの種類のこの三つを手に入れようとする、とどまるところを知らない執拗なまでの強迫観念が、数百万年のあいだに起こる自然災害よりも大きなダメージを与え、植物の生態系を壊してしまったのだ。

ホープ・ヤーレン『ラボ・ガール——植物と研究を愛した女性科学者の物語』（二〇一六年）

二〇一九年に「プラネタリー・ヘルス・ダイエット（地球にとって健康的な食事）」を公開したところ、科学技術系のメディアサイト「ギズモード」に執筆しているアメリカのジャーナリスト、ブライアン・カーンが、一カ月間それを実践することになった。チャレンジの終盤で彼は、「三〇日がもうすぐ終わるが、正直なところ、今後もこの食生活をほぼ続けるだろうと思う。私にとってはさほど難しいことではなかったし、自然食品をより多く食べることで得られる健康面でのメリットをとても重視している」

と報告している。

とはいえ、すべてが順風満帆というわけではなかった。カーンはある晩、ストレスからドーナツとピザが食べたくなり、その誘惑に負けてしまった。誰もが何度も経験していることだ。批判はしない。結局彼は、この食事法は地球の健康のみならず、個人の健康にもいいものだと考えざるをえなくなった。そして、これこそがこの食事法の目的でもある。それは、人口が一〇〇億に達しようとするいま、健康な地球で健康な生活を送るための一般的なガイドラインを提供することだ。


食が地球に生きる私たちの未来を決める。食に失敗すれば、人も地球も失敗する。だからこそ、「食」は私たちが二番目に推し進めたいシステム変革なのだ。「地球温暖化を二℃以内に抑える」というパリ協定の目標を達成できるかどうかは、最終的には「食」にかかっている。また、国連の「持続可能な開発目標」を達成できるかどうかも、食が重要な役割を果たす。貧困や飢餓、海洋や土地など、一七の目標すべてを二〇三〇年までに達成しなければならない。人類はいま、地球規模の食料危機に直面していると言っても過言ではない。

大げさな話だと思う人もいるかもしれない。人類はそこまで食べ物に支配されているのか、食べ物だけが成功の鍵を握っているのか、と。簡単に言えば、「イエス」である。気候変動との闘いは、もはや世界のエネルギー・システムのみをめぐって繰り広げられているわけではない。脱炭素化は進んでおり、食料問題に比べれば単純だ。だからパリ協定の目標を達成できるかどうかは、最終的には世界の食料システムを変革できるかどうかにかかっている。

もちろん成功するためには、どちらの変革も必要だ。これは否定できない。しかし現在、エネルギー転換に関しては、なかなか進まないのではないか、とか、緊迫感に欠けているのではないかという私たちの当初の懸念に反して、食よりもはるかに進んでいる。その一方、食の転換は、政策、経済、意識、テクノロジーなどの多くの面で後れを取っている。実際、二〇二一年のいま現在語られている持続可能な食の話題は、三〇年前のエネルギー計画と同じくらい古臭いものだ。私たちはまだ、方向性を変えるための政策ツールや政治的議論、解決策を持っていない。実際、多くの国が、人の健康だけでなく、地球の安定をも脅かす西洋のジャンクフード文化に向かって突き進んでいる。

とはいえ状況は変わりはじめている。突然の覚醒を目撃しているようにも感じる。COVID－19は、私たちの食料システム――今回の場合は野生動物の取引と、農場が他の生態系に近接していること――が衝撃に弱く、不安定さの要因となっていることを、壊滅的な形で思い知らせた。今日、科学や政策、ビジネス、メディアにおいて、食と健康、そして地球への関心が、おそらくかつてないほど高まっている。しかしもはや遅きに失していると言うしかなく、これまでのところ、通常の概念の範囲内で、新たなアイデアがちらほらとあるのを目にしているにすぎない。

壊れた食料システム

地球科学者であるヨハン・ロックストロームは、長年にわたり、生態系の持続可能性における食の役割を評価してきた。また最近では、食料生産による環境への負荷が、どのように組み合わさって地球全体に影響を与えているのかを調べている。それはかなり足取りのおぼつかない旅でもあった。

人が世界で食料を生産する方法こそ、人類がプラネタリー・バウンダリーを超えてしまった最大の理由だ。食料生産は、淡水、花粉媒介者、土壌の健全性、降雨量、空気や水の質など、地球の安定性と生命維持システムに対する唯一最大の脅威である。食料生産は、人類の未来を危険にさらしている。

農業という事業は非常に規模が大きく、地球の変化の世界的な要因となっている。持続可能な農業を実現するために、さまざまな研究や開発が行われているが、これまでは、地域の農業が環境に与える影響を軽減することに主眼が置かれてきた。その結果、水の利用効率[1]が向上し、硝酸塩やリン酸塩の地下水や河川への流出を抑えることができるようになった。しかし、水利用の効率を高め、環境への影響は低減したものの、私たちが重視したのは、生産量を増やすことだけだった。

農業が世界的な規模で行われていることや、食料システムが社会の隅々にまで浸透していることから、食料システムの影響力は増幅されている。たとえば窒素を見てみよう。欧州連合（ＥＵ）では、空気中、淡水中を問わず、あらゆる形態の反応性窒素〔人間が肥料向けにつくり出した、生物にとって利用しやすい形態の窒素〕の流出に対して、すぐれた環境規制を設けている。欧州での地下水や河川の窒素汚染の最大六〇％は農業によるもので、おもに糞尿や肥料の使用が原因だ。規制は重要だが、より広い範囲のシステムを考慮してはいない。反応性窒素の大部分は、家畜の飼料や肥料としてほかの大陸から輸入されている。たとえば、窒素を多く含むブラジル産の大豆は、地球を半周したあと、スウェーデンの牛に食べられ、スウェーデンの土壌や河川、バルト海に流出している。

また、農家の畑に散布される栄養素のほとんどは、都市に運ばれ、そこに集中する。つまり、輸入された養分で育てられた作物は、まずは食用として収穫される。それを消費者が食べる。消費者の多くは都市部に住んでいる。その結果、食品は最終的には生ゴミとして、あるいは人間の排泄物として、さまざまな効率の排水処理システムを経て廃棄物となる。[2] 栄養素が多すぎると、最下流の沿岸地域や湖沼で汚染や富栄養化（藻類が過剰に繁殖し、水中の酸素が減少すること）が起きる。これは世界中で起きている。現代の肥料産業の規模はとても大きく、自然の窒素循環よりも多くの反応性窒素を生物圏に注入している。この直線的なシステムが私たちの世界を蝕んでいるのだ。農業を持続可能なものにするためには、より広い視野でプラネタリー・バウンダリーにアプローチする必要がある。

No.1キラーとしての食べ物

食べ物は私たちの健康を損ない、命を縮めている。喫煙、エイズ、結核、テロを合わせたよりも多くの死亡原因となっている、唯一最大の殺人者である。二〇一九年に行われた三つの独立した調査研究では、世界で一一〇〇万人が、不健康な食事が原因で早死にしていると推定された。もっとも急増している要因は、肥満と糖尿病である。アジアでは、毎年二四〇万人が糖尿病で亡くなっている。発展途上国でも、肥満の割合は栄養不足の割合と同じくらいである。たとえばインドネシアでは、肥満の人のほうが体重不足の人よりも多い。肥満に関連する病気は、長いあいだ、富裕国だけの問題と考えられてきたが、現在、世界に二〇億いる太り気味もしくは肥満の人の七〇％以上が、低・中所得国に住んでいる。肥満は障害や死亡率や医療費の増加、生産性の低下などにつながっており、所得水準にかかわらず、すべての国で大きな問題となっている。

食が地球だけでなく、人間の健康をも脅かしているという認識を重く見て、医師のグンヒルド・ストルダレンは、ヨハン・ロックストロームの科学的な指導のもと、二〇一三年に「EAT財団」を立ち上げた。その基本理念は、いわば「食の世界経済フォーラム」である。二〇一四年にストックホルムで開催された第一回目の「EATフォーラム」では、健康と持続可能な食に関する知識の現状を、世界規模で科学的に評価することが緊急に必要だと結論づけられた。気候変動や生物多様性に関する政府間の主要な科学的評価は、動き出すまでに何年もかかり、その後、各報告書がまとまるのに六年かかる。このような手順を踏んでいては、食についてのアセスメントが日の目を見る前に二〇三〇年を迎えてしまうかもしれない。私たちには時間がない。そこで、ウォルター・ウィレット[3]と話し合いを持ったところ、解決策に焦点を当てた、より迅速で機動的なアセスメントが必要だということで意見が一致した。私たちが健康と食の持続可能性とのあいだの大きな知識のギャップについて議論していたとき、部屋には代表的な医学雑誌『ランセット』の編集長であるリチャード・ホートンがいた。彼は私たちに、『ランセット』に対して、食に関するグローバルで総合的な科学評価を書くよう勧めた。これがEATランセット委員会の発足につながり、持続可能な食料システムによる健康的な食生活に関する知識を統合することになった。この委員会は、食を温室効果ガスの最大の排出源から主要な炭素吸収源に変えることができなければ、パリ協定を達成できないことを示した。そして、以下の二つのことを初めて定義しようとした。それは、人と地球、両方の健康を守るための安全な限界値と、「地球にとって健康的な食事」と呼ばれる普遍的な食事である。つまり、健康な地球で健康な生活を送りたいと願う私たちに残された、科学が教えてくれる選択肢を示そうとしたのだ。

食そのものが地球の安定性と回復力を脅かす

淡水をもっとも消費するのは、圧倒的に食料生産である。河川や湖沼、地下水からの淡水の取水量のうち、じつに七〇%が食料生産に使われている。平均的な人一人が一日に必要とする水の量は、シャワー、洗濯、食器洗い、トイレの洗浄などで五〇～一五〇リットルだが、食料に関しては、作物や飼料を育てるために、一人当たり一日三〇〇〇～四〇〇〇リットルもの水を必要とする。コロラド川やリンポポ川などの河川、そしてアラル海などは、食用作物への過剰な灌漑により枯渇している。化石燃料を燃やし、森林を伐採し、土地を劣化させる農業は、地球温暖化の原因のかなりの部分を占め、より深刻な干ばつ、洪水、熱波を引き起こす。こうした極端な現象は、水不足をさらに悪化させる。[4] サバンナ地域で小規模な天水農業を営む農家など、脆弱なコミュニティーはとりわけリスクにさらされている。気候変動によって増大した食料不安は、地政学的な紛争の温床になる。アラブの春、シリアとスーダンの内戦などは、気候変動によってひどくなった干ばつが食料生産システムに深刻な影響を及ぼし、それが社会不安を引き起こし、最終的には政治的な崩壊につながった例である。

私たちは現在、地球史上六度目の種の大量絶滅に直面しており、八つに一つの種が絶滅の危機に瀕している。私たちが陸で食料を生産したり、海で魚を獲ったりする方法が、この絶滅のおもな原因となっている。私たちはすでに、氷河や砂漠をものともせず、地球上の居住可能な土地の五〇%を、さまざま

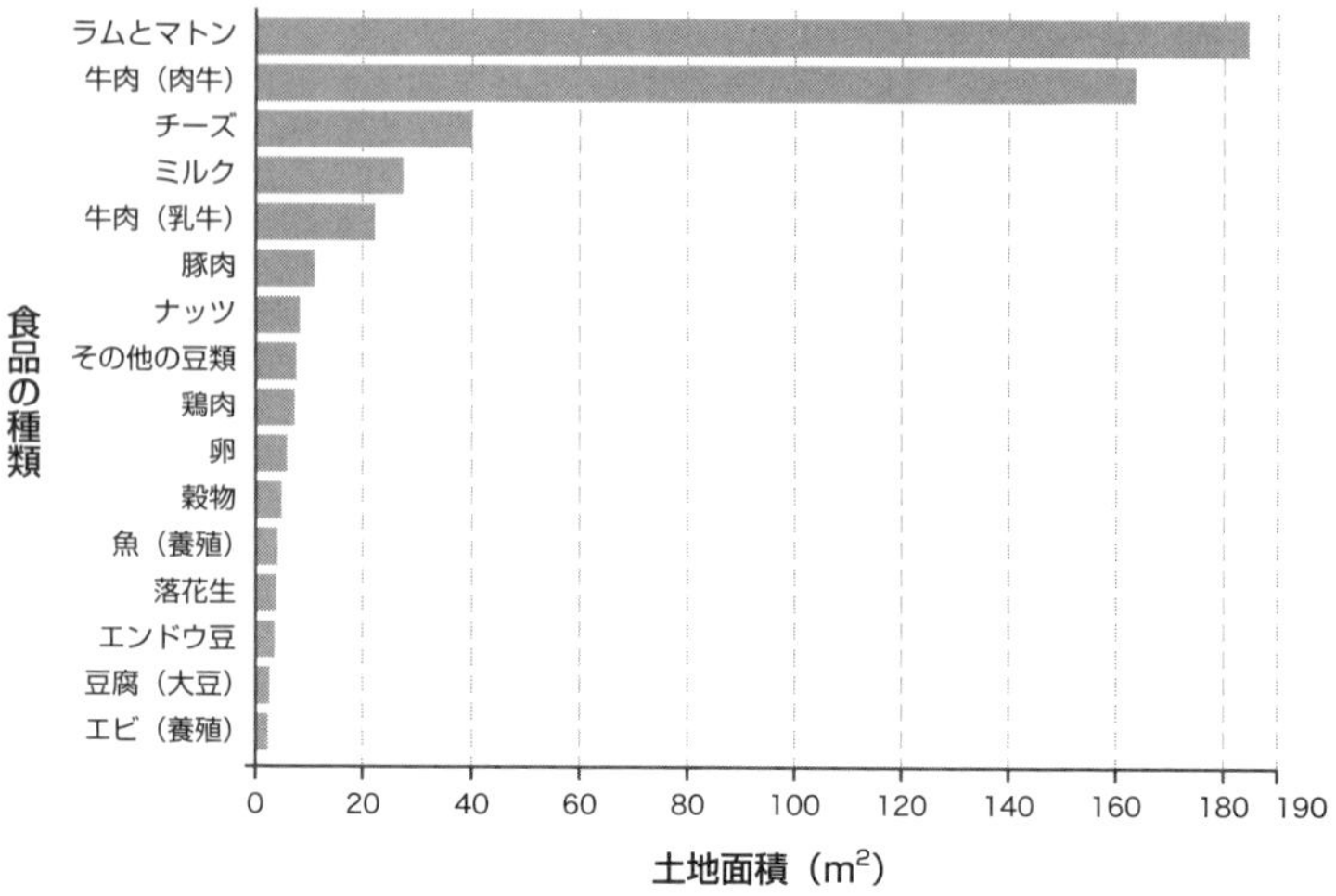

タンパク質100gあたりの土地使用量。
赤身肉の生産には、穀類に比べてタンパク質1gあたり約100倍の土地が必要である。

食料生産の面積

な形態の農業用地に変えてしまった。これが、種や健全な生態系を失う最大の原因である。このような事態を引き起こしているのは農業だが、そのせいで深刻な打撃を被っているのも農業だ。樹木が失われ、花粉媒介者やミミズ、野生の捕食者がいなくなると、自然は回復力を失う。そうなると、食料生産に必要な機能を提供できなくなってしまうのだ。

私たちが土地や生物多様性、気候、栄養素など、もっとも重要なプラネタリー・バウンダリーを踏み越えてしまっているのは、おもに食料生産が原因である。食料生産は地球の安定性と回復力を脅かしている。真剣に取り組まなければ、複数の危機に直面することになる。二〇五〇年までに一〇億人を貧困と飢餓から救い、さらに二〇〜三〇億の新たな市民を養うためには、現在のおよそ五〇%増しの食料が必要になる。今日、すでに人類が危機的状況に膝まで浸かっているとしたら、三〇

教育

遠野遥

超能力の成績向上のため日々鍛錬に励む私。「文藝」二〇二一年秋季号掲載直後から話題沸騰の芥川賞受賞第一作にして初長篇。

▼一七六〇円

どのつまり人は食う

佐野洋子

この人にしか書けない剥き出しの言葉で、食べることが生きることに結びつく数々のエッセイ。胸を打つ力強いエッセイを厳選収録。

▼一八七〇円

生物としての静物

書斎のダンヒル、戦場のジッポなど、開高健が愛したものを綴った極上エッセイと滝野晴夫のイラスト口絵。名著ニューエディション版。

年後にはどうなっているか想像してみてほしい。

地球にとって健康的な食事

前述のEATランセット委員会は、この地球規模の一大事の解決策を見つけるために設立された。それは、健康的で持続可能な食生活のための目標を科学的に定量化する最初の試みだった。人と地球が健康でいられる可能性を最大限まで高めたいのであれば、世界中のすべての人、地域、文化にとって安全な機能空間が必要である。EATランセット委員会を通じて、私たちは科学的根拠にもとづいた数値を使い、この安全な機能空間、つまりもっとも持続可能な食生活を、初めて定義した。二〇一九年、EATランセット委員会が発表した「地球にとって健康的な食事」は、安定した地球上で私たちが健康に暮らす可能性を最大限に高めるためのものだ。

人間の健康のためには、フレキシタリアン・ダイエット（柔軟な菜食主義）が推奨されており、「地球にとって健康的な食事」では、肉と魚を週に五皿にとどめることを勧めている。[5] 私たちは、ナッツや豆類、果物、野菜、全粒粉食品をもっとたくさん食べるべきである。同時に、飽和脂肪（脂肪分の多い肉類、菓子類、チーズなどに含まれる）、乳製品、ジャガイモやキャッサバなどのでんぷん質の野菜、塩の摂取量を減らす必要がある。

地球にとって健康的な食事は、新鮮な果物や野菜をふんだんに使った伝統的な地中海料理に似ているところがある。この食事法に対して、世界中の誰もが同じものを食べるべきだという画一的なアプローチではないかと懸念する声もあった。しかし、これはまったくの誤りである。地球にとって健康的な食事は、人と地球にとって健康的な食生活のための科学的な限界値を定めたものにすぎない。それをどのように実践するか、またどの程度実践するかは、個人個人が決めることだ。そうでなければ、人間の尊厳を根本的に無視することになる。著者は、食が地域の文化や伝統に深く根ざしていることを認識したうえで、科学的に解明されている事実を誰もが知る権利があると強く感じた。私たちは、何が私たちの命を奪い、何が私たちの命を延ばすのかを知る権利がある。アジアの沿岸地域の料理からアフリカのサバンナ地域の料理まで、無数の異なる食文化は、地球にとって健康的な食事に容易に対応することができる。

しかし、地球にとって健康的な食事のもっともすぐれている点は、地球の状態と食のプラネタリー・バウンダリーを統合できることである。地球にとって健康的な食事にもとづいて食事をすれば、私たちは大幅に寿命を延ばすことができ、同時に地球の安定性も向上させることができるのだ。

プラネタリー・バウンダリーの範囲内で一〇〇億の人間を養うことができるのか？

世界の人口は、二〇五〇年までに一〇〇億人に達すると言われている。その頃には、土地の劣化と気候変動の影響で、農作物の収穫量が世界全体で平均一〇%、特定の地域では最大五〇%も減少すると予測されている。果たして、地球を破壊することなく、これほど多くの人々を養い、飢餓を根絶することができるのだろうか？　もし私たちが地球にとって健康的な食事を採り入れれば、地球にかかる負荷は急激に減少するだろう。しかし、健康的な食事をするだけでは、地球上の機能空間を安全に戻すことはできない。ＥＡＴランセット委員会の評価は、健康的な食事に加えて、二つの重要なアクションが必要だと示している。まず、すべての段階で食品廃棄物を削減する必要がある。この廃棄物は、温室効果ガス全体の約六％を占めている。(6) 第二に、炭素を排出するのではなく吸収し、環境を汚染するのではなく養分を循環させ、水を浪費するのではなく節約する農法へと、世界的に移行する必要がある。つまり持続可能な農業が必要なのである。救いなのは、農業革命が進行中であることだ。エセックス大学のジュール・プリティ教授らの最近の研究によると、世界の農家の二九％が、すでに何らかの形で持続可能な農業を実践しているという。部分的には正しい道を歩んでいると言えるが、この方向性をさらに加速する必要がある。

大局的な見地からの解決策

科学は、変革を加速させるための指針となる。エネルギー転換のために、私たちはカーボンの法則を道しるべとして導入した。食料についても、同様の原理が必要である。私たちは、食料システムの変革の道しるべとして数字の「ゼロ」を提案する。ゼロには力がある。海にしろ陸にしろ、生態系の状態があまりにも悲惨なので、私たちは自然に対してゼロ目標を採用する必要がある。いまから、つまり二〇二一年以降、自然の損失をゼロにしなければならない。今後失われるすべての森林や生態系や種は、復元され、再生されなければならない。私たちは、地球上に残された炭素吸収源、動植物の生息地、降雨生成システムを保護する必要がある。人類はすでに地球上の陸地の五〇％を農地、都市、道路に変えてしまったため、現在の農地だけで将来の人口を養うことが課題となってくる。つまり、新たな農地の拡大はゼロにしなければならない。自然については、残念ながら、これから先の喪失のすべてを食い止めることはできないだろう。それでも、二〇三〇年までには失った自然をすべて回復させなければならない。そして二〇五〇年までには、二〇二〇年の時点よりも多くの自然がある状態にする必要がある。

ゼロ目標は、将来の食料生産にとって何を意味するのだろうか？　現在の耕作地で人類を養うと同時に、より多くの炭素を土地に蓄えることは、持続可能な農業発展によってのみ達成できる。これは、すべてのプラネタリー・バウンダリーを守りながら、収穫量を向上させることを意味する。多種多様な方法を試みることで、新たな「緑の革命」への道を拓くことができるだろう。

多種多様な方法には、次のようなものがある。

◎大局的な計画。農業はもはや作物を育てることだけが焦点ではない。水の管理、土壌の健全性、花粉媒介者の保護、炭素の貯蔵、多様性の促進、家畜と作物のバランスなど、生態系サービス全体を考慮しなくてはならない。

◎炭素、養分、化学物質を循環させる生産システム。

◎農業に投入されるすべてのエネルギーの脱炭素化。

◎炭素を貯蔵する環境保全型農業。これは、極力耕すことをせず、最小限の耕起とマルチング〔畑の表面をビニールや腐葉土で覆うことで、水分の蒸発や病害虫、雑草の発生を防ぐこと〕を使用した栽培に投資することを意味する。

最終的に、未来の農業の基盤は、再生と再循環のうえに築かれる。あたかもみんなで一つの宇宙船に乗っているかのように、食料システムを生命維持システムの一部として考えるのだ。回復力と生産性にすぐれた持続可能な農業システムを構築するには、流域全体を考慮した大局的な計画が必要である。[7] 水の流れ、受粉、土壌の健全性など、あらゆる生態系の機能を守らなければならない。野生生物のための緑の回廊（コリドー）〔人間によって分断された野生生物の生息地間をつなぐもの〕、水分のフィードバックや栄養分吸収のための湿地帯や自然林システムも必要だ。また、炭素吸収源や、食物連鎖における草木と動物の多様性もなくてはならない。

多くの農家では、栄養素やバイオマス、水を循環させる農業をすでに実践している。畜産と穀物生産を組み合わせ、バイオ燃料を自家生産して農作業に利用したりしているのだ。また自家製の飼料や肥料を使うことで、自分たちの農地で栄養素を循環させている。私たちは、このような方法を拡大する必要がある。

人類は何世紀にもわたって、より強力な機械で畑を耕してきた。しかし、この技術は土壌の質を低下させることがわかっている。食料システムの転換について もっとも興味深いものの一つは、耕すのをやめて最小限の耕作地をさまざまな形態で利用することである。つまり、土を掘り返さないということだ。土を掘り返すと、表に現れた微生物や炭素が太陽や風にさらされ、土壌の有機物が失われ、土壌に生息する有用微生物が死滅してしまう。保全耕耘《こううん》は、生物学的に豊かな土壌をつくることで自然を再生する。

とくに熱帯地域では、土を耕すことは炭素の喪失につながる。耕すことをやめれば、土壌に有機物や土壌微生物が蓄積される。また、耕すことは、トラクターのディーゼル燃料や牛の飼料など、多くのエネルギーを使用する。

種子を植える場所だけを掘り返すために、いろいろな技術が開発されている。リッパーやサブソイラーといった、さまざまなタイプの耕作機具を使えば、土のほかの部分に触れずに、狭い植え付けラインだけを掘り返すことができる。この方法だと、種を植えた場所に正確に肥料を施すことができるため、栄養分を撒き散らして、作物と雑草の両方を肥やすこともなくなる。発展途上国の小規模農家では資源が限られていることを考えると、保全耕耘はとても魅力的である。西アフリカで行われている伝統的な保全耕耘の例として、ザイピットという方法がある。畑一帯を耕す代わりに、浅い穴をいくつも掘るのだ。植え付けの時期になると、この穴が植え付け用の穴になる。これにより、養分や水を最適な場所に集中させ、浸出を最小限に抑えることができる。現代の農家が先端技術を駆使して正確な施肥を行っているのと同じで、こちらはいわば手作業による精密農業である。

プラネタリー・バウンダリーという観点から見た、保全耕耘の興味深い副次的効果は、農地を炭素貯蔵の場に転換できることだ。こうした技術は、土壌肥沃度を高めながら、農地を主要な炭素排出源から重要な炭素吸収源に変えることができる。これは、農家にとっても地球にとってもメリットのあることだ。

私たちが直面している食料システムの問題は、たしかにとても巨大だ。水生産性〔一定量の水でどれだけの作物収量があるかを示す値〕、土壌の健全性、栄養素の循環、輪作、流域の土地計画などをバイオテクノロジーの進歩と組み合わせた、統合的なシステムを解決策として模索しなければならない。持続可能な方法で、農地を拡大せずに食料の生産量を増やすには、新しい農法だけでなく、新しい作物も必要だ。たとえば毎年植える必要のない小麦があったらどうだろう？　多年草の穀物は、この現実に一歩近づく。こうした作物の栽培が成功すれば、耕すのを減らすことができるし、作物が根を深く張ることができるため、より多くの炭素を蓄え、水ストレスに対する耐性を高めることができる。たとえばケニアでは、このような作物が採り入れられており、キマメのようなマメ科の多年草の栽培が拡大している。この作物は数年かけて成長し、深く力強い根を張り、とてもおいしく健康的な食品を提供してくれる。

食が大きな影響を与えるプラネタリー・バウンダリーには、これまで定量化できなかったものが二つある。それは、第2幕で説明した新たなもの、新規人工物とエアロゾルである。除草剤や殺虫剤の使用により、農業は生物圏に残留性有機汚染物質や内分泌攪乱《かくらん》物質（人間を含む動物のホルモン濃度を変化させる化学物質）を蓄積させる原因となっている。どんな形の持続可能な食料システムに移行するにしろ、こうした新規人工物の影響を最小限に抑える必要がある。この点については、環境保護に力を入れた農業から学ぶべきことがたくさんある。アメリカ、ヨーロッパ、アジアの多くの近代的な大規模農場では、すでに無農薬での食料生産に成功している。

世界各地の農家では、毎年、最後の収穫物の残りを燃やして、翌年の土作りのために利用する。人新世の規模で見ると、いわゆる焼き畑は膨大な面積になる。膨大な量の煙が広大な地域を覆い、デリーのような巨大都市を包み込む。化学物質がデリーの汚染された大気と混ざり合い、その致命的な空気が何百万人もの人々の肺の奥深くまで入り込んでいく。農業によるエアロゾル（大気中の小さな粒子）汚染は、人間の健康や地域の気候の安定性、気象システムに対する大きな脅威である。農業は、ディーゼル燃料の燃焼による硝酸塩の排出や、バイオマス燃料の燃焼による黒色炭素の排出の原因にもなっている。農業を炭素排出源から炭素吸収源へと転換させるためには、小規模な焼畑農業をやめなくてはならないが、収穫量を上げる代替方法はいくつもある。

これからの一〇年――何が必要で、何が可能か

これからの一〇年、つまり二〇二〇年から二〇三〇年までの一〇年間を、分岐点にしなくてはならない。一〇年間で世界の炭素排出量を半減させなければならないのはもちろん、同じ期間で世界の農業と食料システムを、一〇〇%持続可能なものにするよう取り組む必要がある。

既存の農地だけで持続可能な食料を生産することに、全力を注ぐ一〇年にしなければならない。一万年続いた農業拡大の時代はいま、終わりを迎えようとしている。私たちは、地球システムの現状分析から、地球を不安定にするリスクの増大を認め、このような結論を導き出した。人類はすでに、地球の表面の半分を変えてしまった。エドワード・O・ウィルソンの「ハーフアース」の哲学に則って、残りの半分はそのままにしておかなければならない。そのためには、食の変革に対してプラネタリー・スチュワードシップ（責任ある地球管理）に則ったアプローチを取る必要がある。すべての農地を炭素排出源から炭素吸収源へと変え、作物や野生動物、昆虫などの多様性を高める必要がある。またすべての土地は、干ばつ、洪水、寒波、熱波などの不可抗力に対応できる回復力を備えていなければならない。この

新規人工物

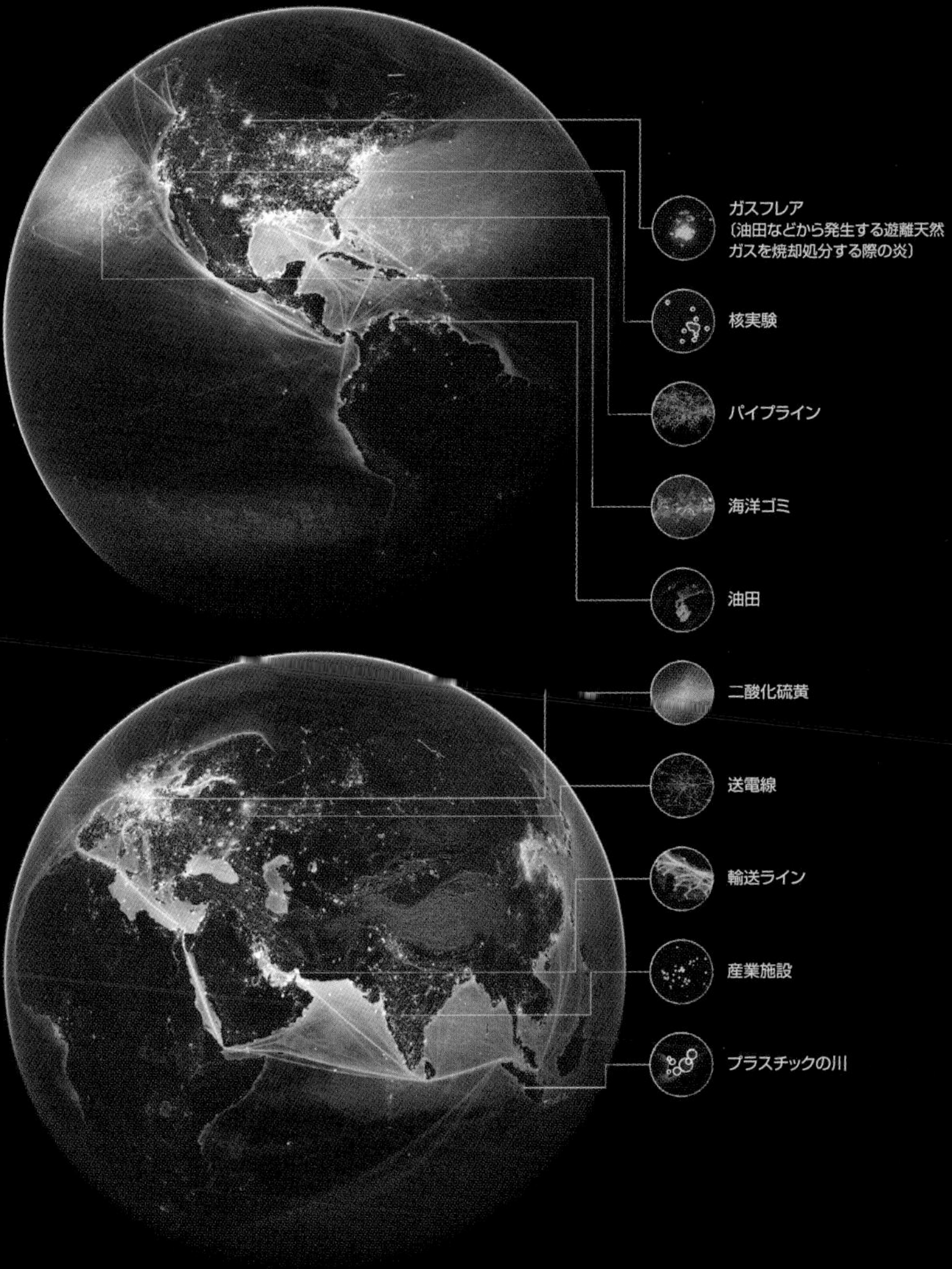

９つのプラネタリー・バウンダリーのうちの１つ「新規人工物」とは、プラスチックなどの化学廃棄物だけでなく、核廃棄物、遺伝子組み換え生物、ナノ材料、さらには人工知能なども含む。人間がつくり出したり改変したりしたもので、以前は生物圏に存在していなかった（またはいまのような状態では存在していなかった）ものを指す。現在ある新規人工物の数は10万を超えている。その数の多さと相互作用の複雑さから、この分野の限界値はまだ定量化されていない。多くは無害かもしれないが、なかには決定的に有害なものもある。

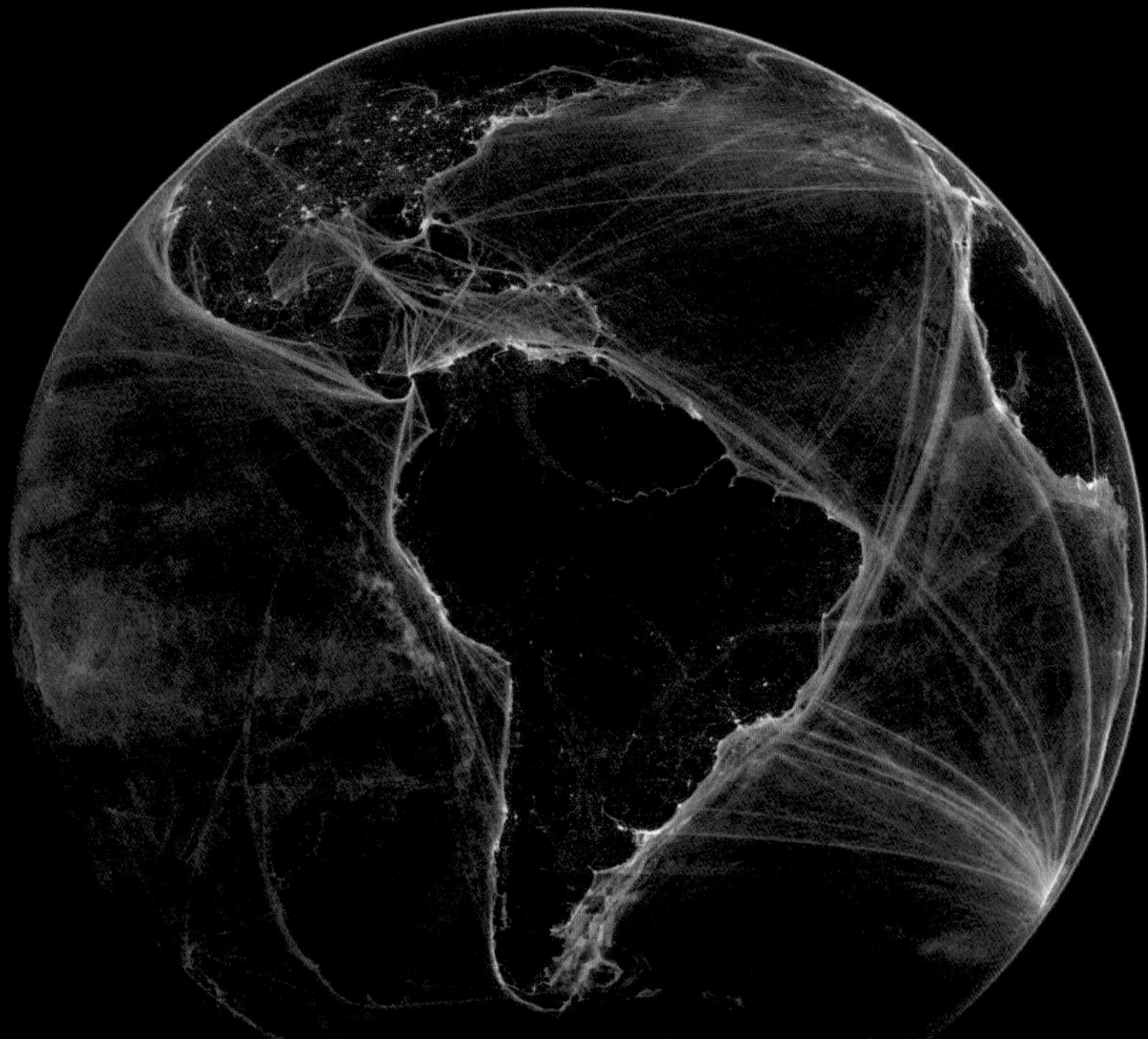

いまから500年前、ヨーロッパからアメリカ大陸に人々が入植したのは、世界を揺るがす大事件だった。このことをきっかけに、それまでつながっていなかった人間社会がつながり、その結果、環境と文化の2つの分野に衝撃をもたらし、その影響がいまも続いている。人類がつくり上げたこの緊密につながり合う世界は、知識や文化、繁栄の面で恩恵をもたらしている。アイデアは急速に広がるが、ウイルスや病気、経済的ショックも同じく急速に広がる。経済学者のジェフリー・サックスが著書『グローバル化の時代』（2020年）で述べているように、14世紀にペストが中国からイタリアに広まるまでには16年かかった。COVID-19は、武漢からローマに直接飛行機で運ばれ、数日で広がった。4カ月後には、世界人口78億人の半分が何らかのロックダウンを強いられた。こうした相互のつながりは、ある場所で作物が不作になっても、ほかの場所から出荷することができるなど、ある程度の回復力をもたらすが、同時に、ネットワークの脆弱性という、私たちが管理を学ばなければならない新たなリスクももたらす。

ネットワークの効果

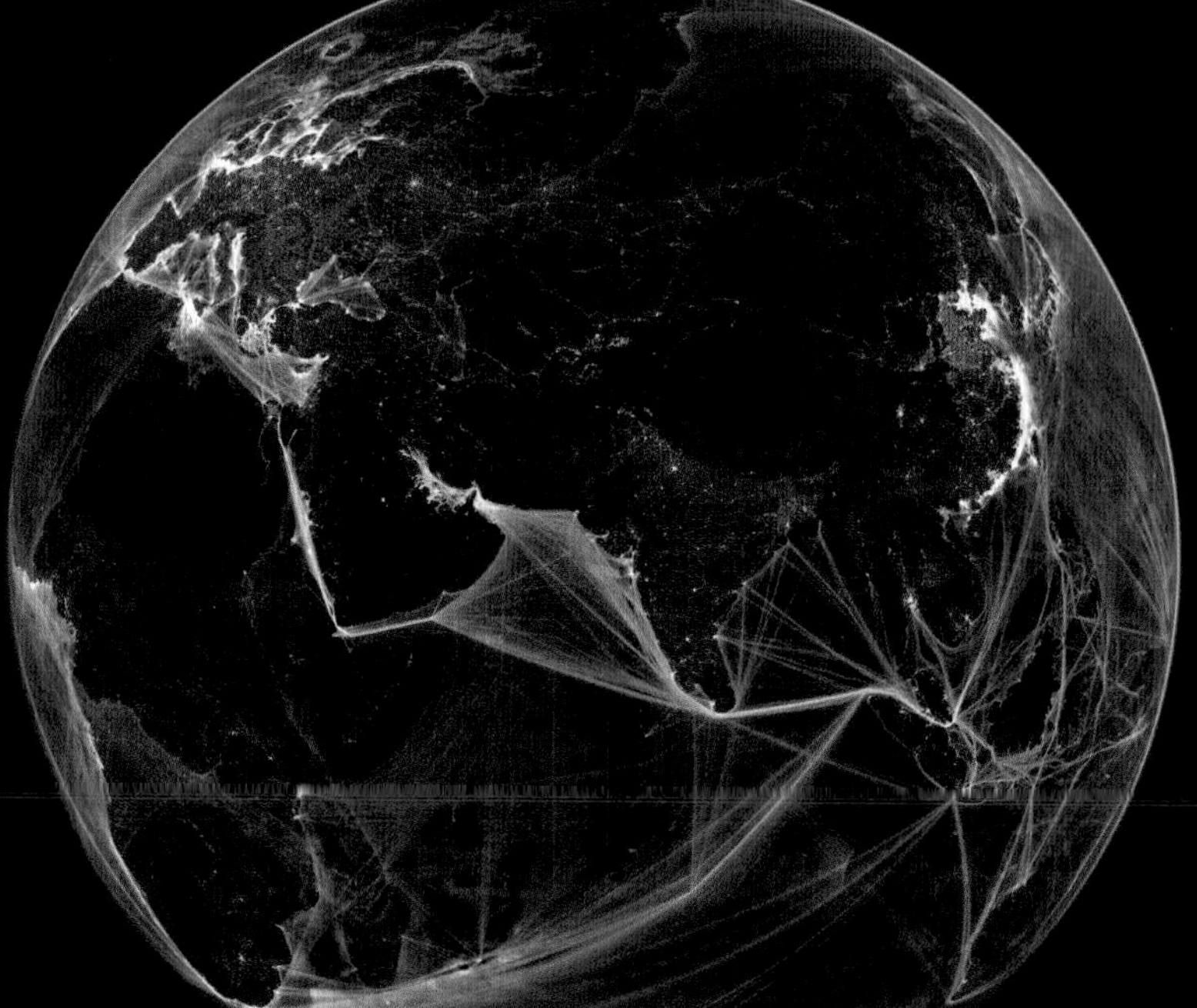

人類の物語は、旅、移住、交易、そしてつながりの物語である。

この画像は人新世での人間の産業が地球につけた足跡を示している。舗装道路、未舗装道路、鉄道、送電線、パイプライン、航路、漁船、海底ケーブルなど、人間の居住地（町や都市の灯り）をつなぐものだ。もっとも人口密度が高いのは、海岸や三角州、川の近くである。昔から文明は交易路で結ばれていたが、いまではそのつながりは深く包括的で、地球上には文明は１つしかないと言っても過言ではないほどだ。

変化する地球

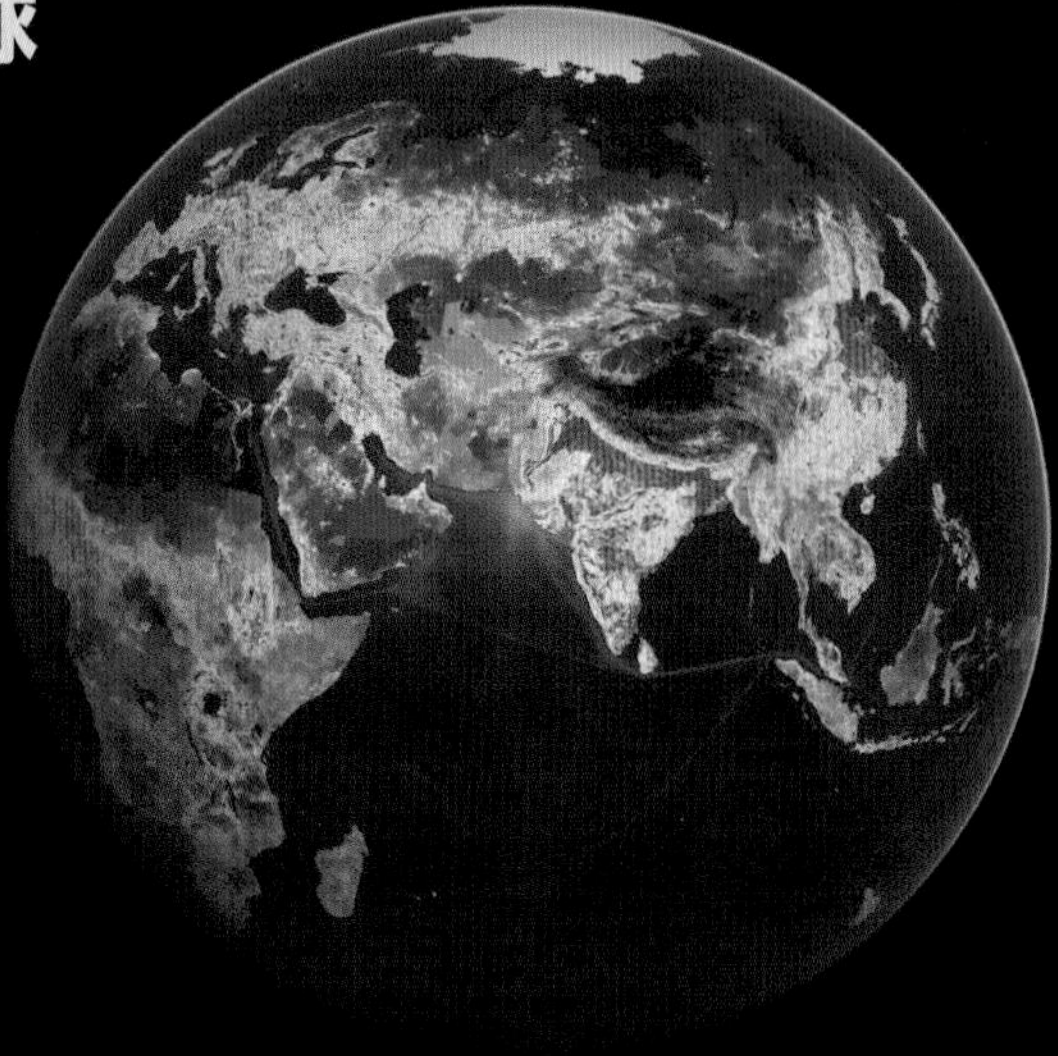

人間による
地球の変化

人類は、地球上の居住可能な土地の半分を農業に使っている。1000 年前には、その割合は 4% 以下だった。

上の図は、人口密度、建築面積、耕作地、家畜、交通、鉱業、エネルギー生産、電気インフラなどすべてを集計し、人間による地球の変化を色で表したものである。

一〇年の終わりまでに、持続可能な農業が新しい常識になっていなければならない。

この変革には、テクノロジーと政策と規制が重要な役割を果たす。干ばつに強く炭素隔離能力の高い、回復力のある作物の開発が求められている。私たちは、炭素の世界的な価格設定についてよく話す。これはまさしく切実に求められていることである。四六の国が炭素価格を採用している。しかし、食料生産によって大量に炭素が大気中に放出されているにもかかわらず、食料に炭素価格を適用している国はない。地域ごとではなく、世界中の食料システムがもたらす悪影響を考慮する必要がある。そのためには、炭素に値段をつけるだけでなく、窒素やリン、水にも値段をつけることを考えなくてはならない。それには、地球上に残された自然の生態系の保護を規定する国際協定が必要だ。生態系の機能がこれ以上失われないようにしなければならない。これが重要である。

さらに、破壊された土地を修復し、再生しなければならない。世界中の土地の劣化は衝撃的である。農地の土壌は最大で六〇％の有機炭素を失い、食料生産も生物多様性も成り立たない段階にまで達している。

食料生産、再生可能エネルギー、自然由来の炭素吸収源など、土地に対してさまざまな需要があるので、負荷が高まることは避けられない。これは大きな課題である。しかし特効薬はない。私たちはあらゆる手段を講じる必要がある。また、自然由来の施策や、炭素吸収源やバイオ燃料を得るための植林などは、もちろん解決策の一部ではあるが、いかなる場合でも、世界が化石燃料を放棄する必要性がなくなるわけではないし、放棄するペースを落とす理由にもならない。

つまり、メッセージははっきりしている。気候災害を回避し、人類を養うために、地球の生態系能力を維持する可能性を高めるには、エネルギーについては「カーボンの法則」、自然については「ゼロの法則」に従う必要がある。

（1）マルチング、点滴灌漑、栄養管理などの技術によって、「水一滴あたりの収穫量」は増えている。
（2）最新の下水処理システムでは、一般的に窒素とリンを最大三〇％取り除くことができる。
（3）ハーバード大学の疫学・栄養学教授。EATランセット委員会の共同議長を務める。
（4）サバンナ地域は世界の地表の二〇％を占め、世界人口の大部分がここに暮らしている。
（5）赤身の肉を一皿、鶏肉と魚をそれぞれ二皿。
（6）毎年、生産された食品の約三〇％が廃棄されている。
（7）ブルキナファソの小規模な天水栽培のトウモロコシ農場であろうと、ロシアの大規模な機械化された農場であろうと、問題は同じである。

第12章　格差は地球を不安定にする

豊かさを共有しなければ、社会は成り立たない。
ジョセフ・E・スティグリッツ　ノーベル経済学賞受賞者　二〇〇一年

まずは、二〇一七年に惜しくもこの世を去った、スウェーデンのきわめて優秀な学者ハンス・ロスリングへのささやかな賛辞から始めよう。ロスリングは医師であり、研究者でもあった。しかしそれ以上に、彼には行動力があった。世界経済フォーラムや世界銀行やTEDの講演会で、健康、経済発展、貧困について講演し、事実にもとづく世界観を精力的に広めた。彼の講演はエネルギッシュで、聴衆自身の世界に対する認識について、意義深い真実を明らかにした。

ロスリングはよく講演の冒頭で、次のような鋭い質問を投げかけた。「過去二〇年間で、極度の貧困状態にある世界人口の割合はどう変化したか？」

A　ほぼ二倍になった
B　ほぼ変わらず
C　ほぼ半分になった

答えはCだが、世論調査によると、この目覚ましい成果を知っている人は一〇％にも満たないそうだ。

極度の貧困状態にある人の数は、指数関数的に減少している。これは、過去一〇〇年間で最大のサクセスストーリーだ。二〇二〇年には、極度の貧困状態にあるのは世界人口のわずか八％だった。過去二五年間で、一〇億人以上の人が極度の貧困から脱したことになる。(8) これはすばらしいことだが、極度の格差はまったく別の問題だ。

数年前、二匹のオマキザルを撮影したネット動画が話題になった。二匹は別々のケージに隣り合って入れられており、研究者に石を渡してご褒美をもらうというちょっとした作業をするよう訓練されている。最初、研究者は石と引き替えにキュウリのスライスを渡し、サルたちはご褒美に満足して作業をしている。次に、研究者が一匹に、キュウリの代わりにブドウを渡す。ブドウはサルにとって、キュウリよりはるかに上等なご褒美である。すると別のサルの反応が面白い。一匹目のサルの様子を不審そうに見守り、自分の石に何か不備があるのかと確認する。そしていきなり興奮し、キュウリのスライスをつかんで研究者に投げつける。その後は、納得のいかない報酬で同じ作業をすることを拒否するのだ。

ブドウをドルに置き換えると、最低賃金で働くアマゾンの社員は一時間に一五粒、創業者のジェフ・ベゾスは四五〇〇万粒のブドウを手にすることになる。デジタルの世界では、ソーシャルメディアの投稿が、他人のブドウの山の大きさを毎日のように思い知らせてくれる。このような格差や不公平感は、政治的な不安定につながる。

本章では、三番目のシステム変革である格差について、三つの見方を紹介したい。

第一の見方は、格差を是正することが、プラネタリー・スチュワードシップのための経済的・政治的解決策として、唯一もっとも重要な方法かもしれないということである。だが格差の是正とは、貧困の撲滅や、「途上国経済」がいわゆる「先進国経済」に追いつくことだけではない。それはまた、家庭レベルで世界の富をより公平に分配することでもある。平等であればあるほど連帯感が生まれ、共通の目標に向かって社会がまとまりやすくなる。アースショット構想は、究極の共通目標である。

二つ目の見方は、今後一〇年間で、格差を是正していくのはなかなか困難だろうということである。これは多くの国で、すさまじい格差から政治が右傾化しているせいである。扇動政治家、あるいは権威主義的なリーダーが、どこからともなく現れて権力を握っている。私たちは、「大衆主義政治家（ポピュリスト）」よりも「扇動政治家」という言葉を使いたいと思う。なぜなら、本来ポピュリストのリーダーは、理論上、エリートよりも労働者の利益を守ることを目指しているからだ。しかし、現在のポピュリストと呼ばれる著名なリーダーたちには、そのような姿勢は見られない。彼らは、問題を解決して普通の人々にもっと権力を与えたいと主張しているが、その政策は建前とはまったく異なるもので、格差を増大させる可能性がある。

三つ目の見方は、メディアがあまりにも長いあいだ、経済的格差と環境を別個の問題として扱ってきたことである。[9] だがこれは間違った分断だ。劣化した環境は格差を助長する。経済的格差を是正する解決策は、プラネタリー・スチュワードシップを高めることにもつながる。このような行動は、人々の協力関係を強化し、信頼を築き、消費をほどほどにし、集団的な意思決定を助け、変革を促進する。そして何よりもすばらしいのは、回復力のある安定した地球では、社会の最下層の人々が成功して繁栄するのがより容易になることだ。

衝撃的な格差

急速な経済発展と中産階級の世界的な増加のせいで、人類が社会的にも環境的にも高い代償を払うことになったのは、いまや明らかである。私たちは典型的な八方塞がりの状態にいる。世界的に見れば、経済成長は人々を貧困から救い出した。だがその結果、社会に深刻な格差が生まれ、環境破壊が進んでいる。後者に対する解決策は緊縮政策だが、それは社会の貧困層をより貧しくするリスクがある。二〇一七年、フランスのエマニュエル・マクロン大統領は、温室効果ガス排出量を抑制する必要があると考え、燃料に税金をかけた。ディーゼル燃料価格は一年で二三％も上昇し、貧困層を直撃した。人々は燃料不足に追い込まれ、怒りと不信感、不満が噴出した。二〇一八年一〇月には、「ジレ・ジョーヌ（黄色いベスト）」を着た人々が、パリをはじめとするフランスの各都市で抗議の街頭デモを行った。長引く大規模デモは数百万人の人々の心をつかんだ。結局、マクロン大統領は降参し、決定を覆した。

排出量削減のための政策に不具合があると、逆に格差が拡大し、支配者層であるエリートに対する深い恨みを招くことになる。しかし実は、低所得者層に打撃を与えない経済政策はわかっている。マクロン大統領が燃料への炭素税を導入する前に、スウェーデンのステファン・ロベーン首相に電話をかけていたら、おそらく今回のような事態は起こらなかっただろう。ロベーン首相は、スウェーデンでは一九九〇年に強硬な炭素税が導入された際、所得税の減税という形ですぐに補償も行われたため、誰も抗議する人はいなかったことを説明しただろう。環境課税の仕組みをこのように変えていく方法は、いまや標準になっており、低所得者層への社会的な配当を増やすことで、より充実させることができる。

前述のフランスや、そのほか世界各地で沸き起こる怒りの理由は複雑だが、その根底には大きな格差がある。毎年一月、スイスのダボスで開催される世界経済フォーラム年次総会の前夜に、慈善団体オックスファムは、格差に関する年次報告書の衝撃的な見出しを発表する。二〇一七年、オックスファムは、世界でもっとも裕福な八人の大金持ちの資産が、世界人口の半数を占める最下層の貧しい人々全体の持つ資産と同じだったと発表した。そのちょうど一年前け、同じ資産を持つのはもっとも裕福な六二人の大金持ちだった。

注目すべきは、衝撃的な貧富の差だけではない。世界でもっとも豊かな経済を誇るアメリカでは、社会の上位一%が中産階級全体の持つ資産と同等の資産を持っており、その額は約三五兆ドルである。

なぜここまで社会に格差が広がったのか

世界の富は増大しているが、それが平等に分配されているわけではない。一部の人たちの手に握られている。上位一〇%の富裕層が世界の富の八二%を所有し[10]、上位一%の富裕層が世界の富の四五%を所有している。

政府が大規模な緊縮政策を実施しても、なぜか富裕層は影響を受けない。フランスの経済学者トマ・ピケティは、この現象を「r＞g」、つまり資本収益率(r)は経済成長率(g)を上まわるというシンプルな不等式で説明している。たとえば、完全に工業化した先進国の典型的な経済成長率である、毎年二%の経済成長が続いているとする。次に、不動産や株式への投資が年四％で成長しているとする。この二つ、資本収益と経済成長は、異なる指数関数のグラフを描いている。最初は両者に大した差はないように見えるかもしれないが、すぐに資本収益が経済成長を引き離していく。

多くの先進国では、所得格差が一九三〇年代と同じレベルになっている。もしくはそのレベルに達しようとしている。世界大恐慌では、生産量が四分の一に減少したため、深刻な失業率の上昇と耐えがたい社会不安が生じた。アメリカでは、国民所得の五〇％が社会の上位一〇％の富裕層に吸い取られていた。世界を経済崩壊の危機から救うためには、労働者と資本家のあいだに新しい社会契約や合意が必要だった。

アメリカでは、フランクリン・D・ルーズベルトがニューディール政策を推進した。一九三三年の就任演説で、ルーズベルトは国民に向けて、「私は、この危機に対処するための唯一の手段を議会に求める。この緊急事態と闘うためには、実際に国外の敵に侵略されたときに大統領に与えられるのと同等の、広範な行政権が必要だ」と国民に語った。ルーズベルト政権下で、超高所得者の限界所得税率が八〇％以上まで上げられた。しかしニューディール政策では、アメリカが切望していた経済の早期回復は叶わず、アメリカと世界がようやく大恐慌から脱することができたのは、第二次世界大戦という危機を経たあとだった。

大恐慌後の六〇年間、裕福な国々は高額所得者への課税を財源として、社会制度への支出を増やした。政府の収入が大幅に増加したことで、教育、健康、科学、インフラなどにかつてない規模の資金が投入された。これらの社会制度、とくに教育は、人々が熟練を必要とする高賃金の中流階級の仕事に就くことにつながり、効果的に富を再分配した。電気、電球、自動車、ラジオ、テレビ、飛行機など、基礎的かつ革新的な技術がこの成長を支えた。ロスリングは、母親が洗濯機を購入したことで、生活が大きく変わったことを懐かしく思い出している。洗濯機のおかげで家事の時間が短縮され、母は息子を図書館に連れていって本を読ませることができた。そうした幼少期の経験の結果、彼は大学に進学することができたのだ。

一九七〇年代までは、最下層の人々の所得の増加が最上層の人々のそれを上まわるペースだったため、格差は改善されていた。しかし一九七三年の石油の禁輸措置により、原油価格が四〇〇％上昇し、世界経済に衝撃を与えたことで、貧困層を無視した経済思想が定着し、格差の是正は遅々として進まなくなった。その後、アメリカではロナルド・レーガンが、イギリスではマーガレット・サッチャーが政権をとり、市場への政府の介入を否定する新自由主義的な考え方が広まっていった。これ以降、下層・中層の人々の賃金は停滞または低下し、上層の人々の収入は飛躍的に増加した。現代人の多くは、健康や寿命の点では祖父母世代よりも恵まれているが、所得格差の大きさと露骨さが、今日、世界中で見られる怒りと政治的不安定の原因となっている。ソーシャルメディアには、気ままで贅沢な暮らしを送る金持ちの画像が氾濫している。毎週末、バリ島やニューヨークに飛んでいなければ負け組なのだ。

人新世における格差

人新世における格差の拡大により、多くの人々の生活はより困難になるだろう。すでに脆弱な貧しい国々は、社会的不安定や気候危機がもたらす破壊的な災害によって、ますます深刻な打撃を受けるだろう。食料不足は、格差を助長する重要な要因である。二〇一九年と二〇二〇年にアフリカ南部と東部で起きた干ばつと洪水は、深刻な食料不足の原因となり、四五〇〇万人に影響を与えた。

格差は目立たない形でも、貧困層の生活に影響を与える。海が温暖化すると、魚の群れはより涼しい海を求めて熱帯地域から移動する。多くの貧しい人々は、生計や食料を魚に頼っている。世界の貧困層の多くは熱帯地域に住んでいるため、これらの地域の魚の数が減ると、とりわけ大きな打撃を受けることになる。同じように、極北の国々では冬の厳しさが緩和されるため、作物の収穫量が増える可能性があるが、熱帯地方は気温の上昇にともない、農業が困難になる。西アフリカの放牧地は最大で四六％減少し、一億八〇〇〇万人の農民が影響を受けると予測されている。しかし、じつは事態はもっと深刻だ。二〇二〇年の評価では、地球温暖化が一℃進むごとに、新たに一〇億の人々が、人間の居住に適さない、耐えられない暑さの場所で生活することになる。このペースのままでいくと、わずか八〇年後には、三〇億人が一年の少なくともある期間を、極端に劣悪な環境で過ごすようになる。これによっていちばん苦しめられるのは、おもに乾燥・半乾燥の高温熱帯地域、つまり世界でもっとも貧しい社会を抱える地域なのだ。

気候変動のせいで、貧しい国々が先進国に経済的に追いつくことは、すでに難しくなってきている。経済学者たちは、数年前にこのことを予想していた。最近の注目すべき分析は、これが現実のものとなったことを示している。スタンフォード大学の二人の研究者、ノア・ディフェンボーとマーシャル・バークは、過去五〇年間の気候変動により、貧しい国が豊かな国に経済的に追いつくことが、ひどく困難になっていることを示した。バークとその同僚たちの以前の分析では、経済的生産性は平均気温が一三℃のときにピークに達するとされていた。富裕国の年平均気温は一三℃以下なので、多少の温暖化であればむしろ恩恵を受けるが、貧しい国はすでに一三℃以上の気温になっていることが多いので、生産性の低下が予想される。この先の展開が見えてきただろうか？ そう、赤の女王の経済学だ。[11] 貧しい国は、富裕国と同じレベルの経済的生産性を達成するために、いまでさえもっと多くの努力をしなければならないというのに、今後はその状況がさらに悪化していくのだ。

もちろん、裕福な国も異常気象と無縁なわけではない。災害に見舞われたとき、もっとも被害を受けるのは低所得者層である。アメリカでは、約五〇万戸の政府補助金付き住宅が氾濫原に建てられている。また、問題は気候だけではない。ヨーロッパでは、貧しい地域は豊かな地域よりも大気汚染がひどいと言われている。アメリカでも、貧困層やマイノリティーのコミュニティーでは、住民はより有害な空気を吸っている恐れがある。アフリカ系アメリカ人、ラテン系アメリカ人、アジア系アメリカ人は、白人に比べて自動車による大気汚染に六六％も多くさらされており、環境面での格差と人種差別が顕著に表れている。

格差と気候に関する研究の多くは、貧しい人々に焦点を当てている。富裕層とその行動にはあまり注意が払われていない。裕福になればなるほど、エコロジカル・フットプリント（環境への足跡）〔人の活動が自然環境にかける負荷〕は拡大する。イローナ・オットー率いるポツダム気候影響研究所のチームは、超富裕層の年間フットプリントは、一人当たり約六五トンの二酸化炭素に相当すると推定している。これは世界の平均の一〇倍以上にあたる。オットーは　世界人口の〇・五％を占める富裕層の、日々の暮

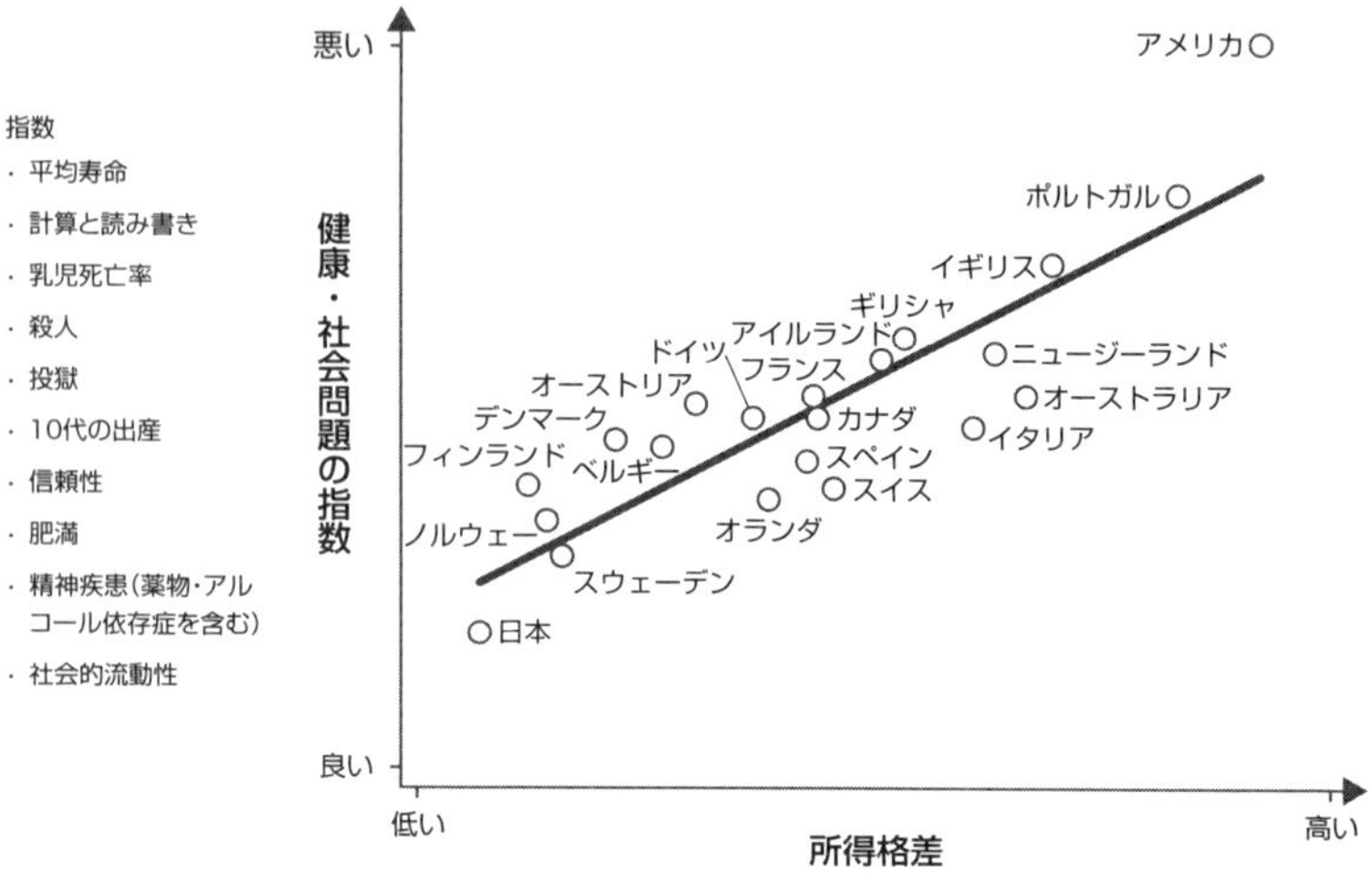

格差の大きい裕福な国に住む人々は、格差の少ない裕福な国に住む人々に比べて、より多くの健康問題や社会問題に悩まされている。

健康と社会問題

らしでの二酸化炭素排出量は、世界人口の五〇%を占める貧困層全体の排出量よりも多いと計算している。オットーが、自分のカーボン・フットプリント（炭素の足跡）〔ライフサイクル全体を通じての温室効果ガス排出量〕について話してくれる超富裕層を探すのに苦労したことを考えれば、実際はこの数字よりもずっと多いとしても不思議ではない[12]。皮肉なことに、超富裕層は自分たちのフットプリントを減らすために、ソーラーパネルやエネルギー効率の高い機器などを簡単に購入することができる（ただし、飛行機利用が二酸化炭素排出量の半分以上を占めている）。

平等とプラネタリー・スチュワードシップ

所得の均等を推し進めることで、プラネタリー・スチュワードシップを軌道に乗せることができるだろうか？　答えはイエスだ。私たちは、これが人新世でまだ語られていないもっとも重要な物語の一つだと信じている。二〇〇九年、イングランド北部の疫学者であるケイト・ピケットとリチャード・ウィルキンソンの二人は、豊かな社会での格差に関するデータをまとめ、『平等社会――経済成長に代わる、次の目標』〔東洋経済新報社〕というすばらしい本を出版した。[13] 彼らの発見は驚くべきものだった。スウェーデンやデンマークのような、より平等な社会に住む人々は、健康状態がよく、社会的結束力が強く、お互いを信頼し合い、犯罪も少ないのだ。また、ノルウェー、フィンランド、日本などの国では、アメリカ、イギリス、シンガポールなどの社会的格差が大きい国よりも平均寿命が長い傾向にある。

格差の少ない社会では、計算や読み書きその他の教育成果が向上する傾向がある。肥満率も低い。一〇代での出産も少なく、薬物やアルコールなどの依存症もさほど多くない。殺人事件の発生率も低く、刑務所に入る人も少ない。社会的流動性も高く、スウェーデンでは、低所得の家庭に生まれても、教育や訓練を受けて高所得者層に上がれるチャンスが、ブラジルやアメリカなどよりも多くある。ストックホルムやコペンハーゲンのほうが、ロサンゼルスやニューヨークよりもアメリカンドリームを実現できる可能性が高いのだ。ピケットとウィルキンソンは、アメリカ国内での格差についても調べた。その結果、同じパターンが見受けられた。所得格差が大きい州は、オピオイド〔強力な鎮痛剤。常習性を生み、過剰摂取により死亡する恐れがある〕の使用から肥満まで、あらゆる面で悪い結果となった。

しかしもっとも注目すべき結論は、格差社会の富裕層よりも、格差の少ない社会の富裕層のほうが、生き生きと活動し、より幸せで充実した生活を送っているということだ。ちょっと考えてみてほしい。もしウォーレン・バフェットやマイケル・ブルームバーグがスウェーデンに住んでいたら、アメリカに住んでいるよりももっと幸せで健康的な生活を送っているかもしれないのだ。

つまりどういうことなのか？　すべてはステータスに関係している。服装や映画や食べ物の選択、休日にどこに行くか、どんなふうに旅行するか、どこに住むかなど、私たちが消費するすべてのものが、私たちのステータスと自尊心を表している。私たちは地位に非常に敏感である。社会的地位の低さは、健康状態の悪さ、薬物使用、うつ病、寿命の短さなどと関連している。ピケットとウィルキンソンが指摘するように、格差の拡大は、社会的地位の重要性をよけいに際立たせ、社会不安を増大させる。マーケティングやブランディングや広告産業は、私たちの不安や心配を利用して必要のないものを買わせ、どうでもいい人にまで好印象を与えさせようとする。こうしたシステムのなかにいたら、金持ちであろうと貧乏であろうと関係ない。つねに不安や不満を感じながら生きることになる。

では、このことはプラネタリー・スチュワードシップや、人類にとって安全な機能空間を確保することとどのように関連するのだろうか。

格差は物質主義の大きな要因となる。私たちは、消費習慣で社会的地位を示す。格差の少ない社会では、消費は地位とあまり関係がなくなる。また、人と人との信頼感が高まる。サウジアラビアよりもスウェーデンのほうが、隣人や同僚、雇用者、政府を信頼する可能性が高いのだ。そして全体的に、社会的な結束力が強い。自分の社会が腐敗しているとか、みんな自分のことしか考えていない、などと考える可能性が低くなる。連帯責任に対する認識が高まり、より効率的な集団意思決定システムが構築されていく。最終的に、格差の少ない社会では、政府に対する信頼が高まる。この政府は、長期的な意思決定を支えるためにみんなでつくり上げ、改良してきた機関だからだ。高いレベルの社会的結束力と政治リーダーへの信頼は、プラネタリー・スチュワードシップの基盤となる。分断され、信頼されていない政治システムでは、地球を安定させることはできないだろう。

北欧諸国ではリサイクルが盛んで、肉はあまり食べず、ゴミの量も少ない。パンデミックが起こる以前から、飛行機の利用者数も減少しはじめていた。また、格差の少ない国では、経営者の行動も異なる。ピケットとウィルキンソンによると、格差の少ない国の企業は、国際的な環境協定に積極的に取り組む傾向があるとのことだ。私たちは、スウェーデンのエリクソン〔通信機器メーカー〕やスカニア〔大型車の製造メーカー〕、スポティファイ、イケアといった企業のCEOに、かなりの時間をかけて話を聞いた。その結果、こうした企業のCEOたちが、環境問題に強い関心を持っていることが裏づけられた。これらのビジネスリーダーたちは、自社の持続可能性への取り組みに、個人的にも深い関心を持っている。彼らは、若い才能を新しい仕事に呼び込みたいときには、その仕事をすることで生活の質がよくなる可能性をアピールすることが大事だと強調している。

平等な社会が実現できれば、プラネタリー・スチュワードシップも実現できる。ところが格差は蔓延し、状況はさらに悪化している。グローバル化は、底辺での競争を生み出している。企業は税金を逃れるために、現金を海外の租税回避地に隠しているし、各国は必死になって裕福な企業を誘致しようと、租税回避には見て見ぬふりをしている。世界中で政治的な混乱が起きている。このような混沌とした状況のなかで、どうしたら平等な社会を実現することができるだろうか。

「絶好の危機を無駄にするな」とは、ウィンストン・チャーチルの言葉だと言われている。ルーズベルトのニューディール政策は、危機的状況のなかで生まれた。国際政治が全面的に見直されたのは、第二次世界大戦がきっかけだ。チャーチルらはわずか数年のあいだに、国際通貨基金（ＩＭＦ）、世界銀行、国連の前身、世界貿易機関などを創設した。このような機関のおかげで、地球上では七五年間にわたって比較的平和で安定した状態が続き、その結果、経済も発展した。二〇二〇年のＣＯＶＩＤ－19の世界的な大流行は、第二次世界大戦以来、地球を襲った最大の衝撃だった。経済が急激に悪化し、企業への一兆ドル規模の救済措置や、全米の家庭に何百万枚もの小切手が配布されるなど、政治的に不可能と思われていたことが突然可能になった。

重要なのは、格差と持続可能性の問題に取り組むためのアイデアが、いくつか同時に生まれていることだ。その一つ、グリーンディールはいま話題だ。欧州連合（ＥＵ）は二〇五〇年までにネットゼロ・エミッションを達成する計画を打ち出している。七五〇〇億ユーロ規模の欧州コロナ復興基金は、経済復興とグリーン・ジョブ〔地球環境保全に役立つ仕事と雇用〕を明確に関連づけている。アメリカでは、ジョー・バイデン新政権が、二〇五〇年までにネットゼロ・エミッションを達成し、二〇三五年までに再生可能エネルギー電力を一〇〇％にするという独自のグリーンディールを発表した。グリーンディールにはさまざまなバリエーションがあるが、一般的には格差の是正とプラネタリー・スチュワードシップを両立させるための方策である。安全で環境に配慮した鉄道や都市の大量輸送システム、再生可能エネルギーを供給する電力網、エネルギー効率の高いシステムなど、大規模なインフラ投資を通じて、高い目標が掲げられる。それに加えて、健康、教育、科学への投資も行われる。また、閉鎖せざるをえない石炭産業に携わる労働者の支援なども計画される。

このようなことは実現可能だろうか？　もちろん可能だ。世界がＣＯＶＩＤ－19からふらつきながらも立ち直り、経済を立て直す方法を模索しているいま、グリーンディールを実施するのにこれほど適した時期はない。格差がもたらす破壊的な影響は明らかである。世界経済フォーラム、「フィナンシャル・タイムズ」『エコノミスト』など、自由な市場や情け容赦ない資本主義と結びついた多くの主要機関やメディアが、システムの抜本的な見直しを支持している。これは、環境保護や社会正義の活動家が驚く事態かもしれない。これらの機関は、より公平な富の分配、社会との新たな契約、そしてプラネタリー・バウンダリーの範囲内での未来を望んでいる。ＩＭＦや欧州中央銀行の新しいリーダーたちも同様の考えだ。彼らは未来を憂い、何が危機に瀕しているのかを十分に理解している。資本主義の指導者たちが、その抜本的な見直しを求めているのだ。今後一〇年のあいだで、大きな変革が起きる可能性は大いにある。

格差の是正

格差を是正するには三つの方法がある。まず、税金や給付金を使って、金持ちから貧乏人にお金をまわすことだ。次に、ＣＥＯの給与額に上限を設け、社内平均より高くするのは一定の割合だけにとどめるなどして、富裕層と貧困層の税引前所得の差を小さくすることがある。最後に、富が経済成長よりも早く蓄積されないようにすること。第二次世界大戦後、北欧諸国、フランス、ドイツは第一の方法を採ってきた。一方、日本は第二の方法を採った。第三の方法の問題点は、富が国際的に移動し、多くの場合、低税率制度の国に蓄積されてしまうことである。この問題を解決するために、ピケティは資本に対する世界的な累進課税、つまり富裕税を提案している。富裕税は本質的な改革を遅らせるという意見がある。だがこれは事実に反している。あらゆる調査から、高額所得者に対する富裕税は、改革や収益性にまったく影響を与えないことがわかっている。

じつは、もっと注目すべき二つの過激なアイデアがある。一つ目は、税金に対するこれまでの考え方を捨て去ることだ。地球の緊急事態と深刻な格差を考えると、アプローチを根本的に変える必要がある。勤勉さのようなよいものに課税するのではなく、二酸化炭素の排出や自然破壊のような悪いものに課税すべきという考え方である。少なくとも、汚染度の高い活動には課税し、低所得者には課税しないようにしなければならない。そのような世界では、低所得者は税金を払わず、飛行機は非常に高価になる。だがこうした変革は慎重に行わなければならない。というのも、人は損失を嫌う傾向があり、失う苦痛は得る喜びよりも大きいからだ。フランスの大統領は、ディーゼル燃料の価格を引き上げたときに、このことを思い知った。

二つ目のアプローチは、二〇二〇年にCOVID-19による経済破綻を防ぐために突如として行われた財政支出の乱発を考えると、おそらくそれほど過激には見えないだろう。政府は、ついでに言えば民間企業も、より多くの資金を借り入れ、教育、健康、科学、道路の電化、蓄電池、水素経済などの、人類の未来に利益のある社会的・物理的な投資を行うべき、というものだ。その一つの方法として、大規模なインフラ計画に資金を提供し、グリーンディールを支援することがある。

グリーンな事業に投資するための借り入れは、なぜいいのだろうか？

理由はおもに二つある。一つ目は、金利がここ一〇年ほど底をついていること。金を借りるのにこれほど最適な時期はない。二つ目は、世の中に金が豊富に出まわっていることである。アメリカの企業（アップル、アルファベット〔グーグルの親会社〕、フェイスブック〔現メタ〕など）は、四兆ドルの現金を温存している。大手投資会社バークシャー・ハサウェイの会長ウォーレン・バフェットは、自分はつねに一三〇〇億ドルの現金をポケットに入れていると、誰彼かまわず吹聴している。人類にとって安全な機能空間への道筋をつくるには、莫大な資金が必要だが このような大変革のビジョンは何だろうか。高速鉄道、橋梁、洋上風力発電所、エネルギー貯蔵システムなどは、五〇年後、七五年後、一〇〇年後の年金基金に大きな見返りをもたらす投資である。

もちろん、ピケティが指摘するように、富裕層からの借り入れよりももっといい方法は、富裕層に課税することだ。もしかしたら、同時に二つの方法を試せるかもしれない。まさにウィンウィンである。

おさらいしよう。私たちは史上まれに見る時代に生きている。「データで見る私たちの世界」〔オックスフォード大が運営する統計サイト〕の創設者マックス・ローザーが指摘するように、もしも新聞が五〇年に一度発行されるとしたら、今日の新聞の見出しは「世界人口の九〇％が極貧状態から脱出」になるだろう。だが貧困の撲滅だけが格差の是正ではない。目指すべきは、世界の富をより公平に分配することだ。そうすれば信頼が生まれ、消費がほどほどに抑えられ、集団の意思決定が容易になる。

富裕層への課税、グローバルな視点からの課税、考え抜かれた炭素税など、大局的に考えられた解決策のいくつかは、うまく運用されれば有権者に広く受け入れられ、地球の安定化につながるだろう。グリーンディールの動きは世界各地で生まれている。私たちは、こうした動きを賞賛し、奨励する必要がある。そして、グリーンディールを伝播させる必要がある。そうすれば、より平等で公正な世界のために、長期的に投資することが可能になる。とはいえ、所得格差は一〇年で解決できるものではない。また、そのほかの社会的不平等、とりわけジェンダーや人種問題などにも対処しなくてはならない。

これらはすべて、世代を超えた課題なのである。

(8) だが信じられないことに、世界でもっとも経済的に豊かなアメリカでは、極度の貧困が増加している。二〇一〇年から二〇一六年のあいだに、約一〇〇万人が極度の貧困状態に陥ったと推定されている。

(9) 環境に目を向けている経済学者は、この二つの問題を結びつけているが、彼らは環境の悪化を経済発展の裏返しと捉えていることが多い。

(10) 上位一〇%に入るには、年収九万~九万五〇〇〇ドルが必要になる。

(11) ルイス・キャロルの『鏡の国のアリス』では、赤の女王がアリスに「同じ場所に留まるためには、必死に走らなくちゃいけないんだよ」と言っている。

(12) あるインタビューでは、超富裕層自身ではなく、超富裕層専属のプライベートジェットのパイロットにしか話を聞けなかった。

(13) アメリカではこの本のサブタイトルが、「なぜ平等が社会を強くするのか」に変わっていた。

第13章　明日の都市をつくる

アメリカ人とその他の外国人のための覚え書き。ミルトン・ケインズは、ロンドンとバーミンガムのほぼ中間に位置する新しい都市である。近代的で効率的で健康的な、すべてにおいて住みやすい街を目指して造られた。多くのイギリス人はこれをおもしろい試みと思っている。

テリー・プラチェット／ニール・ゲイマン『グッド・オーメンズ』（一九九〇年）

友人のウィル・シュテッフェンが、彼の故郷キャンベラについてすばらしい話をしてくれた。二〇一一年、緑の党は「一〇年間で二酸化炭素の排出量を半分にする」という公約を掲げて地方選挙に勝利した。彼らは正当に選ばれたのだが、その後、公約実現のためにどうすればいいのかまったくわからないと認めた（いかにも緑の党らしい）。

それでも、どうにかして公約を実現した。排出量は半分以下になった。二〇二〇年一月一日以降、キャンベラは一〇〇％クリーンな電力で運営されており、これは世界で八番目、ヨーロッパ以外では初めての都市である。

この成功を励みに、連邦政府の激しい反対を押し切って、地元政治家たちは二〇四五年までにキャンベラを一〇〇%カーボン・ニュートラルにする計画を立てている。緑の党は、市内のバスを電化し、電気自動車の購入を奨励することを計画している。また、徒歩、自転車、スクーターなどのマイクロモビリティーを、もっとも簡単で安価、かつ健康的な移動手段として推奨し、交通の「コペンハーゲン化」を目指している。

では、キャンベラはどうやってこのような錬金術を可能にしたのだろうか？　考えるまでもないことだ。キャンベラは太陽光に恵まれている。再生可能エネルギーは安価で効率的である。再生可能エネルギーに移行することで、地域に雇用がもたらされた。農家は経済的により安定した。長期間の干ばつに悩まされていた農家が、自分の土地に風車や太陽電池を設置できるようになったからだ。シュテッフェンはこう言っている。「最大のメリットは、二〇四五年に自分の子どもや孫の目を見て、『おまえたちのために正しいことをしたんだよ』と言えるようになることなんだ」

都市に乾杯！　人生のすべての問題の原因であり、解決策でもある。(14)

アースショット構想の四番目のシステム変革は、都市である。都市は文明を自在に操る。何かを早く成し遂げたいのであれば、都市に注目することだ。都市は、革新と創造とアイデアの力強い原動力である。都市は莫大な富を生み出し、才能ある人々を引き寄せる。都市は権力の中枢であり、住民はその権力を肌で感じる。実際、市長のオフィスや町の議会に、少し歩くだけで、あるいはちょっとバスに乗るだけで行けることが多い。この近さが、都市に大きな力を与えている一因である。

都市は、犯罪や汚染、貧困や病気の温床である。巨大な欲望が渦巻く場所でもある。都市は世界の二酸化炭素排出量の七〇％を占めている。だが、すべての都市が同じように排出しているわけではない。世界には何千もの都市があるが、そのうちのたった一〇〇の都市から世界の二酸化炭素の一八％が排出されている。

都市化と工業化は、近代化ときわめて重要な成長を生み出す錬金術だと考えられている。これは簡単な統計で証明されている。都市の規模が二倍になれば、GDPも二倍になると思うかもしれないが、そうではない。ほとんどの都市で、経済成長は二倍をはるかに超える。社会的なつながりが増え、ネットワークが複雑になると、経済活動や創造性、革新性が指数関数的に増加するのだ[15]。都市は、社会的要因（人）、生物学的要因（生き物）、物理的要因（工場やサイクリングロード）などの混沌と秩序が組み合わさった複雑な機械であり、フィードバックのループを増幅する。こうしたフィードバック・ループのなかには、創造性や知識生産のように、奨励されるべきよいものもあるが、犯罪や病気のように悪いものもある。

ここでは、都市とその変革の必要性について、三つの重要な見方を紹介する。まず第一に、都市は人新世の最前線にある。これからの一〇年は、都市にとって最大の試練となるだろう。適応して進化しなければ、都市は萎縮して死んでしまう。それくらい単純な話なのだ。

第二に、都市は新しい情報に対応する超生命体である。柔軟性があり、つねに若返り、再生する。古いものを捨て、新しいものを採り入れる。来たるべき熱波や洪水の猛威は、都市が早急に変革するためのさらなる動機となる。都市が繁栄するためには、もっとも優秀で創造的な人々を引きつける必要がある。その競争は熾烈なものになるだろう。プラネタリー・バウンダリーの範囲内での生活を目指す都市

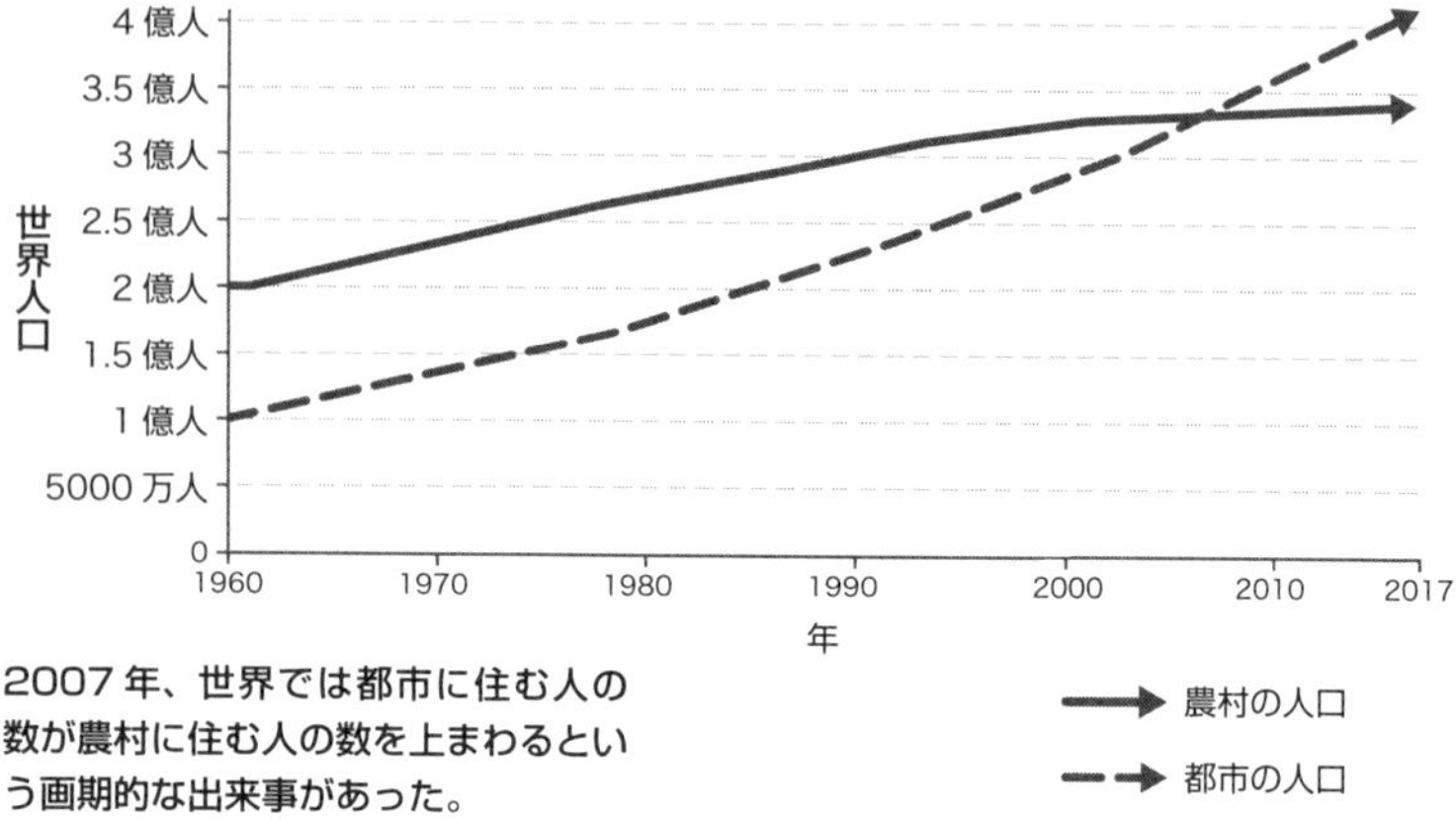

2007 年、世界では都市に住む人の数が農村に住む人の数を上まわるという画期的な出来事があった。

都市化する地球

は、住みやすい場所でもあることがわかっている。汚染のないクリーンな都市である。恐ろしいほどの過密さもなく、人口は健全な数に保たれる。

　三つ目の見方は、都市はあっと驚くような方法で、自らを変革できるということだ。プレッシャーにさらされている都市を過小評価してはいけない。いま、気候変動やその他の地球規模の脅威に直面して、都市は自ら組織化している。国際的ネットワークである世界首長誓約やC40（世界大都市気候先導グループ）のような取り組みが、何千もの都市や地方自治体を結びつけている。

都市を殺せるか？

　都市には回復力がある。エルサレムやローマ、アテネ、イスタンブールなどを訪れた幸運な旅人は、何千年もの時間が織りなす豊かな歴史のなかに迷い込むことだろう。繰り返し災厄に見舞われても、都市は立ち直って以前よりも強くなることができる。

都市を消滅させるのは意外と難しい[16]。とことんまでやらないと消滅しない。第二次世界大戦の爆撃では、ドレスデンやコベントリーなどの都市が瓦礫と化した。日米の航空機は、フィリピンのマニラに爆弾を投下し、都市を粉砕した。なかでも有名なのは、アメリカが広島と長崎に核爆弾を投下したことだ。これらの都市が生き延びるとは、誰が予想できただろう。だが、これらの都市は生き延び、繁栄し、成長した。都市は永遠に生きつづけることができる超生命体なのだ。

現在、世界人口の半数以上[17]が都市部に住んでいる。二〇五〇年までに、都市に住む人の数はさらに二〇億人増加し、都市人口は七〇%になると予想されている。中国は人類史上最大規模の移住計画を推進しており、今後二〇年のうちに都市人口が一〇億人に達する可能性がある。中国、インド、アフリカの各地で、この人口流入に対応するために新しい都市が建設されている。この都市化のスピードは、まさに驚異的である。毎週一五〇万人規模の都市が、世界で新たに生まれていることになる。現在、人口が一〇〇〇万人を超えるメガシティは三三ある。一九七〇年には、東京とニューヨークの二都市だけだった。二〇三〇年には、さらに一〇都市がメガシティに仲間入りするだろう。そして、二〇三〇年までに都市化が予定されている土地の六〇%以上が、まだ建設前だ。まさに真っ白なキャンバスであり、都市計画に変革をもたらす絶好のチャンスである。

しかし、人新世に突入したいま、都市の成長と、混沌を抱えた都市計画には、一抹の不安を抱かざるをえない。一九六〇年、ナイジェリアのラゴスは、海岸沿いの小さな町だったが、いまでは二〇〇〇万人近くの人が暮らし、アフリカでもっとも人口の多い国のにぎやかな中心地となっている。二一〇〇年には、人口が一億人に達するという予測もある。人口が増加するにつれ、アジアとアフリカは北米の都市のスプロール現象〔都市の膨張とともに住宅が郊外へと無秩序に広がること〕を踏襲している。これは考えうるかぎりもっとも持続可能性の低い都市化モデルであり、そこでは車が王様で、人は一日の大半を交通渋滞に巻き込まれ、ディーゼル車の排ガスに喘いで過ごす。

沈みゆく都市

いくつかの都市が消滅の危機に瀕していることは間違いない。たとえば、ニューオーリンズは沈んでいる。ニューオーリンズの面積の半分は海面下にあり、海は周辺の湿地帯を浸食している。堤防や最新式の防潮堤が街を取り囲み、潮の流れに対する現代の要塞となっている。アメリカ陸軍工兵隊は、一〇〇年に一度の大災害からの保護を目的として、一四〇億ドルのプロジェクトを二〇一八年に打ち立てた。しかしそれから一年も経たないうちに、この計画では二〇二三年には必要なレベルのリスク対策ができなくなると発表した。

この地域の高潮の専門家リック・ルエティッチは「ニューヨーク・タイムズ」紙で、「気候変動は一〇〇年に一度の洪水を、一〇〇年に五度、つまり二〇年に一度の洪水に変えてしまう」と述べている。

二〇一九年に発表された「気候変動に関する政府間パネル（ＩＰＣＣ）」の特別報告書によると、今世紀中の地球温暖化の進み具合によっては、二一〇〇年までに海面が〇・三九メートルから一・一メートル上昇する可能性が高いという。しかし都市計画担当者やエンジニアなどリスク許容度の低い人々に対しては、南極大陸とグリーンランドがコンピューターモデルの予測よりも早く崩壊した場合、二一〇〇年頃までに海面が二メートル上昇することもありうると警告している。南極やグリーンランドは、すでに最悪のシナリオに沿って崩壊している。しかし、これだけでは問題の大きさを把握することはできない。世紀末まであと八〇年しかなく、二一〇一年になっても海面上昇は止まらないと言われている。沿岸部の都市は、数百年あるいは千年ごとの管理計画に縛られている。先に述べたように、前回、気温が今日のレベルまで上昇し、それが長期にわたって持続したとき、海面は約六～九メートル上昇した。たとえ気温上昇を二℃以下に抑えることができたとしても、私たちはこのシナリオに備えて計画を立てる必要がある。多くのことが危機に瀕している。現在、一〇億の人々が、海抜一〇メートル以下の土地に住んでいる。だからこそ、これからの一〇年が非常に重要なのだ。私たちはすでに多くの時間を無駄にしている。だがいますぐに行動を起こせば、海面上昇のスピードを緩めることができ、適応するための余裕が都市に与えられる。

ニューオーリンズは小さな都市である。だがバンコク、コルカタ〔旧カルカッタ〕、マニラ、ニューヨーク、上海のような巨大都市にも同じ運命が待っている。「喜びの都市」として知られるコルカタは、インドの文化の中心地だ。人口一四〇〇万人のこの都市は、ベンガル湾の北岸に位置している。早ければ二〇五〇年には、毎年洪水に見舞われるようになる危険にさらされている。インドネシアのジャカルタは、さらに大きな脅威に直面している。世界のどの都市よりも早く沈んでいるのだ。一三の川とつながる沼地に建設されたこの都市の一部は、一〇年間で二・五メートルも沈んだ。信じられないことに、それでも不動産開発業者は、海岸沿いに高級マンションを建設しつづけている。ジャカルタの問題は複雑だ。海面上昇と資源採掘の両方が関係している。飲料水として市街地の地下水を汲み上げているのだ。

これが現在のところ、地盤沈下の大きな要因となっている。

歴史的な水没が進行中のベネツィアは、まもなく巨大な防潮堤で囲まれることになる。だがこの計画が完成に近づきつつあるいま、科学者たちはニューヨークやヨーロッパの都市を守るために、さらに野心的なアイデアを提案している。最近では、スコットランドからノルウェー、イギリス、フランスにかけて、北海全体に防潮堤を造るというアイデアが示された。地中海沿岸を浸水から守るために、スペインとモロッコのあいだに防潮堤を設けるような事態も、起きて不思議はない。こうした要塞に囲まれた世界が、人類の未来なのだろうか？

下からは洪水が襲ってくる一方、上からは熱波が都市にダメージを与える。二〇二〇年にシドニー近郊で発生した森林火災の煙は、熱を閉じ込める霞となって都市を汚染し、気温を灼熱の四八・九℃まで上昇させた。その半年前、デリーでは一九〇〇万人が四八℃の猛烈な熱波に苦しんだ。現在では、これが新しい日常だとよく言われる。だがそれは間違っている。もはや「日常」など存在しない。海であれ気温であれ病気であれ汚染であれ、これからますます混乱状態が加速していくのだ。だからこそ、都市が「人新世」で進化し、繁栄するために、人材を動員し、革新を行うのは当然のことなのかもしれない。

超生命体は適応できるのか、それとも死か

六〇〇以上の都市が「地球緊急事態宣言」を発出しているが、その多くは気候に焦点を当てている。コペンハーゲンは二〇二五年に世界初のカーボン・ニュートラルな首都になることを計画している。オ

スロは二〇三〇年までに、二酸化炭素排出量の九五％削減を目指している。一三三カ国の七〇〇〇以上の都市が、気候変動に対して強いアクションを起こすことを誓っている。世界の二七の都市では、五年間で排出量が少なくとも一〇％減少した。同時に、それらの都市の経済は平均で三％成長しており、これは富裕国としては堅調な成長と見なされる。

コペンハーゲンについてもう少し詳しく見てみよう。コペンハーゲンがカーボン・ニュートラルという大胆なビジョンを掲げたのは二〇〇九年のことだ。わずか一六年でネットゼロを達成する計画である。北欧の小都市がその目標を達成するためには、何が必要なのだろうか。

◎一〇〇基の新しい風力発電機。
◎暖房と商用電力の消費量を二〇％削減。
◎全移動手段の七五％を自転車、徒歩、公共交通機関で賄う。
◎すべての有機廃棄物のバイオガス化。
◎六万平方メートルのソーラーパネルを新設。
◎市の暖房需要を一〇〇％自然エネルギーで賄う。

コペンハーゲン当局は現在、市民に「地球にとって健康的な食事」を取り入れてもらい、食べ物による二酸化炭素排出量を減らしたいと考えている。そのためにはどうすればいいのか、私たちと協同して研究を進めている。地球にとって健康的な食事は、肥満を解消し、健康的なライフスタイルを促進する。コペンハーゲンはこれを実践する最初の都市である。

二〇〇五年以降、同市ではこれまでに四二%の排出量削減を達成した。その間、経済成長は二五%だった。二〇一四年から二〇一五年にかけては、「カーボンの法則」の指標を上まわる一一%の排出量削減を達成した。二〇一九年に、コペンハーゲンの前市長ボ・アスムス・キルドガードはこう言っている。「私たち〔地方自治体〕は生活の質と持続可能性を組み合わせ、それを『住みやすさ』と呼ぶことにしました。私たちはこのことに関して、誰もが信じることのできる心地よい物語をつくることに成功したのです」

都市のリーダーたちは、システムの観点から考えている。たとえば交通機関。コペンハーゲンでは、市民や観光客に、バス、地下鉄、電車、自転車シェア、カーシェア、タクシーなどの複数の交通手段を簡単に利用できるオンライン定額制サービスを提供している。コペンハーゲンの新しい開発地であるノルドヘブンでは、都市計画担当者が「五分都市」をつくっている。交通量を最小限に抑えるために、買い物や保育園などの生活に必要な施設を徒歩五分以内で利用できるようにしているのだ。もちろん、国を味方につけたことも一役買っている。デンマークは、二〇五〇年までに化石燃料をゼロにする計画を立てているのだ。もしコペンハーゲンが二〇二五年に脱炭素に成功したら、デンマークの変革は二〇五〇年よりもかなり早くなるかもしれない。二〇四〇年、あるいは二〇三五年かもしれない。

北欧の豊かな都市では、住民が高い環境基準を求めているが、アジアの貧しいスモッグの多い都市では、このような変革を行う余裕がないのではないか、と思うかもしれない。でも、それは違う。現在、中国では四二万五〇〇〇台以上の電動バスが走っている。実際、世界の電動バスの九九%が中国の都市を走っている。香港の反対側に位置する人口一二〇〇万人の都市深圳《しんせん》は、世界最大の電動バス交通網を運行している。一万六〇〇〇台を超えるバスは、一〇〇％電気で動いている。タクシーもすぐに追随するだろう。北京の大学を早朝に訪れると、学生たちが急いで講義に向かう時間帯が静寂に包まれていることに驚かされる。なぜなのか？　それは、交通手段が電動の原動機つき自転車に替わっているからだ。

こうしたすべてのことは、じつに理にかなっている。中国の都市の住民は、恐ろしいほどの大気汚染にさらされている。信じられないことに、中国では死亡原因の一二％が屋内外の大気汚染である。世界全体でも、大気汚染が原因で毎年九〇〇万人もの人が亡くなっている。[18]中国では一〇億人以上の人が、一年のうち六カ月以上も安全でない空気にさらされているのだ。従来の化石燃料を使用した輸送手段を電気による輸送手段に換えることで、排出ガスの量を削減し、命を救うことができる。化石燃料からの排出物がなければ、世界の人々の平均寿命は一年延びる。

都市の変革は、大方の予測をはるかに上まわるスピードで起きるだろう。都市は漸進的ではなく指数関数的に発展するものであり、私たちはすでにそのカーブに達している。コペンハーゲンのような都市は、変革が技術革新や健康増進、雇用の安定、大気汚染の減少、幸福、福祉につながることを世界に示している。ほかの都市も、この流れから取り残されることを望まないだろう。二〇一九年、国連気候行動サミットのためニューヨークに赴いたとき、市内を移動するのにもっとも効率的な方法は自転車だとわかった。自転車を借りれば、安く簡単に速く移動できる。以前に訪れたときは、大都市を車で移動すると考えただけでもうんざりしたものだが、今回は交通渋滞をすいすいとかわすことができた。私たちは、ニューヨークのような密集したコンパクトな都市は、一晩でポスト自動車社会を牽引する立場にあっさり転身できると考えている。渋滞がなくなれば、どれだけの時間が節約できるか考えてみてほしい。

すべての都市が、ニューヨークやコペンハーゲンのように資金に恵まれているわけではない。ニューヨークのニュースクール大学で都市生態学を研究しているティモン・マクファーソン教授は、世界には約一〇億の貧困層が存在し、その多くが一〇万の都市にある一〇〇万のスラムに住んでいると指摘している。貧しい人々は地方から移住してきても、都市の家賃を払えないことが多い。その代わりに、土地の権利を持たないまま、許可なく粗末な仮住まいを建てる。家族は、いつブルドーザーで壊されるかわからない家に投資する気になどならない。それでも、そのあばら屋に何十年も住みつづける家族も少なくない。また、これらのスラムに住む人々の多くは収入があり、活発な経済に貢献している。

都市の未来

これまで述べたことから、アースショット構想による都市のシステム変革のための四つの優先事項が明らかになった。

第一に、すべての人が安全な飲料水と適切な下水システムを利用できるようにする必要がある。現在、世界ではトイレよりも携帯電話を持っている人のほうが多いと言われている。都市経済にスラム住民が重要な役割を果たしていることを考えると、もっとも明白な解決策は、彼らに財産権を与えることだ。そうすれば、住居の保有権が保証されると同時に、上下水道、学校、アパートなどのインフラ整備が進み、都市の繁栄を支える人々に希望と健康と尊厳を与えることができる。

第二に、都市計画担当者は都市のスプロール化を避け、コンパクトで効率的で緑の多い都市を実現する必要がある。コンパクトな都市は地域暖房システムに最適で、ゼロ・エミッションも達成しやすくなる。木は汚染を吸収し、猛暑の日には舗道を涼しくしてくれる。コンクリートの水路を造って水を流すのではなく、広大な緑の公園に水を吸収させる、スポンジのような都市を造らなくてはならない。そして、その水を飲料水や都市農業に利用するのだ。

第三の優先事項は、効率的な移動手段である。交通機関からの温室効果ガスの排出の多くは、都市部での本来ならば短時間で済む移動が、渋滞によって長くなることによるものである。渋滞を解消しよう。都市の渋滞は、生活を不快にする。シリコンバレーやロサンゼルスのような裕福な地域に住んでいる人ですら、一日に何時間も交通渋滞のなかで座っている。これは経済的にも非常に非効率で、生活の質を低下させる。たとえ電気自動車であっても、これ以上市を増やす必要はない。

最後に、未来の都市は、循環と再生を受け入れ、まるで生きた超生命体として機能する必要がある。出発点は、すべてのプラネタリー・バウンダリーに関して都市としての目標を設定することだ。いま、私たちはグローバル・コモンズ・アライアンスや世界経済フォーラムなどの機関と協力し、最高の科学にもとづいてそのような都市目標を作成しているところである。たとえば、二〇二〇年四月、アムステルダムの副市長マリーケ・ファン・ドーニンクは、同市がプラネタリー・バウンダリーにもとづく「ドーナツ型」経済モデル（→第16章）を採用する予定であることを発表した。アムステルダムはこのモデルを試みる最初の都市である。ドーナツ型経済モデルとは、都市の経済活動はすべての人の基本的なニーズ（ドーナツの穴の部分）を満たすものであるべきで、それを地球の資源の範囲内（ドーナツの食べられる部分）で実現するべきだという、深遠だが考えてみれば当然の哲学である。ファン・ドーニンクは、ドーナツ経済の採用が、パンデミックからの都市の回復に役立つと考えている。また、次の危機に備えて、アムステルダムをより強くすることができるとも考えている。

都市に暮らす人には子どもが少ないという不思議な特性がある。一〇人家族で狭いアパートに住むのは快適ではない。また、都市では女性の経済的な選択肢が増える。この二つが、都市化が人口増加を抑制する理由である。都市での人口増加の抑制は、歓迎されない厳しい一人っ子政策などなくても実現する。第14章では、五番目のシステム変革である「人口と健康」を採り上げる。

(14) 引用元は『ザ・シンプソンズ』(アメリカのテレビアニメシリーズ)のホーマー・シンプソンのセリフ。「アルコール」という言葉を「都市」に置き換えた。

(15) これも複雑なシステムから生まれる新たな結果の一例である。

(16) それに比べて、企業を殺すのは比較的簡単だ。S&P500(米の代表的な株価指数)に組み入れられている企業の平均年齢は二〇歳である。クレディ・スイス社によると、一九五〇年代は六〇歳だった。

(17) 正確には五五%。

(18) 世界的には大気汚染による死亡率は低下しているが、これはおもに室内空気汚染の改善によるものである。一方、屋外大気汚染による死亡率は上昇している。

第14章　人口爆発の回避

世界の子どもの数は、もはや増えていない。石油生産のピークについてはいまだ議論の余地があるが、子どもの数のピークは間違いなく到来している。

ハンス・ロスリング　TEDトーク　二〇一二年

毎日毎日、どこかの誰かがツイッターで、地球の緊急事態の原因について、おまえたちは間違っている、と指摘してくる。ちょっとした間違いなんかじゃない、まるっきり間違っている、と。彼らの攻撃の要点はこうだ。「問題は人口だよ、バカだね」

彼らの主張はとてもシンプルである。指数関数的な人口爆発は、たしかに喫緊の課題だ。いますぐ取り組まなければ、人口はすぐに一〇〇億人に達してしまう。だが問題はここからだ。地球をもっとも大きな足跡で踏みつけている国は、もっとも出生率が低いのだ。もし地球上のすべての人が、アメリカの平均的な人と同じように資源を消費するとしたら、似たような生物圏を持つ地球サイズの惑星が、さらに三〜四個必要になる。アフリカのニジェール、ウガンダ、マリなどの出生率の高い国々は、地球上でもっとも環境フットプリントが低く、もっとも貧困が深刻な地域である。たしかに、これらの国の出生率の高さは、深刻な貧困と同様、長期的には持続不可能だ。しかし、プラネタリー・バウンダリーを超えているということで、最貧層を叩くのは間違っている。

五つ目のシステム変革は、「人口と健康」である。私たちは混み合った地球で暮らしている。いまや誰もが知っているように、アジアの市場で咳を一つすれば、わずか数週間で世界的なパンデミックになる。

人間の健康が驚くほど増進したことで、前世紀には人口が爆発的に増加した。いま私たちは、慢性的な肥満や環境汚染などの、新たな健康リスクに直面している。これらは、地球を安定させるための努力を脅かし、すでに達成された目覚ましい進歩を逆行させかねない。また気候変動は、気温五〇℃の都市で暮らしたり働いたりせざるをえない状況や、農作物の枯渇による栄養不足、マラリアなどの病気の新しい地域への拡大など、新たな健康問題を引き起こしている。

究極の目標は、人口曲線を平らにすることである。すべてのデータは、第4章で説明したように、人類が「子どもの数のピーク」に達していることを示している。三〇年前や四〇年前のような高い率で人口が増えつづけるというデータはないのだ。もしもハンス・ロスリングが生きていたら、「人々は何十年も前に学校で学んだ知識を更新していない」と嘆くに違いない。当時、人口増加はたしかにコントロール不能に見えた。仮に一九八〇年から二〇〇〇年のあいだ、同じペースで人口が増加していたとすると、二三〇〇年には世界人口は五四〇〇億人という驚異的な数字になってしまう。しかし、現実世界では無限の指数関数的成長はありえず、すべて「S字カーブ」を描いて成長率が鈍化していく。これが、私たちの進むべき道である。

完新世が始まった頃、地球上の人類はわずか五〇〇〇万人だったと推定されている。それが一八〇〇年頃には約一〇億人にまで増加した。これが氷河時代の人口増加率で、年率〇・一%以下である。ところが二〇世紀には、一六・五億から六〇億に増加した。一九七〇年以降、地球上の人口は二倍以上に増えている。現在、世界人口は七八億を超え、二〇二〇年代初頭には、次の指標である八〇億に達すると予想されている。

人類の歴史のほとんどにわたって、女性は五人から七人の子どもを産んできた。その子らのうちの半数が、子どもを持つ年齢になる前に亡くなると予想されていたからだ。ロスリングはこう指摘している。「人類は自然と調和して生きてきたのではなく、自然と調和して死んできたのだ」。人類はつねに、飢饉や病気、戦争などの脅威にさらされてきた。産業革命が起こるまでは、ほとんどの人にとって悲惨で惨めな暮らしが普通だった。その後、真の食料安全保障、健康的な食生活、効果的な医療、一九五〇年以降の戦争や紛争の減少という新しい現実に、私たちの心が慣れるまでには数世代を要した⑲。

人口増加率は、一九六〇年代に年約二・一%という最大値を記録した。現在は年一%で、減少しつづけている。この数字を世界で比較すると、驚くべき差がある。日本と韓国では、一人の女性が産む子どもの数はそれぞれ一・四人と一人である。アフリカのニジェールでは六・九人。驚くべきことに、一人っ子政策の頃（一九七九～二〇一五年）、政策が適用されない香港の出生率は、中国よりも低かった。教育を受けている女性の割合の高さ、高い人口密度、子どもを産むためのコストの高さから、多くの人が子どもを二人以上産む余裕がないと感じていたのだ。

とはいえ、二一世紀に入っても人口は増えつづけている。以前ほどではないにせよ、確実に増えつづ

1960年代以降、人口増加率は急激に低下している。これは、過去50年間の最大の成果の1つである。

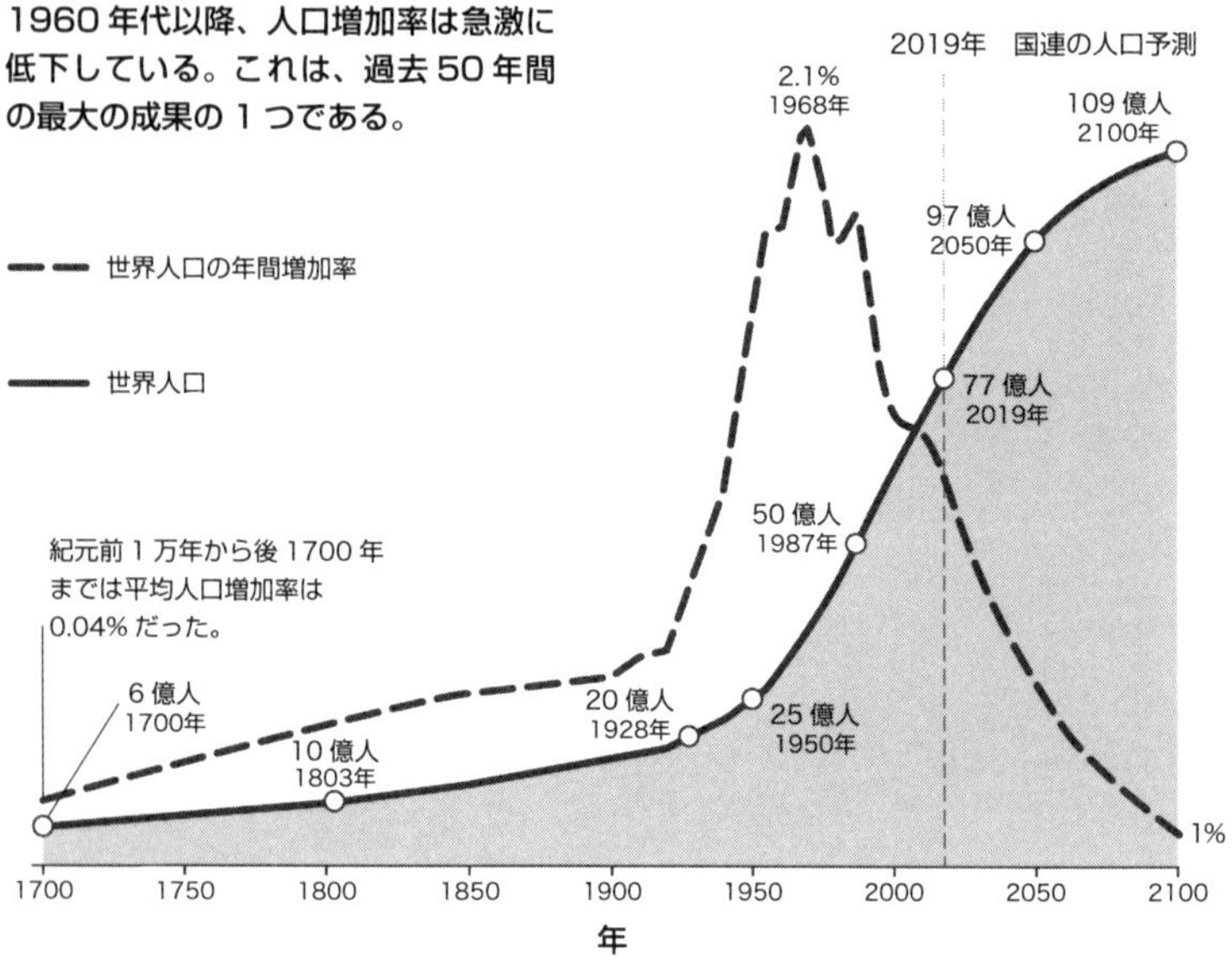

人口増加

けている。これは人の寿命が延びたからだ。二〇一六年に生まれた子どもは、七二年生きると予測される。女の子は七四歳、男の子は七〇歳くらいまで生きられる。これは世界平均で、ヨーロッパや北米の富裕国の平均ではない。もはや私たちは月面着陸の時代をはるかに凌駕している。科学と政策と経済戦略という組み合わせは、間違いなく人類の達成したもっともすばらしい成果であり、それは今日も続いている。私たちは街頭で大いに祝福すべきなのだ。

　ここ数十年の進歩には目を見張るものがある。二〇一六年に生まれた人は、二〇〇〇年に生まれた人よりも五・五年長く生きられると予測されている。この最近の世界的な平均寿命の延びは、一九六〇年代以降でもっとも急激で、ソ連が崩壊してエイズがアフリカを席巻した一九九〇年代に見られた減少を覆した。財運は人間の健康と密接に関係しているのだ。なかでもアフリカでは、平均寿命が一〇年も延びるという驚異的な変化が見られた。現在、アフリカで生まれた人は六一歳まで生きることができる。

多くの豊かな国では、平均寿命が延びつづけている。だがすべての国がそうというわけではない。まったく逆の傾向を示しているところもいくつかある。アメリカでは、オピオイド危機〔鎮痛剤オピオイドの安易な処方により依存症患者が増えている問題〕による薬物過剰摂取、自殺、肥満、アルコール依存症などの社会問題が重なり、平均寿命は二〇一四年に七九歳で頭打ちになり、現在は低下している。アメリカはほかの主要経済国よりも一人当たりの健康関連への支出が多いにもかかわらず、こうした事実が伝えられている。

世界的に見ると、貧しい国が急速に発展するにつれ、長寿化が進むと予測される。つまり、二〇五〇年の人口予測は一〇〇億人程度になると思われる。二一〇〇年には一一〇億人か一二〇億人になっているかもしれないが、それ以上にはならないだろう。だが、貧しい国々がもっと速いペースで発展すれば、この状況は大きく変わる可能性がある。工業化が進めば、出生率は大幅に低下する。女子教育への投資も、都市への移住と同様に、出生率を劇的に低下させる。この二つの要因に焦点を当てれば、人口をより低いレベルで安定させることができるだろう。

地球の安定した生物圏のなかでは、いったい何人までの人間が暮らせるのかというのは、とても重要な問題である。この数十年、研究者たちはこの問題に頭を悩ませてきたが、意見の一致は見られなかった。地球は一〇億の人間が質の高い生活を送ることすら支えられないと言う人もいれば、九八〇億人という驚異的な数字を上限に挙げる人もいる。このように幅があっては、あまり参考にはならない。私たちの研究によれば、一〇〇億の人口をプラネタリー・バウンダリーの範囲内で養うことは可能である。だがそれには農業システムを変革し、ジャンクフードをやめて健康的な食生活に切り替え、食品廃棄物を減らす必要がある。

興味深いことだが、現在の持続不可能な世界が、最低限の生活水準を保ちながら一〇〇億の人間を支えられることを示す研究はないのだ。このままでは、土地、天然資源、空気、水、生物多様性、すべてが枯渇し、壊滅的な気候変動が引き起こされてしまう。アースショット構想は、増加する世界人口に基本的な環境を提供できる、おそらく唯一の方法である。

しかし、一〇〇億もの人間を地球上で養うというのは非常に困難である。いまのところ、活動をプラネタリー・バウンダリーの範囲内にとどめられている国はない。人口がさらに二〇億から三〇億増えた場合、六つのシステム変革をすべて成功させる必要がある。食料については、一〇〇億の人間を養うためには、持続可能な農業への世界的な転換、野菜中心の食生活への移行、人工肉や合成食品など、動物性タンパク質の代替品への追加投資、バイオテクノロジーの進歩、持続可能な水産養殖などが必要になる。人口が一〇〇億を超えると、道のりはさらに困難になる。

だが、二〇億の人口増加に対応できる余地を確保しなければならない一方で、私たちは「人新世」におけるさまざまな健康リスクにも直面している。大気汚染は、年間九〇〇万人もの人の命を奪っている。また抗生物質への耐性という問題も、グローバル・コモンズに対する新たな脅威として迫ってきている。抗生物質は、それぞれの農家が家畜の病気を管理するのに役立つが、使いすぎると耐性が急速に進化してしまう。現在では、もっとも強力な抗生物質にも耐性を持つバクテリアが存在し、抗生物質への耐性に関して、プラネタリー・バウンダリーを超えてしまう危険がある。また、殺虫剤は人間と環境の両方に害を与える。しかし最大のリスクが、世界的なパンデミックであることは間違いない。

幸いなことに、科学は致命的な病気の遺伝子を解明する準備をこれまで以上に整えている。COVID－19の最初の症例が報告されてからわずか一〇日後、科学者たちは遺伝子の配列をオンラインで公開し、ほかの研究者たちが治療法を探しはじめる手助けをした。しかし、世界の医療システムの経済的基盤は崩壊している。製薬会社の関心は、新しいオピオイド系鎮痛剤や薄毛の治療薬により向けられており、抗生物質やまだ出現していないがこれから出現する可能性のある病気の治療法には十分に向けられない。ビル・ゲイツはこう指摘している。「パンデミックに関連する製品は非常にリスクの高い投資であるため、政府の資金援助が必要だ」

COVID－19は、地球文明がいつなんどき突然の脅威に襲われても不思議ではないことをはっきりと示した。各国が協力して経済活動を止めるという壮大な努力により、多くの地域で効果的に感染を食い止めることができたが、悲惨なまでの政治的無能とが町や都市でのウイルスの蔓延を許し、人々の不信感が募った地域もあった。このパンデミックは、健康が公共の利益であることを教えてくれた。すべての市民が健康であることは、すべての人に利益をもたらす。それなのに私たちは、この公共の利益を損なっているのだ。

健康問題と人口問題に取り組むことは、安全な機能空間のなかで地球文明を長く存続させるために不可欠である。つまり、疾病発生の監視やモニタリング、ワクチン生産の拡大、大気汚染の削減、肥満への対処、抗生物質に対する耐性菌の増加への対処など、世界の健康システムを根本的に見直す必要がある。結局、世界的なシステム変革が必要となるので、かなり難しい課題だが、成功すれば、誰もが満足できる体制を築くことができる。肥満の解消と食生活の改善は、温室効果ガスの排出量を減少させる。温室効果ガスが減れば、大気汚染の濃度も下がる。また、家族計画と女子教育を浸透させることで、今世紀中に八五〇億トンの二酸化炭素の排出を削減し、世界の人口を管理可能なレベルで安定させられる可能性が出てくる。

要するに、人類は人口動態の転換点を超えてしまったのだ。問題は、アフリカや南アジアの人口が今後どの程度増加するかということではない。むしろ、貧しい国で増えつづける中産階級や富裕層が、どのようなライフスタイルを選択するかが問題なのだ。とはいえ、格差のある世界では、「選択」が現実的に可能かどうかには議論の余地がある。人間の不安につけ込んで巧みに消費へと誘導するマーケティングや広告の問題もある。もし、貧困から抜け出した人々が、SUVを乗りまわし、長距離のフライトを利用して、異国から自分の写真をSNSに投稿するようなライフスタイルを目指すなら、アースショット構想は、目標から大きく逸れることになるだろう。一方で、ヨーロッパやアメリカ、日本などの富裕国が、炭素排出や自然の喪失をゼロにする、活気に満ちた再生可能な循環型経済を原動力とした、健康で幸せな社会へと変貌を遂げれば、そうした持続可能な社会モデルが、憧れの北極星となるだろう。

(19) スティーブン・ピンカーの『21世紀の啓蒙——理性、科学、ヒューマニズム、進歩（上下）』〔草思社〕などを見ると、紛争はたしかに歴史上もっとも少なくなっている。

第15章　技術圏（テクノスフィア）を飼い慣らす

私たちは火を発明し、何度も失敗を繰り返したのち、消火器、非常口、火災報知器、消防署を発明した。私たちは自動車を発明し、何度も事故を起こしたのち、シートベルト、エアバッグ、自動運転車を発明した。これまでは、人類の技術によって引き起こされた事故は、多すぎるというほどではなく、限定的なものだった。

マックス・テグマーク『LIFE3.0――人工知能時代に人間であるということ』（二〇一七年）

「これは一人の人間にとっては小さな一歩だが、人類にとっては偉大な飛躍である」。一九六九年七月二一日、ニール・アームストロングとバズ・オルドリンが月面に降り立った。私の両親は、アイルランドの西海岸にあるシャノン川を見下ろす駐車場で、月面着陸の様子を伝えるラジオに耳を傾けていた。当時、母は私を身ごもっていた。

月探査ロケットの打ち上げ（ムーンショット）は、すべての人に影響を与えた。多くの子どもと同じように、私も大人になったら宇宙飛行士になりたいと思っていた。数学や物理が好きで、大学では宇宙船工学を学んだ。振り返ってみると、工学のトレーニングは、科学的なトレーニングとはまったく違うことがわかる。科学者は問題を探す。技術者は解決策を探す。

> 大方の例に漏れず、私もかつてはテクノロジーに関して楽観的な考えを持っていた。より多くの革新的技術に、よりたくさん投資すれば、必要としている変化がもたらされるだろうと思っていた。技術系企業のＣＥＯや、そのほかの技術革新の伝道師たちが語る魅惑的な物語に酔いしれていた。じきに世界中の情報が整理され、人と人とがつながり、科学にもとづいた世界観の共有が進むだろう。だがそう計画どおりには進まなかった。たしかに技術革新は必要だが、その技術革新が地球を不安定にしているのだ。これからは、技術革新に方向性を持たせる必要がある。が、それだけでは十分ではない。地球の緊急事態には、行動の変化や、政治と経済の変革も必要だ。それはすべてにおけるシステム変革であり、テクノロジーはそれを推進することができる。
>
> オーウェン・ガフニー

テクノロジー、とくにデジタル革命は、第六の、そして最後のシステム変革である。技術革新はけっして中立的ではない。現在の経済システムでは、もっともお金を持っている人たちが技術革新をコントロールしているが、その多くは地球の安定性を軽視している。人類が豊かになればなるほど、テクノロジーが地球の安定に与える影響は大きくなる。私たちは、この悪循環を断ち切らなければならない。いまこそテクノロジーを、地球の安定化のために活用しなければならない。

一つだけたしかなことがある。軌道修正に全力を傾けなければならないほかのシステム変革と違って、テクノロジーについては、今後数十年のあいだに大混乱が起きるだろう。機械学習、ＡＩ（人工知能）、自動化、ＩｏＴ（モノのインターネット）〔あらゆるものに通信機能を持たせて相互に制御する仕組み〕など、あらゆる技術革新が人類に押し寄せてきている。これらの技術革新が今後一年でどのような方向に進むかによって、アースショット構想が成功するのか、それとも墜落炎上してしまうのかが決まる。

人類はたくさんのモノをつくってきた。それはときにテクノスフィア（技術圏）と呼ばれる。地球をポリエチレン・ラップで包むのに十分な量のプラスチック。厚さ二ミリの精巧な地球のレプリカをつくるのに十分な量のコンクリート。人類が物理的につくったものは、三〇兆トン以上もの重さがある。初めてのラジオ放送とテレビ放送を載せた電波は、太陽系から一〇〇光年以上の距離を旅して、地球と同じような惑星が軌道をまわっている気の遠くなるほど遠い星にまで届いている。もっとも、いまではその信号は弱すぎて、知的生命体が感知できるほどのものではないだろうが。このような技術的なノウハウを、もっとアースショット構想に向けるべきときが来ているのではないだろうか。

資金はすでに、クリーンでグリーンな未来に向けて投入されている。エネルギーの生成、電動の自動車やトラック、さらには航空機、よりエネルギー効率のいい建物、鉄やコンクリートやアルミニウムに代わる素材の製造。変化のスピードには目をみはるものがある。たとえば、南オーストラリア州は二〇一六年から一七年にかけて相次ぐ停電に見舞われ、解決策を必要としていた。変わり者の億万長者イーロン・マスクは、テスラが一〇〇日以内にオーストラリアに巨大な蓄電池を造ることができなければ、自分がその費用を全額負担するという賭けを、ツイッター上で公開で行った。その結果、世界最大のグリッドスケール蓄電池が砂漠に出現したのだ。約一億ドルの費用をかけたこのシステムは、地域の電力を安定させ、年間約四〇〇〇万ドルの節約に役立っている。このような目に見える成果は、投資家の自信につながる。五年前は懐疑的な見方しかされていなかったものが、いまでは十分に受け入れられている。このように、技術が社会に受け入れられ、普及していくためには、経済理念や自信が重要な鍵となる。

意外かもしれないが、私たちはすでに九つのプラネタリー・バウンダリーについて、その限界内で生活するための知識と技術のほとんどを持っている。太陽光発電と風力発電の規模がこのまま拡大していけば、二〇三〇年頃には全世界の電力の半分を供給することができる。重要なのは、価格と技術革新のバランスをしっかり取ることによって、技術を確実に普及させていくことである。たしかに、いくつか新しい技術は必要不可欠である。たとえば水素経済やゼロ・エミッション航空機などを実現させるには、技術革新への莫大な投資が必要になる。また、海面上昇や異常気象、病気の蔓延などから社会を守るためには、避けられない変化に適応するための技術も必要である。さらに、私たちがいま、地球の危機に直面していることを考えれば、地球を安定させるための最後の手段である地球工学技術も検討しなければならない。そして何よりも、これらの目標を阻むテクノロジーをどうにかして抑制する必要がある。

技術が社会に拡散する要因は何か？

飛躍的に普及する新技術もあれば、すばらしいアイデアなのに盛り上がらないものもある。技術が成功する秘訣は何なのか？　指数関数的に拡大する技術は、大きくてかさばるものではなく、小さなものが多い。たとえば原子力発電所ではなく、スマートフォンなどだ。また、技術は急速に進化して社会に浸透していく必要があり、そのためには比較的安価であることが求められる。指数関数的に拡大するテクノロジーは、技術、経済動態、社会動態が組み合わさっている。原子力発電所は、言ってみれば、大

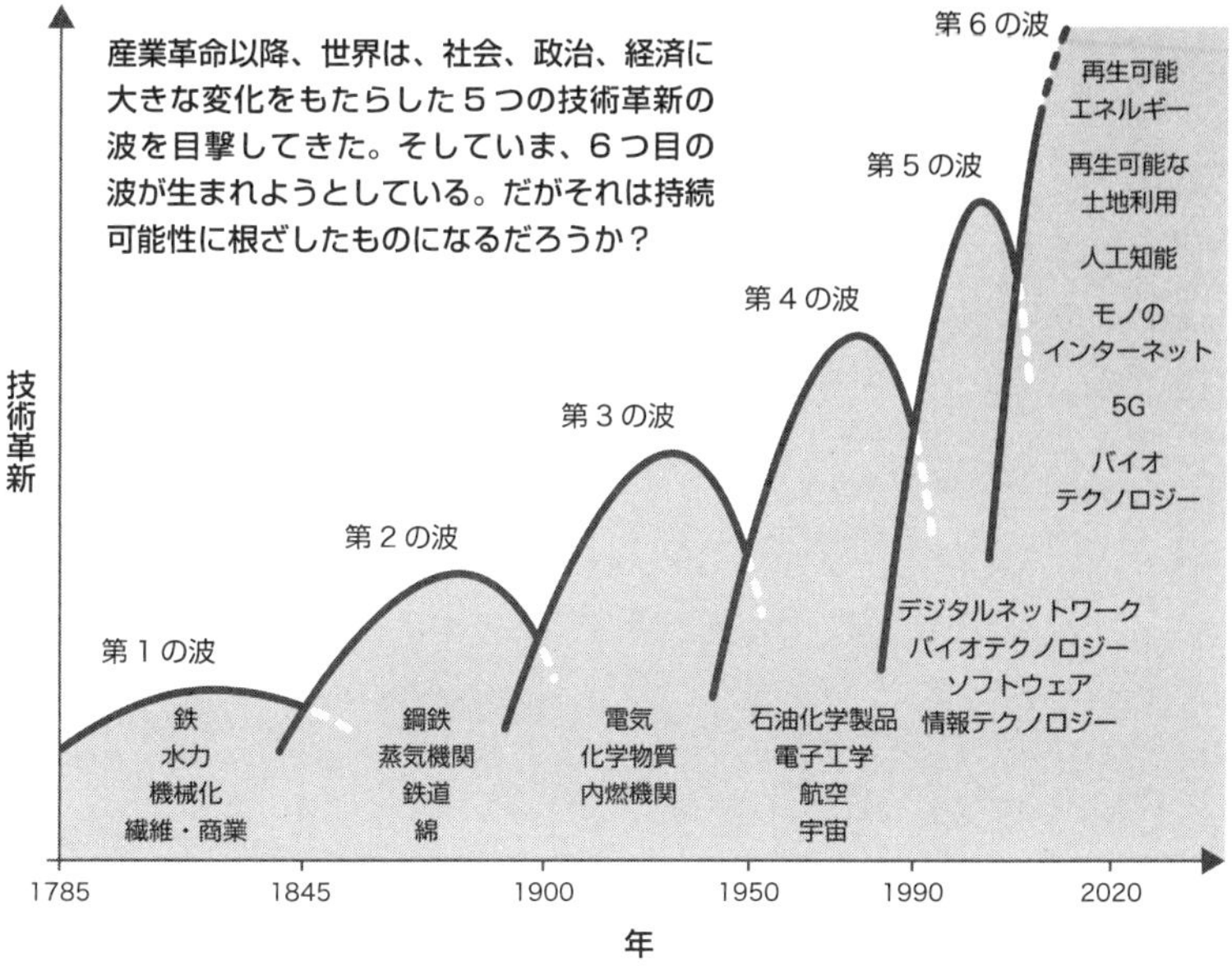

技術の進化

きくて流動性がなくて高い。世代交代に何十年もかかるため、技術革新は遅い。太陽光発電や風力発電はその逆である。小さくて比較的安価で、急速に規模が拡大していく。技術革新も速い。太陽光発電や風力発電は、原子力発電や化石燃料による発電をすさまじい勢いで凌駕してきている。これらの古い技術は、ここ数十年、ほとんど技術革新が起きていない。たとえば原子力は、かつてはクリーンな未来に不可欠な技術と考えられていたが、いまはその将来性が疑問視されている。

　洋上風力発電は、ここ数年でもっとも大きなブレイクスルーと言えるだろう。化石燃料発電で培った技術のおかげで、私たちは北海などの遠隔地に掘削プラットフォームのような大きなものを造るのが得意になった。そのノウハウを活かして、洋上風力発電ができるようになったのだ。たとえ水深六〇メートル以下の浅瀬にしか風車を設置できないとしても、世界の需要を満たす以上の電力[20]を供給することができる。

しかし、現在消費しているエネルギーが、今後もすべて必要なのだろうか？　デジタル化は、私たちが使うエネルギーの量に大きな影響を与える。技術の進化を、スマートフォン一台に多くのアプリケーションを詰め込むなど、より少ないデバイスでより多くの作業を行う方向へと変え、車やオフィス空間、製造など、より多くのリソースを共有することで、エネルギー需要を最大で四〇％削減することができる。これは、一見しただけではわからないかもしれないが、じつは革新的なアイデアである。多くのエネルギー問題分析家は、各国の発展にともなって、今後数十年間のエネルギー需要は、減少するのではなく増加すると予測している。

技術の普及において、価格はきわめて重要な要素である。見過ごされがちだが、第10章で紹介したムーアの法則は、コンピューターのパワーが二倍になり、価格が半分になることで推進される。このパワーと価格の二重螺旋により、短期間で驚異的な成長と革新が起こり、まったく新しい市場が開拓される。こうした現象は、スマートフォンやタブレット端末などのハードウェアと、ソーシャルメディア・プラットフォームなどのソフトウェアの両方の場で見られる。このような流れに乗っているイノベーターたちは、市場に参入すると、既存の企業を難なく凌駕する。彼らの革新のサイクルは迅速で、ユーザーが何を求めているかを敏感に察知する。そのため、価格を下げつつ新製品を迅速に改良することができる。音楽ストリーミングはレコード店を叩きのめし、アマゾンは本屋を殺しかけ、ネットフリックスはレンタルビデオ店を消滅させた。こうした崩壊のスピードと規模は、つねに産業界に驚きを与える。

こうした流れは、すでに風力、太陽光、蓄電池、電気自動車の分野で起きている。私たちはもう、変化が止められなくなる転換点に達している（↓第18章）。私たちが責任ある地球の管理者（プラネタリー・スチュワード）になるべきなのは、それがもっともお金のかからない最善の解決策だからである。

では、テクノロジーはプラネタリー・スチュワードの味方なのか？　残念ながらそううまくはいかない。この壮大な挑戦を、まだ地球は見守っている最中だ。デジタル革命をプラネタリー・バウンダリーの範囲内に収めるにはどうすればいいのか。さらに、アースショット構想の目標を確立して加速させるために、どうやってデジタル革命を活用すればいいのか。また、それによるリバウンドを避けるにはどうすればいいのか。たとえばデジタル技術で強化されたスマートホーム〔電化製品などをすべてネットワークで管理できる住宅〕のおかげで二酸化炭素の排出量が減らせても、その節約したお金を別の排出量の多い消費に使ったら意味がない。デジタル時代は、地球にやさしい時代でなくてはならない。

テクノロジーの暗黒面

テクノロジー関連企業はつねに金とともにある。石油の発見と採掘が難しくなってくると、石油会社はグーグル、マイクロソフト、アマゾンなどと手を組み、ＡＩとさまざまなアルゴリズムを使って残された油田を探しはじめた。二〇一八年、石油会社は約一八億ドルをＡＩに投じた。二〇二五年にはその額は四〇億ドルにもなるかもしれない。言うまでもなく、これはプラネタリー・スチュワードシップとは相反するものだ。

しかし、じつはもっとずっと悪いことが起きている。テクノロジーは、世界での情報の流れ方を変えた。私たちは、自分のデータをアマゾン、フェイスブック、グーグルなどのデジタルプラットフォームに無償で提供し、心の奥底にある願望をさらけ出している。これらの企業は心理学者や神経科学者を雇い、集めたデータを使って私たちの行動を予測し、影響を与えている。これらの情報は、高い金額で取引される。適切な抑制と均衡が働いていないため、こうした企業は私たちが事実とつくりごとを見分ける能力を鈍らせる。その結果、社会は二極化が進み、民主主義は破壊され、コミュニティーは崩壊する。変化のスピードが速すぎて、社会がついていけないのだ。

テクノロジー関連企業がいまや一兆ドル規模の時価総額を誇るのは、世界に四〇億人いると言われる中流階級の消費者の、内なる考えや欲求に直接アクセスできるからである。フェイスブック（現メタ）やグーグルなどの企業は、プラットフォームを無料で提供している。たとえあなたが製品をお金を出して買っているのでなくとも、あなた自身が製品なのだ。これはいわば採鉱産業である。企業は石油や石炭を採掘する代わりに、はるかに価値のあるもの、つまり行動データを採掘しているのだ。

マーケティングや広告は、つねに人間の欲望や恐怖、不安を利用して消費を促してきた。いまや、企業はレーザー光線のような正確さでこの作業を行っている。皮肉なことに、多くの人が地球を安定させるために資本主義への新しいアプローチを求めているなかで、新しい資本主義の形が生まれつつある。アメリカの学者ショシャナ・ズボフが「監視資本主義」と呼ぶものである。自由な思考が侵食され、企業や国家による悪用の危険にさらされている。これが地球の安定化につながるのか、それともさらなる不安定化につながるのかはわからない。

私は新しいコンピューター君主を歓迎する

現在、人類は新たなテクノロジーの波に直面している。AI、自動化、機械学習、そしてIoT（モノのインターネット）である。

二〇一一年、アメリカのテレビクイズ番組「ジェパディ！」の優秀な回答者二人に、コンピューターが闘いを挑んだ。試合前、ケン・ジェニングスは七四連勝し、ブラッド・ラッターは史上最高額の賞金を手にしていた。しかし、IBMのワトソン・コンピューターがこの二人を打ち負かした。敗れたジェニングスは、「私は新しいコンピューター君主を歓迎します」と快活に語った。ワトソン・コンピューターの成功は、「深層学習」と「自然言語処理」によるものである。膨大な量のテキストのなかから意味のある情報を見つけ出すことができるのだ。人類のテクノロジーはより強力になっており、その力は指数関数的に増大している。

二〇一七年、ディープマインド社のAI「アルファゼロ」は、わずか二四時間で、チェス、将棋、囲碁において超人的な能力を発揮した。重要なのは、アルファゼロが、それぞれの分野のプロの勝った何百万回もの対局データのインプットによって訓練されたのではないということだ。ただゲームのルールを教えられ、あとはAIが自分で学習した。

これはこの先どこにつながるのだろうか？　科学者たちはすでに、新しい抗生物質を見つけるために、いくつかの深層学習のアルゴリズムを使用している。また、何百万もの学術論文をAIに検索させ、新素材の可能性を探っている。だが、このすばらしい新世界に足を踏み入れるには、いささか注意が必要だ。慎重に行動すべきだと声高に叫んでいるのは、AIの世界的な第一人者たちである。マックス・テグマークは『LIFE3.0』〔紀伊國屋書店〕のなかで、「知性は支配を可能にする。人間がトラを支配できるのは、人間が強いからではなく、人間が賢いからだ」と書いている。つまり、地球上でもっとも賢いという地位を譲れば、支配権も譲ることになるかもしれないということだ。

私たちはすでにアルゴリズムに支配権を明け渡してしまったのだろうか？　もしかしたら、すでに数世代前にアルゴリズムに支配されてしまったのかもしれない。これはネットフリックスおすすめのドラマなどではない。世界の市場は、社会やビジネスや政治に影響を与えている。私たちは高頻度の取引に翻弄されている。市場は、感情やその場の雰囲気や群れの本能によって動かされる原始的な意識のように、売り買いという単純なアルゴリズムに従って、淀んだり流れたり、急降下したり急上昇したりする。

二〇二〇年代は、多くの産業で自動化による仕事の代替が進むと考えられている。これは大きな懸念材料である。ロボットと自動化によって、二〇三〇年までに世界で二〇〇〇万人の工場労働者が職を失うと予測されている。ロボットがトラックや列車や飛行機を運転し、ハンバーガーを焼き、ラテをつくり、棚に在庫がなければ在庫を並べるようになるだろう。しかし、危機に瀕しているのは低スキルの労働力だけではない。経営コンサルタント会社のマッキンゼーは、法律事務員の仕事の大部分や、弁護士の仕事までもが自動化されるだろうと予測している。自動化は、失業率の上昇や一部の人に富が集中することによる格差の拡大、不安や怒りの増大といった最悪の状況を生む条件を整え、扇動政治家や権威主義的なリーダーがさらに生まれるきっかけとなる。こうした状況は社会を不安定にしかねない。私たちは、新たなものを生み出す能力を適切な方向に向ける方法を見つけると同時に、再訓練プログラムなどのセーフティネットを社会につくり上げ、人々を守らなくてはならない。基本的に、必要なのはばらまき型ではなく、目的重視型の改革である。この点については、第18章で詳しく採り上げ、その政策について説明する。

また、今後数年で大躍進すると予測されている技術に、ブロックチェーンがある。これは、購入や法的契約などの取引情報を、不正や改竄《かいざん》や停止が発生しないように、多数に分散保持させる仕組みだ。あらゆる分野に破壊的な変化をもたらすものとして注目されており、排出権取引〔国や企業ごとに温室効果ガスの排出枠を決め、枠が余ったところと枠を超えたところが取引する制度〕に最適なツールでもある。最近ではメルセデス・ベンツが、コバルトのサプライチェーンにおける炭素排出量を、ブロックチェーンで追跡する計画の試験運用を発表した。だが、もしブロックチェーンが何らかの形で主流になったとしても、いまのままの形では、地球を安定させるうえでは最悪の事態になるだろう。ブロックチェーンを採用しているビットコインは現在、アイルランド共和国よりも多くの炭素を排出しているが〔ビットコインの取引には膨大な電力がかかるため〕、国として実体のあるアイルランドとは違って、炭素を吐き出すばかりでほかに価値はない。

テクノロジーの方向性が不透明だというのは深刻な問題である。ひとまずAIや自動化、ブロックチェーンのことは置いておこう。次世代のモバイルネットワークである5G技術が、どのように産業を混乱させるのかさえ明らかではないが、いまこうしているあいだにも技術革新は進んでいる。いまのところは、オンラインゲームの遅延や不具合が少なくなるのが楽しみだという程度の話で、まだまだ平和だ。

二〇二〇年、ＢＢＣはもはやゲーム性をはるかに超えた5Gの世界を見据えている。「複数のドローンが協力して捜索救助活動や火災調査、交通監視などを行い、すべてが5Gネットワーク上で相互に、そして地上の基地局とワイヤレスで通信している様子を想像してみてください」。同様に、大規模な監視システムの一環としてドローンが使われる世界も想像できる。5Gは、私たちのテクノロジーとのつき合い方や、デバイスや家電製品同士が意思疎通し合う方法を変えるだろう。これにより、自律走行車の開発や、より効率的な都市への転換が進むかもしれない。スムーズに流れる交通システムというシナリオも考えられるが、交差点ごとにドライバー同士が自動的に入札し合う交通システムというシナリオも大いに考えられる。もっとも高い価格で入札したドライバーが、先に交差点を通過する権利を得るのだ。

現在、5Gがプライバシーやセキュリティー、民主主義にどんな影響を与えるのかは、誰にもわからない。政府はこの技術革新という名の多頭の獣を、社会的目標の達成に役立てる方向に導くことができていない。アマゾン、グーグル、フェイスブック（現メタ）などのテクノロジー系企業は、自社の排出量を削減することについては大層なことを言っているが、ユーザーに与える影響に比べれば、そんなものは大海の一滴にすぎない。世界の消費者に対する影響力を考えると、これらの企業はテクノロジーの活用というこの新たな責任を果たさなければならない。

地球工学（ジオエンジニアリング）

すべてが失敗したとき、徹底的な技術的修正で地球を安定させることができるのだろうか？　もしも最悪のシナリオが展開した場合、何十億もの人々を守るために、前例のない離れ業《わざ》的な技術工学が必要になる。地球工学は、意図的かつ大規模な技術の介入によって気候変動に対処することを目的としている。この地球をテラフォーミング〔人類が生活できるように改変すること、地球化〕するようなものである。正直なところ、これらのアイデアのほとんどは、SF小説にそのまま書かれているようなことだ。だが現在その多くが、科学的に注目されている。二〇三〇年までには、どれが最善策なのかがわかるはずだ。

地球工学には二種類ある。一つは、地球に届く太陽の光を遮断する方法。もう一つは、大気中の温室効果ガスを除去する方法である。どちらも複雑なシステムが介入するため、きわめて高いリスクをともなう。

太陽の光を遮る方法はいくつかあるが、まずは宇宙レベルで考えてみよう。地球と太陽のあいだに巨大なサンシェードを設置すれば、太陽からの熱の吸収を約二%を阻止できる可能性があり、うまく機能するだろう。とはいえその数字は膨大である。一メートル四方の日除けが何十万個も必要で、その重さは約一八〇〇万トン。全部で数兆ドルの費用がかかり、寿命は約五〇年である。しかしこれだけでは、大気中の二酸化炭素は蓄積しつづけるので、海洋酸性化の解決にはならない。二酸化炭素の排出が続けば、たとえ太陽光を遮ったとしても、海の酸性度は確実に増す。これは、過去の大量絶滅のおもな原因の一つである。コストや技術的な課題に加えて、巨大なサンシェードは、世界の気候パターンの変化など、予期せぬ事態をもたらすことも考えられる。

おそらくいまもっとも話題になっている地球工学的な解決策は、何百万トンもの微粒子を大気中に放出して、熱を宇宙に反射させるというものだろう。これが可能だということはわかっている。大規模な火山噴火のたびに、火山灰が高層大気に放出されるが、これは気候に重大な影響を与える。一九九一年にフィリピンのピナツボ火山が噴火したとき、最初の噴火から数年間は地球が少し冷えた[21]が、火山灰は数年で高層大気中に散逸するため、この影響は短期間で終わった。この種の介入を行おうとすると、毎年排出する硫黄の量が約三三〇万トンから五五〇万トンという膨大な規模になる。

人工降雨という方法もある。広大な海をかき混ぜることで、塩分を含んだ粒子を大気中に放出させ、雲の形成を助けるのだ。雲が増えれば、熱が宇宙に反射されて地球が冷やされる。このアイデアは、たとえばサンゴ礁の保護など、ごく局所的に利用することができる。だが地球規模で考えると、自律航行型船舶の一大艦隊が永遠に海を渡りつづけなくてはならない。

道路や屋根など、街を白く塗るだけでも、熱を反射することができる。局所的ではあるが、街や村を涼しくする効果がある。同様に、太陽の熱を反射しやすいように遺伝子組み換えした作物を栽培して、より広範囲に地球を冷却するという案もある。しかし、このような地球工学的なアイデアには、危険な要素が含まれている。それは、一度始めたらやめられないということだ。資金が尽きたり、地政学的な争いが起きたり、予期せぬ壊滅的な事態が生じたりなど、何らかの理由で地球工学プロジェクトを中止せざるをえなくなった場合、地球の温度は急激に上昇することになる。

大気中の二酸化炭素を除去するためのアイデアもいくつか提案されている。もっとも話題にのぼるのは、炭素を集めて貯蔵する方法である。この方法は大きく分けて二つある。一つは、何らかの機械を使って大気中から炭素を取り除く方法。もう一つは、植物を育てて炭素を吸収させ、燃やすことでエネルギーにする方法である。燃やすときには二酸化炭素が発生するが、これはきちんと集めて、大気から離れた安全な場所に貯蔵する必要がある。もっとも一般的な案は、二酸化炭素をポンプで海中深くの使用済みの油田に送って貯蔵することだ。だが炭素の回収を植物に頼ると、莫大な規模になるため世界の食料生産に支障をきたし、増加する人口に十分な食料を供給することができなくなる。

世界が炭素の排出量を大幅に削減したとしても、最終的には、こうした技術的解決策がいくつか必要になってくるだろう。なぜなら人類は地球を管理できなくなるリスクにかなり近づいているからだ。地球工学が必要不可欠になったとき、私たちはあらゆる解決策を持ち寄り、リスクを体系的に評価する必要がある。炭素の回収と貯蔵は、もっとも有望な選択肢だ。経済的に実現可能で、比較的安全と思われる。今後一〇年間で、毎年五〇億〜一〇〇億トンの二酸化炭素を大気中から回収できるように、いまから規模の拡大を始める必要がある。これは世界が「カーボンの法則」に従ったとしても、しなければならないことだ。だがこれ以上は、それこそSFの世界にしか存在しない話になる。

最後に、研究者たちは、南極の氷床の一部を安定させる方法も提案している。発電に約一万二〇〇〇基の風力タービンが必要ではあるが、巨大なスノーマシン（人工降雪機）で海水を吸い上げて雪を降らせ、氷床を再建して数メートルの海面上昇から世界を守るというものだ。私たちの評価では、このようなアイデアはいまのところ、紙の上や優秀な同僚の頭のなかにある興味深いプロジェクトにすぎない。人類が直面している課題の規模がいかに大きいかを強調してはいるものの、現時点では現実的ではないかもしれない。とはいえいまから一〇年後には、この意見は見直されているかもしれない。これらは、私たちが検討を迫られているもののなかでも極端な例である。

いうまでもなく、これは時間との闘いである。技術の進歩を加速させることは、切実に必要とされているほかの五つの主要なシステム変革の推進にも役立つ。しかし、技術の進歩が、持続不可能な消費を増やして排出量を増加させるだけのものならば、それはけっして成功とは言えない。

次の二章では、アースショット構想の基礎となる六つのシステム変革を、経済面と政治面での政策がどのように導いていけるかを見ていく。そして第18章では、ふたたび転換点の話に戻る。

(20) 現在の世界の電力需要に加えて、さらに五〇%の電力を供給することができる。
(21) 二年間で〇・五℃。

第16章　プラネタリー・バウンダリーのなかの世界経済

今日、私たちの目の前には成長を必要とする経済があるが、それが私たちを繁栄させるかどうかは別問題だ。必要なのは、成長するかどうかではなく、私たちを繁栄させる経済である。

ケイト・ラワース『ドーナツ経済』（二〇一七年）

先日、旧友である大手スポーツ用品会社プーマの元CEO、ヨッヘン・ツァイツに久しぶりに会った。彼のもとで、プーマは地球との関係をつくり直した。現在、彼はハーレーダビッドソンのCEO兼会長を務めている。ヨッヘンが言うには、ハーレーは電気自動車に切り替えることを決めたそうだ。私は椅子から落ちそうになった。けたたましいオートバイ、石油、燃焼機関の象徴であるハーレーダビッドソンが、電気オートバイを発売する。そんなことが可能なのか？　じつは、これは彼らの生存に関わる問題なのだ。彼らは、次世代の人々が化石燃料を使わない製品を求めていることに気づいたのである。

ハーレーにできるなら、世界にもできるはずだ。

ヨハン・ロックストローム

プラネタリー・バウンダリーが経済理論と実践にとって、どのような意味を持つかを最初に把握した一人が、現在オックスフォード大学の研究者であるケイト・ラワースである。ラワースは、プラネタリー・バウンダリーが世界経済の環境面での天井を表しているとすれば、反対方向にはエネルギー、水、食料、健康、教育、住宅など（計一二項目）を十分に手に入れられるかどうかという社会面での床も、同じように存在すると考えた。彼女はこの新しい経済モデルを「ドーナツ経済」と名づけた（↓255ページ図）。

ドーナツ経済はいま、経済学の正統派になりつつある。二〇二〇年、オックスフォード大学は、一七七六年のアダム・スミスに始まり、ラワースのドーナツ経済にいたるまでの経済思想の変遷を記した新しい経済学の教科書を出版した。スミスは、利己主義と市場と成長が社会のすべての人に意図しない社会的利益をもたらすことを説明するために、資本主義の「上げ潮はすべての船を持ち上げる」と、市場の「見えざる手」という二つの比喩を導入したことで有名である。人新世では、資本主義に後押しされた上げ潮はもはや比喩とは違って、文字どおり都市を沈めようとしており、もっとも貧しい人々がもっとも打撃を受け、見えざる手は人々の頭を水中に押し込んでいる。目下の課題は、私たちの経済力を人類にとって安全な機能空間に振り向けることである。それもできるだけ早く。プラネタリー・バウンダリーが、グローバル経済が崖から転げ落ちるのを防ぐフェンスだとすれば、私たちはすでにフェンスをよじ上り、その縁《ふち》から身を乗り出している。まだ指先でフェンスからぶら下がっている状態ではないが、まもなくそうなるだろう。そうなれば、政府は産業を一手に引き受け、私たちを安全な場所に引き戻そうとせざるをえなくなる。だがそのような段階になったら、もう手遅れかもしれない。このシナリオは、多くの人が認めたがらないほど身近に迫ってきている。ドーナツ経済は救命胴衣のようなものかもしれない。

では、楽観できる理由はあるだろうか？　私たちは、一〇〇億以上の人間が、プラネタリー・バウンダリーの範囲内で豊かに公平な生活を送ることができることを示す、いくつかの希望の光があると信じている。そして、そこに導いてくれる経済を構築することもできる。なぜなら技術的に可能なことは経済的にも可能だから。経済システムは変革のためのもっとも強力なツールである。成功の秘訣は、現状よりも説得力のある経済の物語を語ることだ。フランスの作家、アントワーヌ・ド・サン＝テグジュペリは次のように述べている。「船を造りたければ、大々的に人を呼び集めて木を集めさせたり、仕事を分担させたり、命令したりしてはいけない。その代わりに、果てしない広大な海への憧れを説くのだ」。これは、そんなに難しいことではない。二〇〇八年から二〇〇九年の世界的な金融危機と二〇二〇年のパンデミックでは、すでに新自由主義という物語が、地球の地質にくっきりと痕跡を残している。

楽観的になれる理由

楽観的になれる第一の理由は、新しい経済理論が、現在のビジネスのやり方よりもはるかに魅力的であるということだ。再生可能で循環型の経済を原則とする安定した地球に投資した場合のリターンは、長期的な利益をもたらす非常にバランスの取れたものである。市場もそれを理解しはじめている。持続可能な技術とビジネスモデルは、より効率的な生産と、市場での需要の高まりのおかげで、より収益性が高いことが証明されている。スカニアのCEOヘンリック・ヘンリクソンは、「持続可能性と収益性はいまや密接に結びついている」と述べている。彼は大型トラックやバスなどの生産を手がけている。

第二に、私たちは過去にも同じ経験をしている。新しい経済思想は驚くほど速く主流になるのだ。一九三〇年代から四〇年代にかけて、フランクリン・D・ルーズベルトのニューディール政策は、長期的な投資と、労働者と政府と企業のあいだの新しい社会契約によって、世界を大恐慌から脱出させ、第二次世界大戦後の経済の再建に貢献した。一九八〇年代には、マーガレット・サッチャーやロナルド・レーガンを中心に、新自由主義の経済思想が世界を席巻した。

第三に、私たちはゼロからスタートしているわけではないということを忘れてはならない。エネルギー革命は三〇年前に始まり、いまや離陸できるスピードに達している。人口増加は緩やかになってきている。テクノロジー革命はとどまるところを知らず、都市はつねに革新を続けている。私たちには、アイデアを迅速にやりとりしたり拡散させたりするのに適した、強力で健全なビジネス構造がある。一九〇以上の国と何千もの都市があるので、解決策を試したり、お互いに学んだりすることができ、変革と革新にうってつけの基盤となっている。

そして最後に、二〇二〇年のパンデミックは、いまの世代にとって、世界経済を改革するもっとも重要な機会である。

人新世における経済発展の核心は二つある。企業の活動の場である「市場」と「モノやサービスの流れ」を再構築することと、未来を見据えた長期的な計画──カテドラル・シンキング〔大聖堂建設時に必要な長期的思考〕──である。だが、市場とカテドラル・シンキングに取り組む前に、まずは成長について考える必要がある。

ラワースの経済モデルは、プラネタリー・バウンダリーの枠組みに、教育と食料と健康と平等、エネルギー、住宅、水の入手のしやすさといった社会的基盤を加えたものである。このモデルでは、物資が再循環するかぎり、多くの経済活動（拡大部分）が可能である。

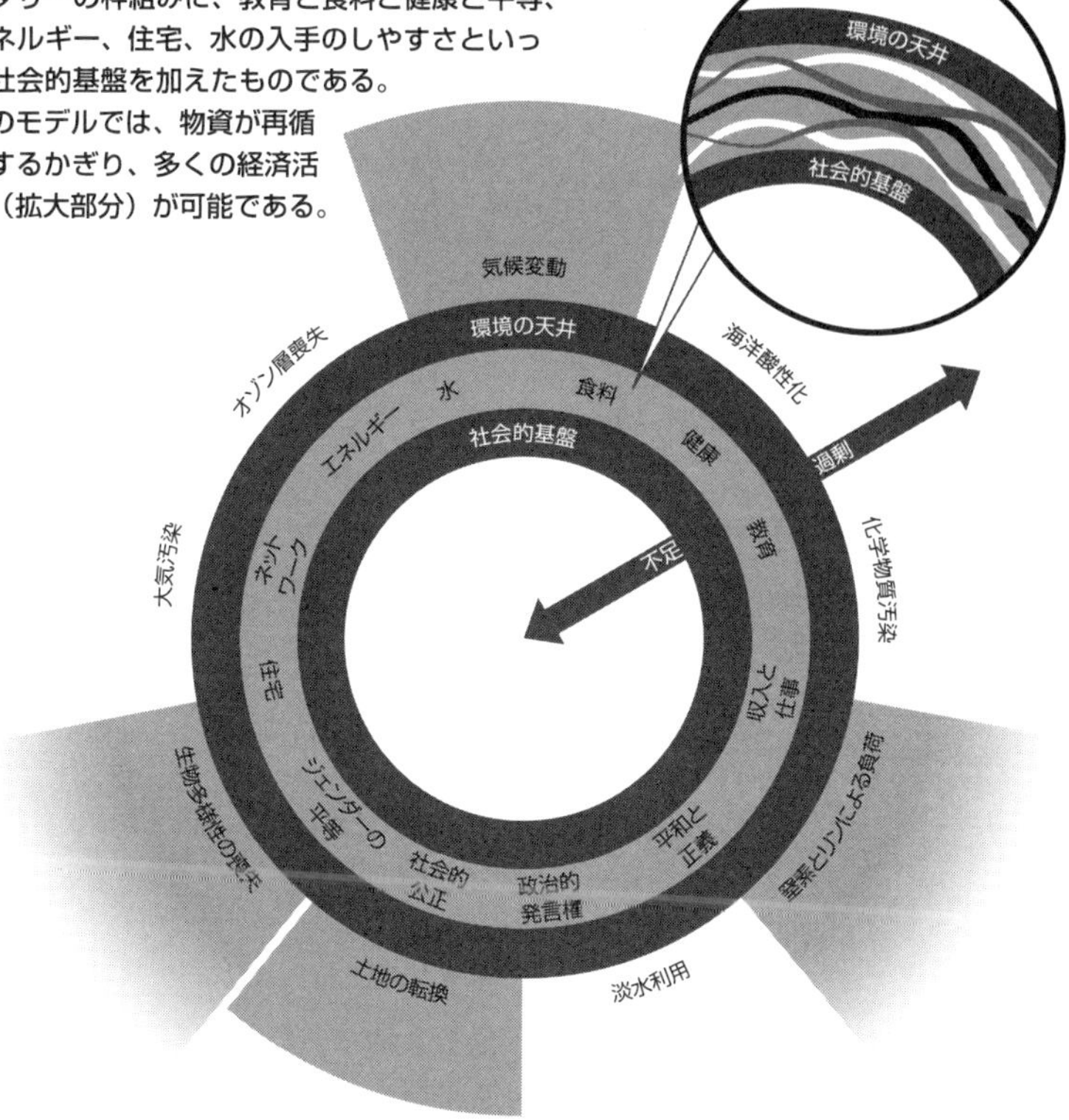

ドーナツ経済

私たちは成長に取り憑かれている

政治家は経済成長に執着する。経済成長は、機会、安定性、福祉、幸福度を測るものとして使われる。経済が成長していれば、これらのものもすべて手に入る。だが人生のほかの場面では、終わりのない成長とポジティブな結果を結びつけることはない。たとえば私たちは庭の植物の成長を望むが、ある時点で成長が安定して止まることを期待している。子どもにも成長してほしいと思うが、無限の成長は望んでいない。第13章でも触れたように、たとえ金持ちであっても、富が増えれば増えただけ満足感や幸福度が上がるわけではない。だが豊かになればなるほど、環境への負荷は大きくなる。これが一般的な法則である。

このような成長への執着はどこから来たのだろうか。アメリカの経済学者サイモン・クズネッツが、一九三四年に初めてGDPの概念を提唱した。そして一九四〇年代には、クズネッツ自身が、GDPは社会の真の価値はおろか、経済が社会にもたらす環境的損害や社会的損害すらも捉えられていないと警告していたにもかかわらず、GDPは国の成功を測る決定的な尺度となった。これはある程度は理解できる。GDPは、ある国が貧困から抜け出すためのシンプルで強力な指標である。

過去二〇〇年間、世界経済はあらゆる困難を乗り越え、指数関数的に成長してきた。だがその成長は、しばしば安価な労働力によって支えられている。発展途上国の貧しい大人や子どもを搾取しているのだ。また成長は、鉱業、土壌浸食、森林伐採、大気汚染、温室効果ガスなど、地球の犠牲のうえに成り立っている。このように考えてみると、実際には何も成長していないことになる。社会資本や自然資本が経済資本に変換されているだけなのだ。差し引きゼロ。無成長である。多くの犠牲で成り立っていた消費者資本主義は終わりを迎えた。うまい話は続かない。

経済成長は、教育、技術革新、インフラ、都市化、エネルギーなどへの投資の組み合わせによってもたらされる。資源採取は、国際貿易と同様に重要な要素である。ほかにも重要な要素はいろいろある。たとえば、政治的安定と公的機関への信頼は、市場の信頼性を高めるために不可欠だ。もちろん、未来から借りて現在の支払いに充てる、負債の存在も忘れてはならない。パンデミックで経済が破綻する前

地球を安定させるための道筋

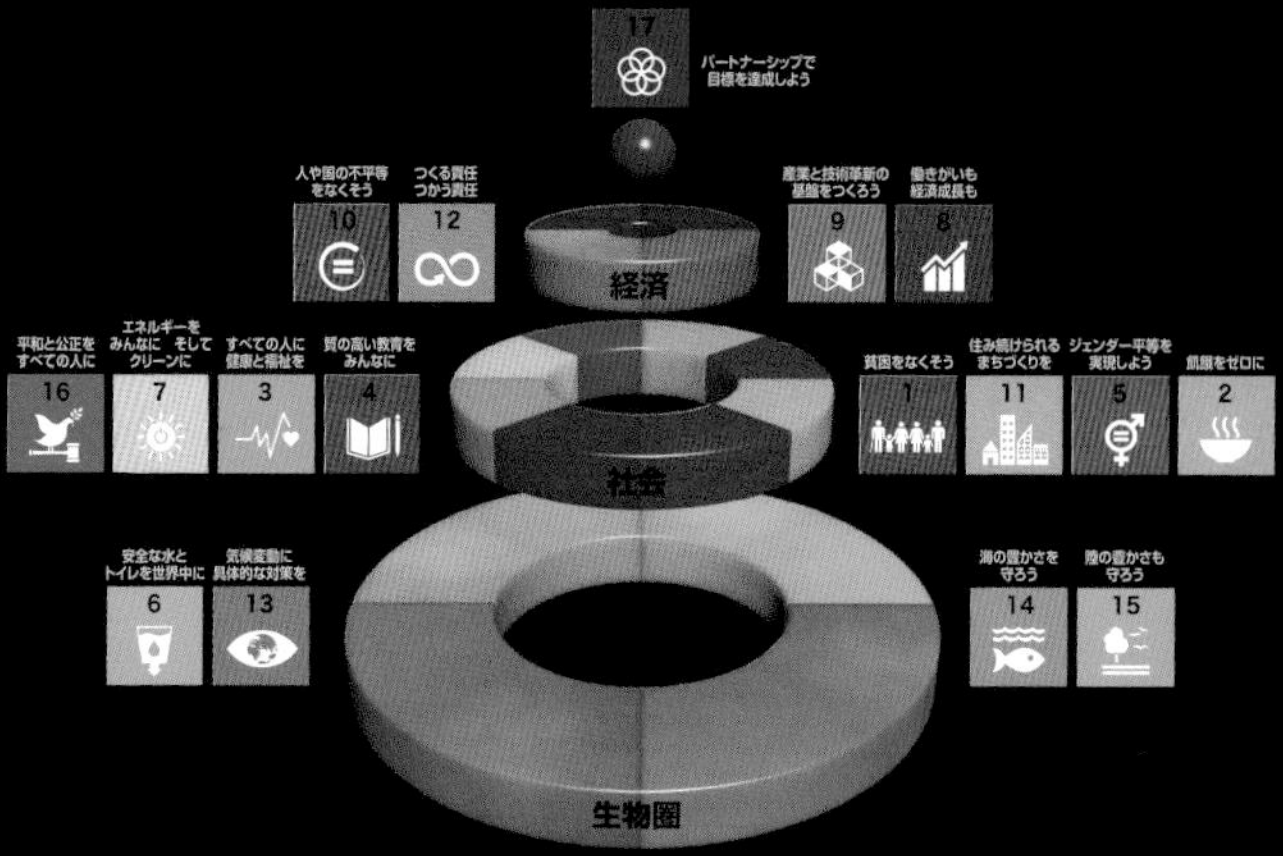

2015年、国連加盟国は、貧困の撲滅から人類の健康増進まで、17の「持続可能な開発目標」（上図）に合意した。だが地球の自然システムが回復力を持ち、効果的に機能してこそ、世界は長期的な持続可能性を達成することができる。

アースショット構想は、地球を安定させ、持続可能な開発目標を達成するために、6つのシステム変革（下図）を行うことを基本としている。この6つの変革を正しく行えば、100億の人々が安定した地球上で、豊かで健康的な生活を送ることができるという科学的なコンセンサスが得られつつある。

グローバル・セイフティネット

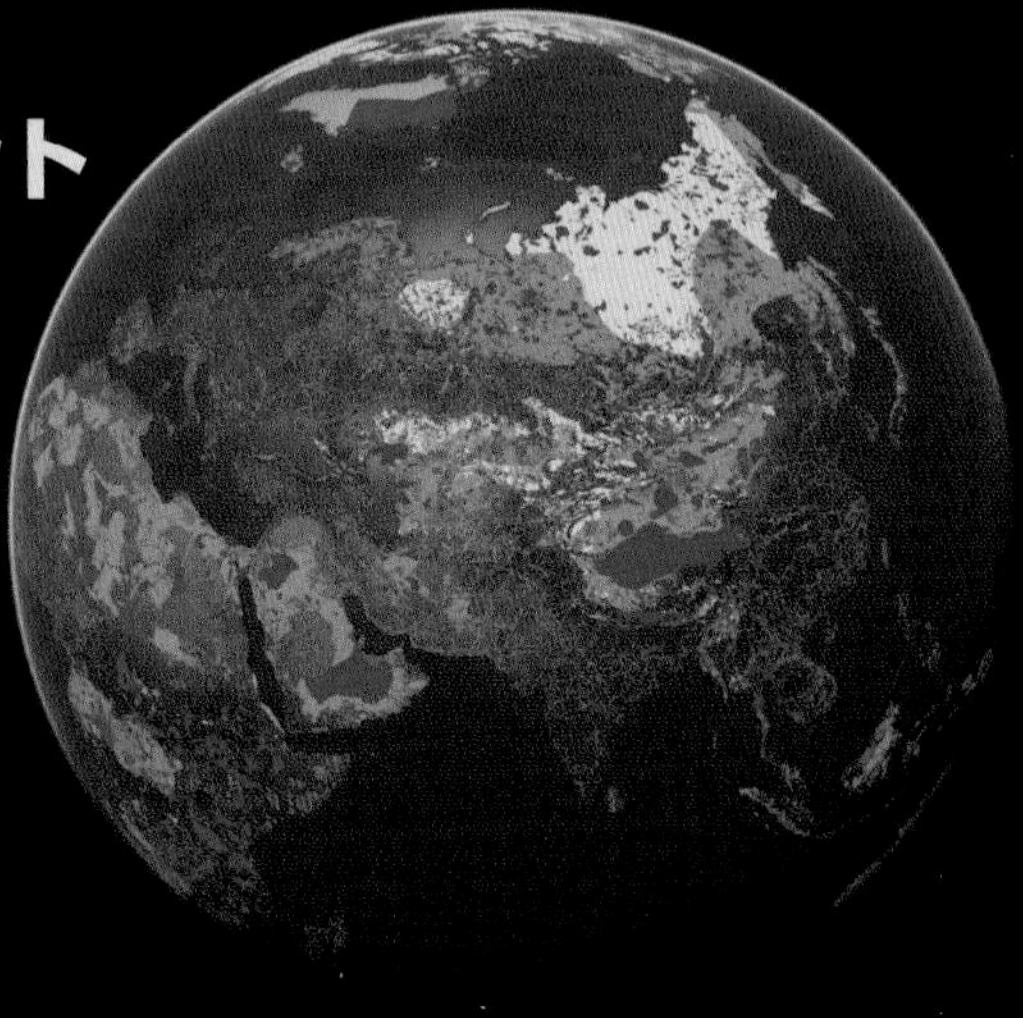

現在の世界の保護地域（15%）*

種の希少性を持つ場所を守るために追加で保護が必要な地域（2.3%）

複数の絶滅危惧種の生息場所を守るために追加で保護が必要な地域（6%）

希少現象が見られる場所を守るために追加で保護が必要な地域（6.3%）

損なわれていない自然を守るために追加で保護が必要な地域（16%）

気候安定化のために追加で保護が必要な地域（4.7%）

野生生物と気候のコリドー（手つかずの生息地をつなぐ）

＊種の希少性、絶滅の危険性、稀少現象、損なわれていないこと、などをもとに選ばれた地域を含む

2020 年、科学者たちは初めて、地球上の土地の半分を守るために必要なことを考え、数値を計算して視覚化した。このグローバル・セイフティネット・マップは、自然保護区域を拡大することで、気候変動と生物多様性の喪失の両方に対処できることを示している。今回の研究では、地球上の 50%の領域が保護されれば、生物多様性の喪失を食い止め、土地の開拓による二酸化炭素の放出を防ぎ、自然からの炭素除去を促進できるとしている。この構想では、現在保護されている 15.1%の土地に加えて、生物多様性にとってとくに重要な場所を保全し、気候を安定させるために、さらに 35.3%の土地を保護する必要があると示している。先住民族の土地は、広範囲がグローバル・セイフティネットと重なっている。このような繊細な地域を保護することで、COVID-19 のような人獣共通感染症が将来的に発生する可能性を低減し、公衆衛生を維持することができる。

人類のこれまでの成果を振り返る

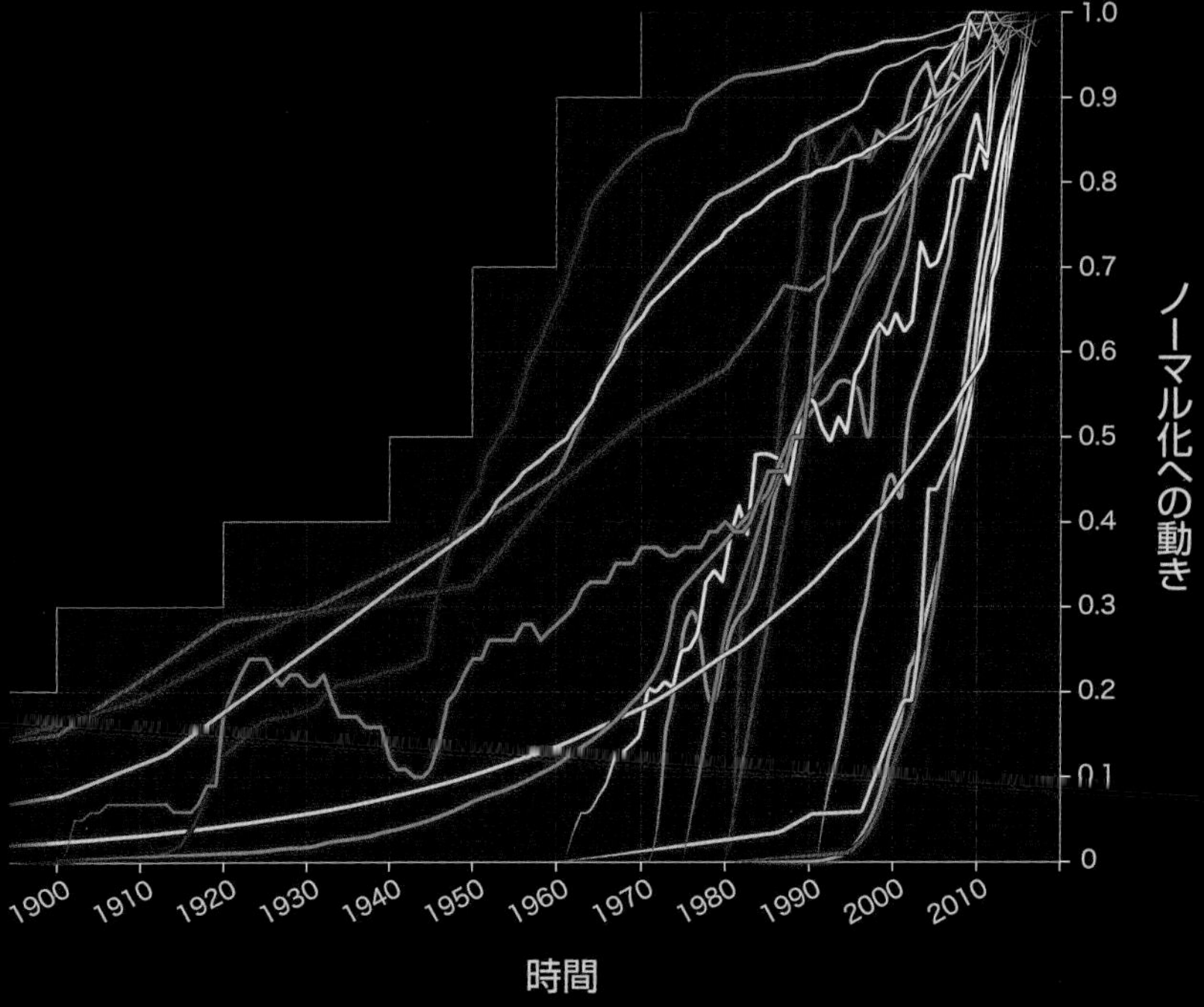

科学と民主主義と人々の協力によって、人類はこの50年で不可能を可能にしてきた。全世界が高い識字率を達成するのも目前である。地球についての理解も急速に進んでいる。私たちはより多くの土地や海を保護している。地球上の大多数の人々が、インターネットや携帯電話を利用できるようになった。さらに、極度の貧困の終焉も間近に迫っており、世界の平均寿命はいまや72歳である。

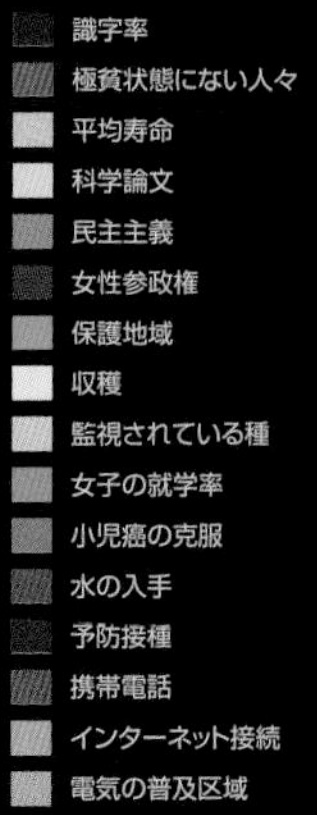

複雑さの増大――地球の進化の重大事件

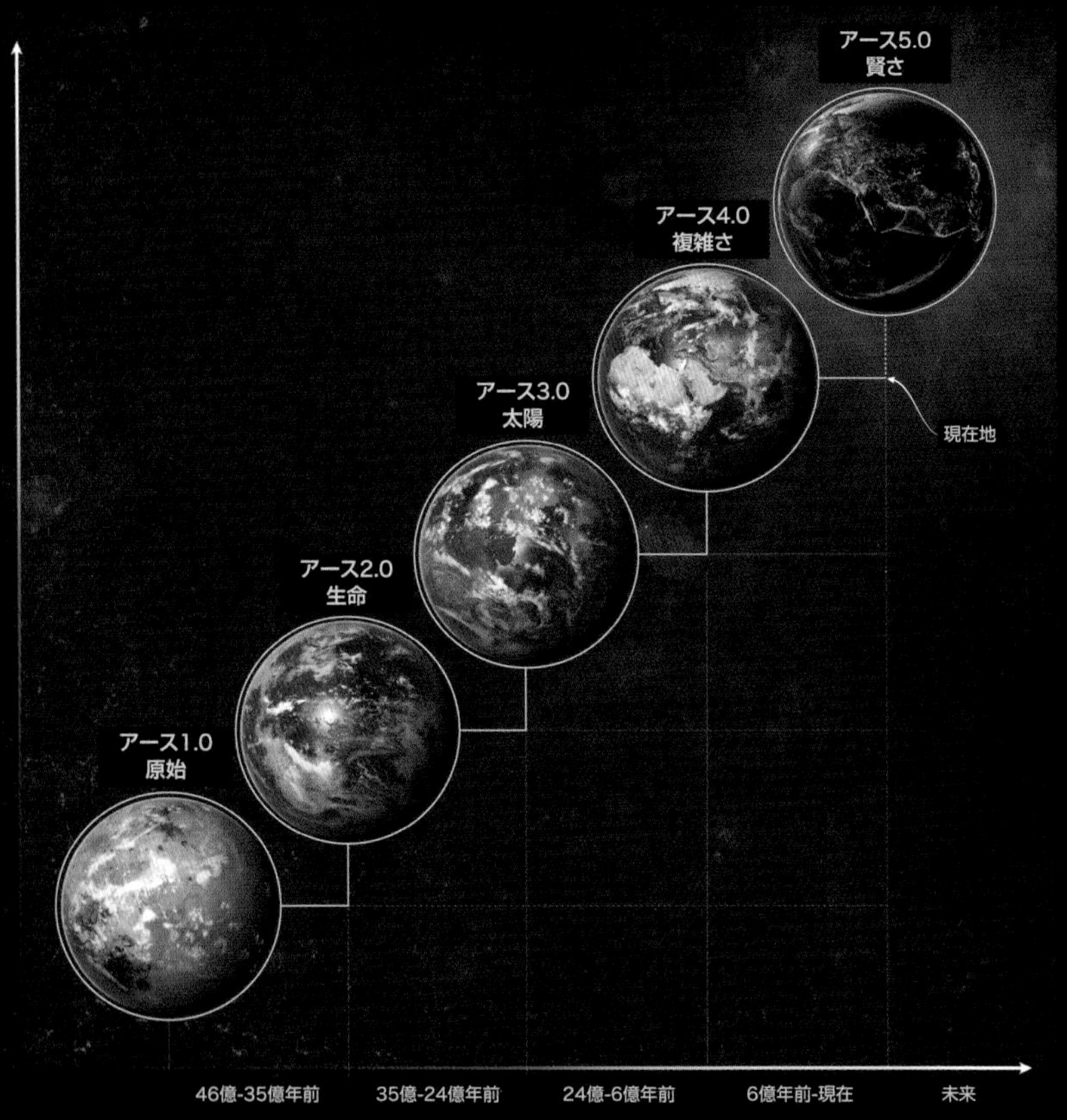

地球の歴史は、生命の誕生（アース 2.0）、光合成による酸素の放出（アース 3.0）、複雑な多細胞生物（アース 4.0）という、地球の流れを変えた３つの進化上の出来事がアクセントになっている。それぞれの段階で複雑さが飛躍的に増大し、それにともなって身近な環境に関する情報の処理能力も向上した。情報処理は、生物にとって死活問題である。ホモ・サピエンスの登場により、この複雑さのレベルがふたたび跳ね上がった。１つの種が、地球システム全体に関わる情報を処理できるようになったのだ。これは、多細胞生物や光合成の登場と同じくらいの重大事件だろうか？　おそらくそうだろう。

の二〇二〇年初頭、世界の負債は二五八兆ドルという記録的な額に達していた。

政治が成長に執着を示しているにもかかわらず、技術的に進歩した富裕国は、一九五〇年代と六〇年代のような猛スピードでの成長を止めてしまった。この減速は三〇年以上前に起きたもので、多くの経済学者によれば、高成長の状態に戻るのは無理かもしれない。これには経済的な理由がある。発展途上国では人口増加率が高く、人々がよりよい生活を求めて都市部に移住するため、労働力が拡大して急速な成長が可能になるのだ。豊かな国は、人口増加が少ないかゼロであり、都市部の人口が多く、人々は高学歴で、製造業よりも、金融やテクノロジー、知識、健康、接客、法律などの分野で働くことが多い。これらの分野では、技術革新があったとしても限られた効率しかもたらさないため、高成長の余地はほとんどない。機械は、弁護士や看護師、映画製作者といった人々の作業効率を一〇倍にすることはできなかったし、今後もその可能性は低いだろう。

グリーン成長と脱成長

ここ数年、地球の未来を考える経済学者のグループ（もちろん、経済学者のなかでも非常に少数のグループだ）のなかで、大きな論争が勃発している。その論争の一端を担うのが、グリーン成長派と呼ばれる人々だ。彼らは、より環境にとって持続可能な経済成長は可能だと言う。環境破壊のない経済成長は可能である。政策立案者は、市場を再構築し、炭素を経済から排除し、生物多様性を保護し、汚染を回避し、さらなる土地の開拓を防ぐための適切な政策を見つけることができる。それと同時に、経済は成長しつづけることができる、という主張だ。

問題は、グリーン成長の実証的な証拠が弱いことである。スウェーデン、フランス、イギリス、フィンランドなど、多くの豊かな国は、自国内での排出量を大幅に削減しているにもかかわらず、地球の限界を超えて生活している。その理由は、国民が消費する商品が、排出量が急増している中国などで生産されているからだ。

その対極の主張をするのは脱成長派（あるいは、少なくとも現状維持派）である。彼らは、脱成長（あるいは、少なくとも無成長）が唯一の選択肢であると結論づけている。これは危険な経済戦略かもしれない。またもや、COVID－19がそうした世界を垣間見せてくれた。二〇二〇年には、世界中で温室効果ガスの排出量が劇的に減少し、多くの都市で、過去数十年間でもっとも空気がきれいになった。だがその代償は何か？　何百万もの雇用やビジネスの喪失は、社会不安や治安の悪化をもたらし、技術革新の終焉につながり、最終的には経済の崩壊を招くかもしれない。このような混沌とした政治環境では、社会に持続的かつ長期的な変化をもたらすことはできない。また、カーボンの法則の範囲内に収めるためには、温室効果ガスの排出量を年率七～八％削減しなければならないことも忘れてはならない。さらに、富裕国が脱成長を掲げると、貧困国の何億もの人々は貧困から脱するのが難しくなる。八億もの人々が極度の貧困状態にあり、健康状態も悪く、教育も満足に受けられないなかで、経済成長を放棄しろ、よりよい生活への希望は捨てろ、などと言う権利がいったい誰にあるだろう。

プラネタリー・バウンダリー構想は、グリーン成長と脱成長それぞれを擁護する学者たちによって利用されてきた。だがこの構想は、世界経済に関してはまったく答えを持っていない。ただ人間にとって安全な機能空間の輪郭を教えてくれるだけで、世界経済がどうやってそこに到達するのか、どうやって限界内にとどまればいいのかは教えてくれない。だが、私たちは答えがないのをよしとはしない。もっと現実的である。

まず、生物圏を犠牲にした無限の成長は不可能である。これは提言ではなく事実だ。第二に、地球の生命維持システムを犠牲にしない経済成長は可能である。経済成長は、人々の生活を向上させ、安全をもたらし、人口増加を抑制する。ただ、成長は状況に大きく左右される。飢餓や貧困をなくすために経済成長が不可欠な場所もあれば、そんなことなど少しも気にする必要のない場所もある。だがどんな国においても、私たちは目先のことしか考えない視点を超えて、よりよい生活のためのよりよい指標を採用すべきである。日本は何十年ものあいだ、低成長やゼロ成長に悩まされてきたが、いまではそれを受け入れている。ニュージーランドやアイスランド、スコットランドなどの国々は、人と地球の両方を幸せにする経済政策を、積極的にオープンに、そして勇気をもって模索している。

そういうわけで、経済成長にこだわるべきではないし、経済成長を悪者にするべきでもない。私たちは、社会的な目標を妨害するのではなく後押しするために、市場を効果的に管理することに重点を置くべきである。

とはいえ成長にこだわることをやめる前に、成長が魅力的である理由の一つを認識しておく必要がある。近代経済の構築には、借金が大きな役割を果たしている。借りたお金は、将来返さなければならない。ここで大前提となるのは、将来がバラ色であることだ。つまり、何らかの進歩や成長がなければ借金は返せない。この前提は、誰にとってもよい条件に見える。学生ローンから道路や工場の建設まで、今日の借金が将来の見通しをよくするのだ。

未来からの借金を可能にするさまざまな金融商品は、タイムマシンのように機能するため、借金を返済する未来の自分や社会と契約を結ぶことができる。だが現在の投資が未来の安定性を揺るがすとしたらどうだろうか。近年、この社会契約がすでに破綻していることが明らかになってきている。それは、学校ストライキをしている子どもたちを見ればわかる。いま予想される未来は、明らかに彼らが契約した未来ではないのだ。

学校に戻る

いまこそ、一九三〇年代に登場し、一九八〇年代以降、世界を席巻してきた、シカゴ学派の唱える新自由主義経済モデルを否定すべきときである。いまこそ、「勝者がすべてを手にする」という経済理論を捨て去るときだ。過去四〇年間、世界の富は生活向上や地球の安定のために使われることなく、一部の人たちに独占されてきた。そうではなく、所得、生産高、利益、賃金など、すべての経済変数がともに増大し、社会のすべての人に利益をもたらし、安定した政治的環境を確実にするような、よりバランスの取れた経済路線に戻らなければならない。いまこそ、学校に戻るべきときなのだ。

ストックホルム学派と呼ばれる新しい経済学派の考え方の基本は、三つの「R」、つまり回復力（レジリエンス）、再生（リジェネレイション）、再循環（リサーキュレイション）にある。この三つのRは、経済のおもに物理的な「モノ」の使用に関連する部分を扱っている。またストックホルム学派は、知識経済、情報経済、デジタル経済、サービス経済（教育と医療を含む）、共有経済の頭文字を取った「ＫＩＤＳＳ」を標榜している。ＫＩＤＳＳは成長が可能であり、これらの組み合わせが、プラネタリー・バウンダリーの範囲内で回復力のある健全な経済を推進する、新しい経済モデルの構成要素となる。

三つのＲとＫＩＤＳＳ

ドーナツ経済の活動の場でのルールは次のとおりである。

ルールその１――変革や激動の時代には、回復力のある人々が回復力のある経済をつくる

ＣＯＶＩＤ－19は、経済は人がいなければ成り立たないことを示した。危機の最中にもっとも必要とされた労働者は、介護士、配達員、レジ係、倉庫係、救急隊員、看護師、教師、ジャーナリストなど、比較的低賃金であることが多かった。仕事を失った何千万もの人々は、何十年も続くかもしれない経済的苦難に直面している。世界的な不況のなかで学校を卒業していく若者たちは、景気のよい時期に卒業した学生たちに与えられていたような機会を、自分のキャリアのなかで得ることはないかもしれない。

今後の数十年では、感染症、自動化（そして最終的にはＡＩ）、サイバー攻撃、銀行の破綻、気候変動その他の環境災害、そしてもちろん政治の破綻など、より多くの経済的打撃が予想される。これらの打撃は、スピード、規模の大きさ、つながり、予期せぬ出来事が特徴となるだろう。このような脅威に耐えられる経済を構築することは可能だろうか？　可能である。だがこれは、人間を守ることを意味する。

まず、国民皆保険制度などの効果的なセーフティネットに投資して、人々の健康を守る必要がある。これは、経済的に余裕がある場合に「できれば整えておいたほうがいい」ものなどではなく、人新世の回復力ある経済にとって必要不可欠な公共財である。

変革の時代には、雇用を守ることも必要である。予想外の打撃のあるなしにかかわらず、経済は変わっていかなければならず、化石燃料産業は縮小しなければならない。その際には混乱も生じるだろう。多くの雇用が創出されもするが、消滅するものもあるだろう。しかし、適切なサポートがあれば、従業員と雇用者にとって前進の機会となる。また、人生のどの時期であろうと、すべての教育が無償（または補助金つき）で受けられるようになれば、誰もがあまり苦労することなく転職できるようになる。さらに、政府は最低所得保障といったアイデアも真剣に検討すべきだ。これは回復力への投資である。また、他分野から次々と新しい人材が入ってくることで、産業が新しいものに触れて活性化し、技術革新が確実に促進される。

最後に、人々を守るというのは、富を公平に再分配することである。経済的な平等性が高まれば、犯罪や肥満や薬物使用が減り、共通の利益のための集団的な意思決定も容易になることは、さまざまな証拠がはっきりと示している。これは空想の世界の話ではない。これが北欧モデルなのだ。健康、経済的平等、男女平等、幸福、教育、寛容さ、民主主義、信頼などの面で世界ランクの上位につねに位置しているのは、デンマークやスウェーデン、もしくはノルウェーやフィンランドなのである。だからこそ、経済は効率性重視ではなく、回復力の構築に向けてシフトする必要がある。

ルールその2——天然資源を再生する

プラネタリー・バウンダリーの範囲内にある経済は、炭素を排出するのではなく貯蔵し、生物多様性を破壊するのではなく強化し、土壌や水を汚染するのではなく保護する。

新しい経済の基盤となるのは再生である。自然は分相応に生きていくことにとても長《た》けており、そこから私たちが学べることはたくさんある。進化によって複数の生物があらゆる物質を再生し、再循環させている。豊かな生物多様性は、絶え間なく更新されるものである。漁業から農業、林業、鉱業にいたるまで、産業は生物圏を適切に管理し、地球の全生命の回復力を高める方向に向かっていかなければならない。

この再生可能な経済はすでに始まっている。現在、世界の電力の約二四％は再生可能エネルギーで賄われている。また第11章で説明したように、世界の農場の三分の一近くが何らかの形の持続可能な農業を実践している。世界の大手水産会社は一丸となって、「責任ある海洋管理のための水産業（ＳｅａＢＯＳ）」といった組織を立ち上げ、持続可能な海洋利用構想を描いている。また最近の調査によると、今後三〇年間で新しい建物の九〇％を木材で建設した場合、二〇〇億トンの炭素を大気中から除去することができる。これは、現在の炭素排出量の一年分をはるかに超える量である。

ルールその3——すべてを循環させる

人が経済の中心で、再生された生物圏がその基盤であるとすれば、循環型経済は止まることのない推進力を生み出す弾み車である。現在、地球上のすべての人は、年間平均一三トンの「モノ」を消費している。鉱物から化石燃料、作物、木にいたるまで、世界は一〇〇〇億トンもの膨大な物質を消費しているのだ。もちろん、これらの消費のほとんどは豊かな国で行われている。そのほとんどは、住宅や工場、道路その他の建築物に使われている。しかし、輸送、生ゴミ、消費財などにかかる物資も馬鹿にならない。これらの物資の約三分の一は捨てられている。経済的に考えれば、これは驚異的な無駄遣いである。よいニュースは、世界経済の一〇％近くが循環型になっていることだ。その可能性は計り知れない。ヨーロッパでは、循環型経済を実現すれば、二〇五〇年までに重工業からの温室効果ガス排出量を五六％削減できると言われている。

世界でもっとも価値のある企業のなかには、すでに循環型ビジネスモデルに取り組んでいる企業もある。イケアは、二〇三〇年までに気候ニュートラルを実現することを計画している。同社は、すべての製品に再生可能な素材とリサイクル可能な素材のみを使用し、再利用、修理、再使用、再販売、再循環ができるように開発すると発表した。同様に、ファッション大手のH&Mは、二〇三〇年までに一〇〇％リサイクルまたは持続可能な素材を使用し、二〇四〇年までに完全に気候変動に対応することを約束している。鉄鋼、アルミニウム、プラスチック、紙、段ボール、ガラス、食品廃棄物など、もっともよく使われる素材の多くがリサイクル可能であることに企業が気づくにつれ、こうした経済モデルは急速に主流になりつつある。生産に膨大なエネルギーを必要とするコンクリートでさえ、無限のリサイクルが可能である。

ルールその2とその3は、「持続不可能な資源採取による経済成長を終わらせなければならない」という基本原則にもとづいている。では、新たな成長はどこから生まれるのだろうか？

ルールその4――KIDSSを成長させよう

知識経済、情報経済、デジタル経済、サービス経済、共有経済（KIDSS）は、成長の伸び代《しろ》がたっぷりある。これらの経済は相互に密接にリンクしており、今世紀の技術革新と創造性の源となるだろう。知識と情報分野の変革は、将来の人々が地球上で豊かな生活を送るために必要な経済成長の基盤を与えてくれる。この変革はすでに明確な形で進んでいる。多くの先進国では、製造業ではなく、サービス、知識、情報を基盤とした経済活動が行われているからだ。

KIDSS経済の中核となるのはシェアリング（共有）である。建物や道具、車などは、多くの場合、使われていない状態にあることが多い。デジタル化することで、車や道具、スペースを持っている人と、それを一時的に使いたい人を結びつける作業が大幅に楽になる。資源を開放してほかの人が使えるようにするような、サービスを基盤としたビジネスモデルに移行することで、増益と温室効果ガス排出量の削減を同時に実現することができるのだ。新しいビジネスモデルは、意外なところで生まれている。たとえば農業。農家は従来、肥料を購入して作物に撒いていた。だがこれでは無駄が生じる可能性がある。農家には、最大量の収穫を得るために最適な肥料の散布時期、散布量、散布場所についての情報や知識が不足している可能性があるからだ。現在、農家は月単位で肥料サービスを購入することができる。肥料会社は土地、天候、生育状況を評価して、最適な肥料の散布を行い、廃棄物や水質汚染を削減する。これはいわば農家向けのネットフリックスである。このモデルは、農業の別のさまざまな側面にも適用できるし、ほかの産業にも応用できる。

しかしKIDSS経済は、第15章で紹介した、消費者を食い物にするためにデータを抽出することが特徴の監視経済に変化する危険性がある。すぐれた管理体制がなければ、持続不可能な行動を加速させ、民主主義を脅かしかねない。

アースショット経済学

では、これらのことを経済的な行動計画に変えるにはどうすればいいのだろうか。もっと具体的に言えば、社会の進歩を強く促し、自然のためになる経済活動を促進する計画である。驚くほどシンプルな解決策が二つある。それは、市場を再構築することと、長期的な経済計画に立ち戻ることだ。

まず、地球を不安定にするものを生産することが不利益になり、人と地球を助けるものを生産することが利益になるように、市場を再構築する必要がある。現在、炭素に価格（たとえば税金やその他の金融手段など）をつけている国はほとんどないが、どんな国も労働には税金をかけており、これが急速な自動化の一因にもなっている。が、これをまったく逆にすべきである。私たちは、公害などの不要なものに税金をかけ、質の高い労働力など、より多く欲しいと思うものの税金は下げるべきと考えている。炭素には税金がかかり、労働には税金がかからないようにバランスを調整し直すことで、消費者と生産者の両方が、温室効果ガス排出量の削減と雇用の拡大に向けて行動を変えることができる。

二つ目は、長期計画、つまり「カテドラル・シンキング（大聖堂的思考）」である。かつて、長期的な計画とは、たくさん子どもを産み、そのなかの生き残った誰かが老後の世話をしてくれるのを期待することだった。だが、もっと大きなビジョンと、それを達成できるだけの財力を持つ社会もあった。ピラミッドを造ったエジプト人やマヤ人、大聖堂を建てた中世の宗教的指導者たちは、自分も子どもたちも完成した姿を見ることができないのを承知のうえで、基礎工事を行った。彼らには、より高い目標があったのだ。私たちには、このようなカテドラル・シンキングがもっと必要であり、これを実現できるおもな機関は政府である。

プラネタリー・バウンダリーの範囲内で活動するためには、再生可能エネルギーだけでは不十分である。電力網を再設計し、新しい電力網に完全に接続された高速鉄道、トンネル、橋、高速道路を建設しなければならない。また、蓄電設備を増設し、大規模なビルの改修を行い、世界の海運業を一世代でゼロ・エミッションにする必要がある。だがそれは、社会を根本から変える斬新な考え方で行う必要がある。ただたんに、洪水から街を守るために堤防を一メートル高くするというような、小手先の工学技術の話ではないのだ。いわば、水やその他の衝撃を吸収するように設計された、スポンジのような都市の建設である。こうした投資は、地球を救うために必要不可欠であるだけでなく、未来の自分たちと交わす新しい社会契約の基盤であり、一生に一度の投資機会でもある。これらのプロジェクトは、人類の未来が過去よりもよくなるという、経済的な楽観主義を生み出すのにぜひとも必要だ。

世界経済の話を終える前に、その暗黒面に少し目を向けてみよう。

起こりうる最悪の事態は何か？

政府が市場を再構築するために何もしないか、してもほんのわずかという状況を想像してみてほしい。にもかかわらず、金融取引は継続する状況を想像してほしい。強烈なハリケーン、熱波、大規模森林火災、洪水などの極端な自然災害が、今後さらに激しくなる事態を想像してみてほしい。

「都市はインフラを整備する余裕があるだろうか？　金融機関がこのような長い時間軸での気候リスクの影響を見積もることができない場合、金融市場に欠かせない要素である三〇年ローンはどうなるだろうか？　災害の影響を受ける地域で、洪水保険や火災保険を実際に運用できる市場がないとしたら？　干ばつや洪水によって食料コストが上がった場合、インフレ、そして金利への影響は？　熱波やその他の気候変動により、新興市場の生産性が低下した場合、どうやって経済成長を達成すればいいのか」。これは、環境保護団体の脅し文句ではない。世界最大の資産運用会社ブラックロックのCEO兼会長ラリー・フィンクの言葉である。彼はブラックロックが支援する企業のCEOたちに、直接語りかけているのだ。

このまま抜本的な変革がなければ、金融市場は大惨事に見舞われかねない。二〇二〇年代に市場の信頼性がどのように変化するかについては、次の三つのシナリオが考えられる。「カーボン・ショック」、「カーボン・ショック・プラス」、「安定した変革」である。

カーボン・ショック

第一のシナリオでは、市場は、政治家が弱気で、強力な気候政策を採る意欲がないのを感じ取っている。化石燃料の需要は着実に増加しつづけ、価格も比較的安定している。しかし、政治的意思の有無にかかわらず、世界経済はすでに引き返せない地点に来ている。クリーンテクノロジー革命は、もはや止められない絶対的な力を得ている。化石燃料の時代は終わったのだ。二〇二〇年代後半には化石燃料の需要が落ち込み、カーボン・バブルが崩壊し、投資家のもとには価値のないパイプラインや精製所の山と、一兆ドルの座礁資産が残ることになる。

カーボン・ショック・プラス

第二のシナリオは、カーボン・ショックと同様に始まる。政治家は、気候変動の脅威に対する自分たちの言葉を適切な行動に移すことができず、市場に通常どおりの行動を求める合図を送る。しかし二〇二〇年代半ばになると、彼らは心変わりする。世論の圧力に耐えられず、何もしないわけにはいかなくなったのか、あるいは気候モデルの進化によって地球の温暖化がさらに加速することがわかったのか。そうなると、残された炭素予算はすぐに消滅してしまう。あるいは、二〇二〇年代に大きな環境破壊が起きる可能性もある。ジェット気流が世界の穀倉地帯（小麦やトウモロコシの栽培に適した地域）の上空で停滞し、世界的な干ばつと深刻な食料不足をもたらすかもしれない。あるいは、森林や泥炭地が乾燥して燃焼しやすくなり、世界各地で山火事が急激に拡大するかもしれない。南極大陸の氷床の一部が割れて崩壊し、地球全体に警鐘が鳴り響くことも考えられる。

その結果、政治家は強硬策を採らざるをえなくなる。市場心理はやむなく化石燃料から離れていき、混沌とした不安定な暴走が始まると考えられる。ある試算によれば、これは四兆ドル近いカーボン・バブルの崩壊につながる可能性がある。必然的に、勝者と敗者が生まれる。敗者となるのは、アメリカ、カナダ、中東など、化石燃料に長くしがみついていた国々だ。一方、勝者となるのは、化石燃料への財務的なリスクが比較的少ない中国やヨーロッパであり、エネルギー自立によって恩恵を受けることになる。

安定した変革

このシナリオでは、政治家が、市場を地球システムの安定化に向けて誘導することを、強力かつ迅速に、明確な合図として発信する。内燃機関の段階的廃止を野心的に進めることを宣言し、温室効果ガス排出ゼロ、森林伐採ゼロ、生物多様性損失ゼロへの達成目標を設定する。そして、これを推進するための政策（→第17章）を実施する。市場は、今後ますます枯渇する化石燃料資源から離れ、長期的な目標に向けて投資を再配分することで対応し、政府はその間、政策を徐々に進める。この管理された移行シナリオにより、政府は資本の再配分でマイナスの影響を受ける地域や労働者に投資する時間を稼ぐことができる。

この三つのシナリオは、化石燃料からの秩序ある撤退と、COVID－19や二〇〇八年の金融危機による経済的惨事との違いを浮き彫りにしている。私たちは「秩序ある撤退」を望んでいる。国連のクリスティアナ・フィゲレス前気候変動枠組条約事務局長の言葉が、いまの状況を雄弁に物語っている。「私たちが低炭素社会に移行するのは、自然に強制されるか、政策に導かれるか、どちらかである。自然に強制されるまで待っていたら、その損失は天文学的なものになるだろう」

第17章　アースショット構想の政治と政策

市場を修正するだけでは十分ではない。私たちは積極的に市場を形づくり、創造し、望んでいる成長の方向に活動の場を変えていかなければならない。

マリアナ・マッツカート　経済学者　二〇一六年

COVID-19のパンデミックはすべてを変えた。それは、人類の統治システムの深刻な脆弱性を露呈させただけでなく、強い連帯感と共通の人間性をも明らかにした。この危機によって、私たちは思いもよらないことを考えさせられた。政府は経済よりも人命を優先し、経済を立て直すために、何兆ドルもの緊急資金が突如投入された。

COVID-19は間違いなく、第二次世界大戦後に世界を襲った最大の衝撃だった。第二次世界大戦では、政治のシステムが劇的に再編され、より平等な協力体制が世界的に構築された。その結果、効率的なグローバル経済にもとづいて、数十年にわたる平和と繁栄と進歩がもたらされた。では、今回のパンデミックからの復興は、プラネタリー・バウンダリーの範囲内で展開される回復力のあるグローバル経済を支えるために、国際政治の効果的な再編を促すことになるだろうか。いや、そうでなければならない。

政府は自分たちが思いのほか強い立場にあることに気づいているので、ある程度の条件をつけつつも緊急援助に踏み切ることができる。なぜか？　なぜなら、緊急援助は将来の納税者が支払うからである。その納税者とは誰か？　私たちの子どもたち、つまり、パンデミックが起こる前から、気候変動の危機が自分たちの足元を揺るがしているとはっきり訴えていた若い世代である。現在の権力者たちは、将来の世代に気候変動やCOVID－19の負債への支払いを求めているのだ。これが強い憤りを生む筋書きであることは容易に理解できる。そう考えれば、政治が失敗することは許されない。私たちは限界に来ている。

一九六〇年代の「ムーンショット」構想は、政治的ビジョンの持つ力を証明し、単一のミッションのもとで一国をまとめた。政府、研究機関、産業界が一丸となって取り組んだこのプロジェクトには、アメリカのGDPの二・五％が費やされた。このビジョンの規模の大きさは、まさに世界を鼓舞するものだった。それこそがいま、私たちが「アースショット」を必要とする理由なのだ。世界のGDPの二・五％を地球の安定化のために投資することを想像してみてほしい。地球を救い、社会をテクノロジー、健康、福祉の面で次のレベルに引き上げるために、世界全体で年間約二兆ドルを費やすのだ。

先進国が自国の経済力を使命感に満ちた課題に振り向けるのは、ムーンショットが初めてというわけではない。それより二〇年前の第二次世界大戦では、技術者や科学者は戦争支援という新たな仕事に集中することを余儀なくされ、工場は戦闘機や戦車、銃の製造にシフトした。同じように、二〇二〇年のパンデミックの際には、大学や企業、産業界はそれまでやっていたことをやめて、ウイルスの遺伝子コードを解明し、検査システムを開発して規模を拡大し、ワクチンを開発し、人類共通の利益のために世界の人々を守ったのだ。

重要なのは、地球を救うためには使命感にもとづくビジョンが注目されるということだ。二〇一八年、イタリア系アメリカ人の経済学者マリアナ・マッツカートは、技術革新を促進するためにどのようなタイプのプロジェクトが必要かを定義した次の内容のレポートを発表した。それは月面着陸のように大胆で、市民の支援したいという気持ちを鼓舞するものでなければならない。また、プロジェクトには明確な目標と期限が必要であり、アイデアが湧いてくるような実験的な要素も必要だ。そして、多様な研究者の参加も望まれる。世界各地で出現している「グリーンディール」（↓第12章）は、少なくともある程度その要素を満たしていると言えるだろう。

地球を安定させるためのアースショット構想を成功させるには、可能なかぎりシンプルで魅力的な事例をつくることだ。後者の大きなポイントは、収益性を高めることである。同時に、エネルギーと温室効果ガスの排出量だけに焦点を当てるのではなく、農業革命を進め、熱帯雨林から泥炭地まで、残されたすべての自然生態系の回復力を高めることも視野に入れなければならない。たとえば一兆本の木を植えるというのは、人々の心を惹きつけるすばらしい目標だ。しかし私たちの目標は、活気ある自然の生態系を保護し、育むことなので、生態系の回復力についてより深い理解が必要である。長期的な目標を明確にしなくてはならない。遅くとも二〇三〇年までには、（二〇二〇年を基準として）温室効果ガスの排出量を半減させ、種の喪失をゼロにし、自然生態系の枯渇をゼロにする、といったことだ。私たちは、富を再分配しながら、クリーンでグリーンな鉄道、道路、都市、電力を建設する野心的なプロジェクトを必要としている。欧州連合（ＥＵ）、ニュージーランド、コスタリカ、イギリスはこの方向に進んでおり、その可能性を世界に示している。こうした行動を起こすには、長期的なインフラプロジェクトに出資するための新たな手法が必要である。政府は、未来を築くために民間投資家と新たなパートナーシップを結ぶべきだ。市場には資金が不足しているわけではなく、投資すべき先見性のあるプロジェクトが不足しているだけなのだ。

安定した地球のための政策

地球と人間を中心とした経済発展のために、市場の再構築に向けた四つの政治的手段がある。この四つの提案は、地球の持続可能性に関する最新の科学と経済学に完全に合致している。

（１）遅くとも二〇五〇年までに温室効果ガスの排出量を実質ゼロにし、二〇三〇年までに、実質プラスの自然を実現するための法律を直ちに制定する

すでに二カ国が、これらの目標のいずれかを達成してカーボン・ニュートラルを実現しており（スリナムとブータン）、五カ国がこの目標を法律で定め（デンマーク、フランス、ニュージーランド、イギリス、スウェーデン）、数十カ国がこの目標について議論している。欧州連合（ＥＵ）のグリーンディールの中心には、二〇五〇年までに二酸化炭素の排出をネットゼロにするという目標が掲げられている。だが富裕国には、たとえば二〇四〇年までにネットゼロを達成するといったような、より早く達成すべき歴史

的責任がある。
自然――つまり生物多様性や、森林や湿地帯などの重要なグローバル・コモンズを守るために、政府は早急にすべての喪失を止めなくてはならない。目標は、二〇三〇年までには、自然を回復のプロセスに乗せ、さらに回復力の増強を始めなければならない。二〇五〇年までに完全な回復、復元、再生を達成することだ。これができた時点で初めて、私たちは将来の世代を支えるのに十分な機能を持つ生態系を実現したことになる。

（2）化石燃料への新たな投資をすべて中止する

これはパイプライン、製油所、炭鉱、石炭火力発電所など、すべてを意味する。化石燃料時代の終わりの始まりである。いま、この地球規模の緊急事態のさなかで、世界各国はさらに一二〇〇基の石炭火力発電所を建設中、もしくは建設計画中である。既存の発電所が寿命を迎えるまでに排出する二酸化炭素の量は、合計で六六〇〇億トンにもなる。この量は、たとえ気温の上昇を一・五℃に抑えられたとしても、許容できる二酸化炭素予算よりはるかに大きい（約二倍）。つまり、石炭火力発電所を計画どおり拡大させれば、それだけで世界に残された炭素予算を使い尽くすことになるのだ。建設中もしくは計画中の発電所は、さらに一九〇〇億トンを消費することになる。これ以上の拡大は狂気の沙汰だが、現実に即した手段を考える必要もある。汚染を引き起こす発電所はいやおうなしに建設され、その排出量は世界に割り当てられた予算を超えてしまう。だからこそ、好むと好まざるとにかかわらず、二酸化炭素を地下深くに埋めるなど、炭素回収と貯蔵に向けた大規模な投資が必要なのだ。

(3) 化石燃料の使用をやめ、生物多様性の喪失を食い止め、森林破壊を促進するすべての補助金を撤回する

私たちは、各国政府が化石燃料産業に年間五〇〇〇億ドル以上の直接的な補助金を支払っていることを知っている。また、化石燃料による健康、環境、経済への害を含めると、この一〇倍の支出になる。世界の主要国は、こうした補助金を段階的に廃止すると言っているが、いまだ何も起きていない。農家への補助金も、現行のままでは生物多様性や二酸化炭素の吸収源を守る取り組みに悪影響を及ぼしかねない。私たちは、炭素吸収源の構築、野生生物の回復、未開の土地への農業の拡大をやめるための努力を支援する方向に、農業への補助金を変えていかなければならない。

(4) 炭素に値段を課す

世界で排出されている二酸化炭素の約八〇%には、まったくなんの罰金も課されていない。もっともリベラルな市場経済学者でさえ、いわゆる有害な「外部性（市場取引においてその効果が市場を経ずに他の経済主体に及ぶこと）」に罰金を課さないのは、市場の重大な機能不全だと認めている。大気の質と気候の安定性を破壊する行為になんの代償も求めないのは、世界市場におけるもっとも重大な失敗であり、誰もがそれを承知している。問題は、過去二〇〇年間、この状況に多くの経済（つまり金持ちの経済）が多大な恩恵を受けてきたことである。だが大気は全世界の人々のものであり、人類すべてが依存している共有資源だ。あらゆる分野に炭素価格が適用されなければ、地球を安定させることはできない。つま

り、世界的な炭素価格をすべての国が採用することは必須事項なのだ。

気候政策を分析している経済学者のあいだでは、各国は食品、輸送、暖房などのすべての分野で、二酸化炭素一トンあたり少なくとも五〇ドルの価格を設定する必要がある、というのが一般的な意見である。例外は認められない。スウェーデンでは現在、一トンあたり約一二〇ドル相当の炭素価格を設定している。カナダでは炭素税を導入しているが、低炭素な生活をすればそれに見合った報酬が得られるという公平性があり、集められた資金は納税者に還元されている。炭素に対する価格は、トップダウン方式で一律に設定されたものである必要はない。さまざまな経済地域で、さまざまな形で導入していい。

炭素に価格を設定する国や企業、都市のネットワークが十分に広がり、つながっていけば、それはやがて世界のシステムをひっくり返し、全世界で炭素に価格をつけることが主流になっていくだろう。そうなれば、化石燃料に依存している世界経済にとって、まさに命取りとなるだろう。炭素価格から得られる収入の一部は、炭素回収に投資するための国際基金に注ぎ込まれるべきである。炭素価格の設定により、各国政府の国庫は大いに潤うことになる。この収入の多くは、社会的な配当として低所得者層の補償に還元できるし、またそうすべきである。

安定した地球のための政治

地球を安定させるために必要な政策は、社会に多くの利益をもたらすものであるにもかかわらず、なぜみんなこれほどまでに変化に抵抗するのだろうか。科学は、経済の基盤であるエネルギー分野に大きな変革を求めている。これを軽視することはできない。だが化石燃料業界は世界でもっとも強力な産業となり、強大な政治力を行使している。しかも、気候変動が与える最大の影響に対処しなければならないのは、現在の政治家ではなく、将来の世代であるため、問題が先送りされやすいのだ。

よいニュースは、いずれにせよエネルギー革命は起こるということだ。これはもう止められない。先に紹介した四つの施策を定着させ、加速させる。これまでのエネルギー革命と同様に、新しい革命はより多くの雇用を生み出し、その数は四〇〇〇万とも言われている。すべての主要な経済は、再生と復興のうえに成り立っている。これは何も新しいことではない。資本主義の歴史には、技術革新によって時代遅れになり、崩壊して死んでいった企業や産業がいくつもある。今回、私たちは公正な移行を必要としている。再訓練や教育に大がかりな投資をすることで、労働者を守らなければならない。

過去三〇年のあいだに、富裕国の企業が労働力の安い中国に移転したことで、グローバル化、デジタル化、自動化の波が伝統的な製造業や産業を破壊してきた。しかしスウェーデンのように、経済的変化への耐性を高めるために、生涯学習という文化に投資を行っている国もある。スウェーデン政府は、再教育への投資や、強力な経済的セーフティネットの提供を通じて、企業や社会を支援している。これは正しいアプローチである。スペインでは、炭鉱の閉鎖を支援するために二億五〇〇〇万ドルを拠出し、労働力や新産業への投資を行っている。ドイツもそれに続いている。二〇一九年末に採択された気候政策の一部として、石炭からの移行に投資するために三二〇億ドルが投入されている。しかしアメリカでは、企業がつぶれてしまうと、労働者はほぼ見捨てられる。アメリカの町である産業が立ちゆかなくなると、人々は荷物をまとめてほかの場所に移動し、同じような仕事を探すことになる。だが実際には、家族の絆が壊れたり引っ越しにともなう気苦労に悩まされたりして、そう簡単にはいかない。創造性も何も望めなくなり、貧困と惨めさと非難にまみれた人生を送らざるをえなくなる。復活できない町もある。これは資本主義の失敗だが、長期的な計画によって回避することができる。

私たちが政治的に困難な時代に生きているのは間違いない。現在の国際政治の状況は、高低差の激しい感情的なジェットコースターのようなものである。二〇一五年には、国連によってすべての国の指導者たちが動き、共通の未来のためのビジョンである「持続可能な開発目標」に合意した。その三カ月後には気候に関する世界的な取り決めがなされたことで、世界は真の意味での幸福感に包まれた。ところが二〇一六年には、ブレグジットの国民投票、アメリカ大統領選挙、そして二〇一八年にはブラジル大統領選挙など、驚くべき結果がもたらされた政治動向が続き、事態は悪化していった。

その結果、移民の受け入れ停止のような短絡的な施策ですべてが解決すると言って有権者を安心させようとするような、複雑さに無頓着な扇動政治家たちの台頭を許すことになった。しかし、それでは解決にはほど遠い。プラネタリー・スチュワードシップとアースショット構想を成功させるためには、民主主義的な制度とグローバルな協力体制に対する信頼を回復する必要がある。これが私たちの優先事項だ。国政に関わる政党は、互いにぶつかり合うことをやめて和解し合い、共通の基盤を見つけるべきである。

これは、政敵の正当性を認め、事実と証拠と科学に対する共通の理解をもう一度深めることを意味する。こうした基盤がなければ、アースショット構想は達成できない。二極化の緩和にもさらに力を入れる必要がある。比例代表制を採用していない国では、選挙に勝った政党が野党の議員を招き入れ、一緒

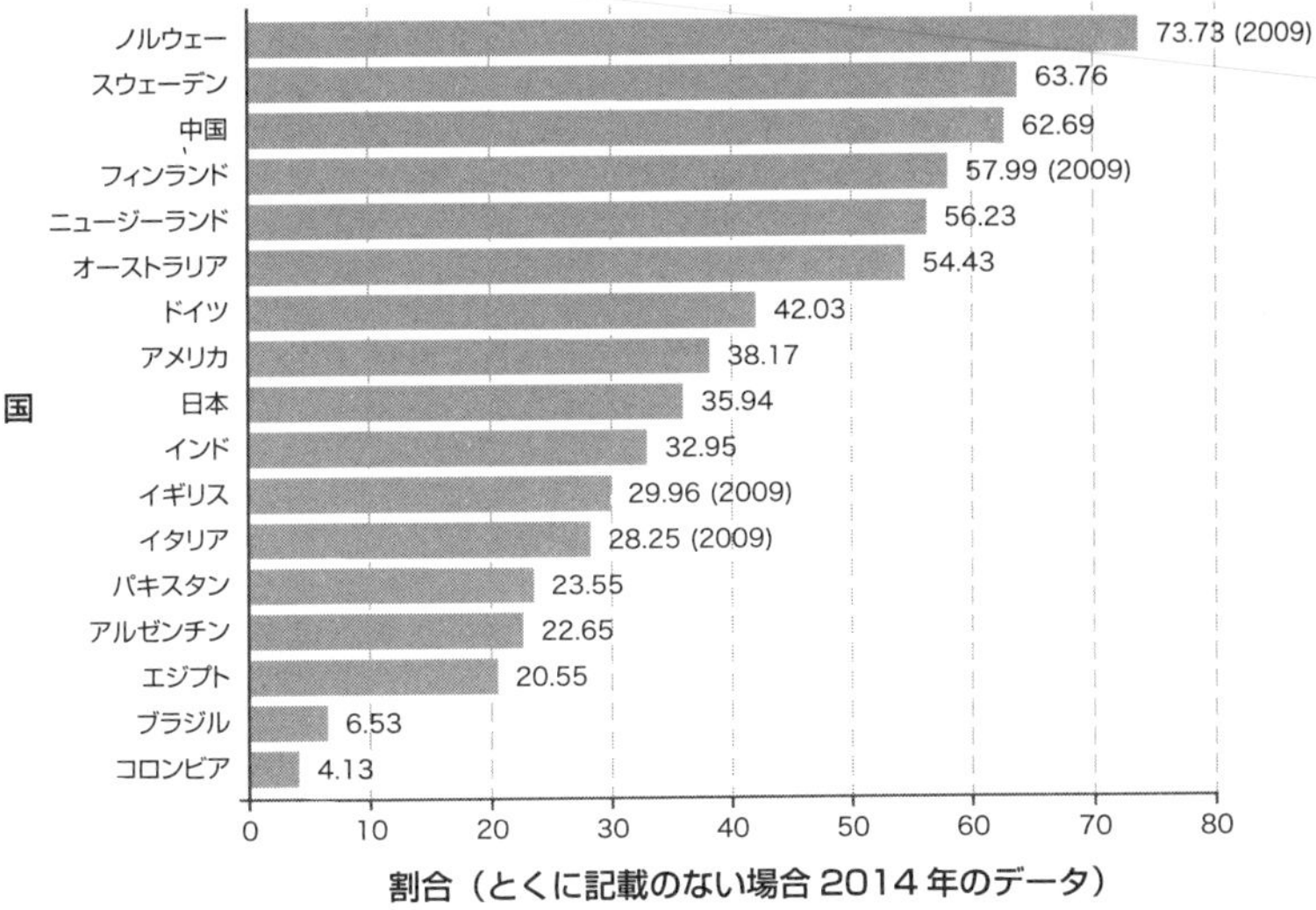

所得の平等は、社会と政府の両方に対する信頼を確立するために重要な要素である。信頼は集団の意思決定に不可欠である。

信頼　「ほとんどの人は信頼できる」という意見に同意する人の割合

に政権を担う統一政府をつくるというのも一つの案だ。

だが信頼を確立するためのもっとも重要なメカニズムは、格差の解消である。平等な国ほど政府への信頼が厚く、長期的な目標に向けた集団的な意思決定がしやすい傾向にある。だから、国際的な炭素価格に加えて、世界的な富裕税を導入するのは非常にいい考えだ。なぜなら格差の無制限な拡大は、地球を二つに引き裂いてしまうからだ。

逆に、より公平な富の再分配は、信頼を回復し、連帯感と人類共通のアイデンティティーにもとづいた世界観を植えつけるのに役立つ。累進的な富裕税は、現在の世界のすべての慈善事業よりも、より多くの人により長いあいだ、より多くの利益をもたらすだろう。ただし、これは世界規模でなければならない。さもないと、富裕層は自分たちの財産をどこか遠くの安全な場所に隠す方法を見つけてしまうからだ[22]。トマ・ピケティやジョセフ・E・スティグリッツをはじめとする多くの経済学者が、このような税を提唱している。

富裕税に加えて提案したいのは、世界的な法人税である。各国が競って低い税率を提示して誘致しているため、資産数十億ドル規模の企業がわずかな税金しか払っていないという事態が起きる。これは、企業以外のすべての人が損をする底辺への競争〔国が企業誘致などを目的に減税や規制緩和を競うことで、労働環境や社会福祉などが最低水準へと向かうこと〕でしかない。たんに、世界的な法人税の最低税率を設定すればいい話だ。そうすれば、誰もが勝者となる。実際、保守的な経済協力開発機構（ＯＥＣＤ）も、いまでは世界的な法人税を支持している。

いまから七五年前、戦争の瓦礫のなかから国際連合が誕生した。世界貿易機関の前身である世界銀行や、国際通貨基金も誕生し、国際政治における歴史的な瞬間となった。しかし、これらの国際機関は、人新世でのスピードや規模の大きさ、予期せぬ出来事に対処するようにはつくられていなかった。だからいまこそ、世界規模でより民主的な原則を採用するための議論を再開すべきときではないだろうか？いつか、誰もが世界の議会に投票する日が来るかもしれない。そんな日が来るのはまだまだ先の話かもしれない。だが国連は混沌とした戦争のさなかに誕生した。いま、世界的なパンデミックは、そのとき以来の大変動を引き起こす可能性がある。いまこそ、新しいアイデアや考え方が生まれるときだ。

（22）月や火星では税金はどうなるのだろうか？

第18章　激動の二〇二〇年代
——四つの転換点が収束する

あなたの周りの世界を見てほしい。それは揺るぎない不動の場所のように見えるかもしれない。でもそうではない。ほんの少しの力でも、それがしかるべき場所であれば、ひと押しでひっくり返すことができるのだ。

マルコム・グラッドウェル『ティッピング・ポイント——いかにして「小さな変化」が「大きな変化」を生み出すか』(二〇〇〇年)

二〇一九年も終わりに近づいた頃、未知のウイルスが野生動物からおそらく家畜を介して、最初の人間に感染した。これはある意味では、一見ささいな出来事が歴史の流れを変えるという、有名な「バタフライ効果」が作用しているように見えるかもしれない。だがこれは、指数関数的な規模の拡大の例でもある。二倍を繰り返していくと、目もくらむような速さで規模が拡大することがわかっている。人新世の密接につながり合った世界では、小さなことがきわめて大きな影響をもたらすということを、このパンデミックははっきりと教えてくれた。また、その変化の速度はきわめて速い。おそらく最終的にこのパンデミックは、密接につながり合った無防備な世界のなかで、人間であるとはどういうことなのかについて、意識の変化をもたらしてくれるだろう。

私たちは、未来について慎重かつ楽観的に考えている。この楽観主義は、四つの大きな力が連携して、地球をプラネタリー・バウンダリーの範囲内の未来に導いているという地道な観察にもとづいている。私たちは、社会、政治、経済、テクノロジーという四つの重要な分野で、世界が有益な転換点に達しつつある、あるいは転換点を超えたと信じている。これらの転換点はそれぞれ、年を追うごとに、ときには週を追うごとに勢いを増している。この成長は指数関数的なものだ。指数関数的な変化の特徴は、最初のうちは一見ゆっくりに見えるが、曲線が曲がり角に達すると、ものごとが一気に進むことである。現在、世界は曲線の曲がり角にいる。これからの一〇年間は、経済的にも社会的にも史上最速の変革が起きるときである。激動の二〇二〇年代へようこそ。

社会の大きな飛躍というのは、社会運動や政府の政策、市場の信頼性、新技術、そして科学などが、あるいはそれらのうちのいくつかが崩壊することによってもたらされる。

アパルトヘイトや児童労働の廃止、あるいは女性の権利や公民権の獲得などは、社会的な勢いが徐々に増していき、ある時点で水門を開かざるをえなくなった例である。公共の場での喫煙禁止などもそうだ。かつて政府がその未知の領域にやみくもに手をつけ、行動を禁止すると、それを支持していた人々の不満の声が高まった。人々は最初、パブの閉店や神から与えられた自由の制限といったマイナス面ばかりを見ていたが、しだいに飲食店内の空気が新鮮になったことや火災リスクの低減、心臓発作の減少、喫煙に対する若者の意識の変化など、驚くほどたくさんのプラス面があることに気づくようになったのだ。経済学には別のタイプの転換点がある。新しい技術の価格が古い技術の価格よりも安くなり、その技術がつねに向上している場合、これはたまらなく魅力的な組み合わせであり、自立的で増幅効果のあるフィードバック・ループを形成する。電気自動車が内燃機関に勝利するのは、電気自動車が「正しい」方法だからではなく、価格と性能で内燃機関に勝ったときなのだ。大規模な変革をもたらすもう一つの方法は、新しいアイデアや技術革新である。それは大学やテクノロジー関連分野から生まれることが多いが、実際にはどこからでも生まれる可能性があり、新たな市場や新たな考え方、新たなライフスタイルにつながっていく。

本章では、四つの転換点それぞれについて説明する。

まず、爆発的な社会現象となった学校ストライキの「未来のための金曜日」、「エクスティンクション・レベリオン（絶滅への反抗・通称XR）」による直接行動、そして一般市民のあいだで起きている、人類が地球の緊急事態に直面しているという認識の高まりについて述べる。第二に、グリーンディールが政治の世界で急激に台頭し、政治的状況が変化していることを見ていく。COVID-19による世界的危機が最終的にどのように収束するかはまだわからないが、緊急時に大規模かつ迅速な政治的行動が可能であることは、すでに証明された。そして三つ目は、経済的な転換点への取り組みである。クリーンでグリーンな製品の価格は、汚染を引き起こす製品の価格より安くなり、カーボン・バブルははじけつつある。強力なフィードバックのループができはじめているのだ。化石燃料からの撤退は迅速に行われ、全体としては利益をもたらすだろう。だが一部の人にとっては、過酷な状況になるかもしれない。

最後に、今後一〇年間で私たちの仕事の仕方、生活の仕方、消費や通勤の仕方、さらには健康管理や心の成長の仕方までをも大きく変えるであろう技術革命を紹介したい。

1 社会の転換点

二〇一九年九月、気候をテーマにした学校ストライキには、さまざまな推計によると六〇〇〇万人から八〇〇〇万人が集まった。ストライキは世界一五〇カ国の四五〇〇カ所で行われた。正確な数字はともかく、これが史上最大の気候変動ストライキであったことは間違いない。それどころか、一九六八年のパリの学生による五月危機、一九六〇年代から七〇年代のベトナム反戦運動、二〇〇三年のイラク侵攻反対集会などに匹敵する、近代史上最大級の単独デモだった。

その時点までに、当該の学校ストライキは、驚くほど急激な拡大を続けていた。それまでの一三カ月間で、現代社会におけるネットワーク効果の力を実証していた。すべては二〇一八年八月、スウェーデンの学生グレタ・トゥーンベリが「気候のための学校ストライキ」と書いた看板を横に置いて、ストックホルムの国会議事堂前に座り込んだことから始まった。同級生を説得して活動に加わらせることができなかった一人の少女が立ち上がる姿は、スウェーデンのメディアの注目を集めた。ソーシャルネットワーク上で爆発的に支持されたのち、世界中のメディアがこの活動に参加した。以来、彼女の看板はこの活動の象徴となっている。

フィリップ・ボールは、二〇一一年に『ネイチャー』に掲載された論文で、アラブの春の推進にソーシャルネットワークが果たした役割について、「ネットワークは、偶発的な出来事が大きな出来事のきっかけになることを可能にした」と論じている。チュニジアでは、シディブジッドで露天商のモハメド・ブアジジが、警察の不当な扱いに抗議して焼身自殺したことをきっかけに、支配層に対する暴動が起きた。ボールは、「その三カ月前、モナスティールの街でも同じようなことが起きていたが、フェイスブックで公けにされなかったため、ほとんどの人が知らなかった」と述べている。新たなメディアの風景と驚異的にネットワーク化された社会は、何が可能かというダイナミクスを変えた。

未来の歴史家たちは、学生たちが勉強を放棄して自分たちの未来のためにストライキ――未来のための金曜日――を行った瞬間を、社会に深い溝が生じた証拠と見るだろう。子どもたちはいま、上の世代に呼びかけている。信じられないことに、子どもたちは事実を整理するために、主流のメディアを避けて科学的な文献に直接アクセスし、何が起こっているのかを理解しようとしている。彼らは、大人が化石燃料から離れられずに一〇〇年もぐずぐずしているせいで、地球が悲惨なほど不安定になっていることと、すぐに地球規模の大変革に着手しなければ、将来の世代が地球を安定させられる望みはないことを知った。この事実は、当然ながら怒りを引き起こしている。私たちの子どもたちはショックを受け、落胆している。彼らはずっと嘘をつかれていたのだ。子どもたちの行動は、責任ある地球管理という考え方が本当に主流になったことを示す、おそらく最初の真の兆候である。

最近の研究では、親の気候変動問題への関心を、子どもが高められることが確認されている。これは、子どもの考えが政治的イデオロギーにもとづいているとは誰も思わないからだろう。さらに、親は子どもがさまざまな問題についてどう考えているかを気にかけている。研究者たちは、もっとも大きな変化

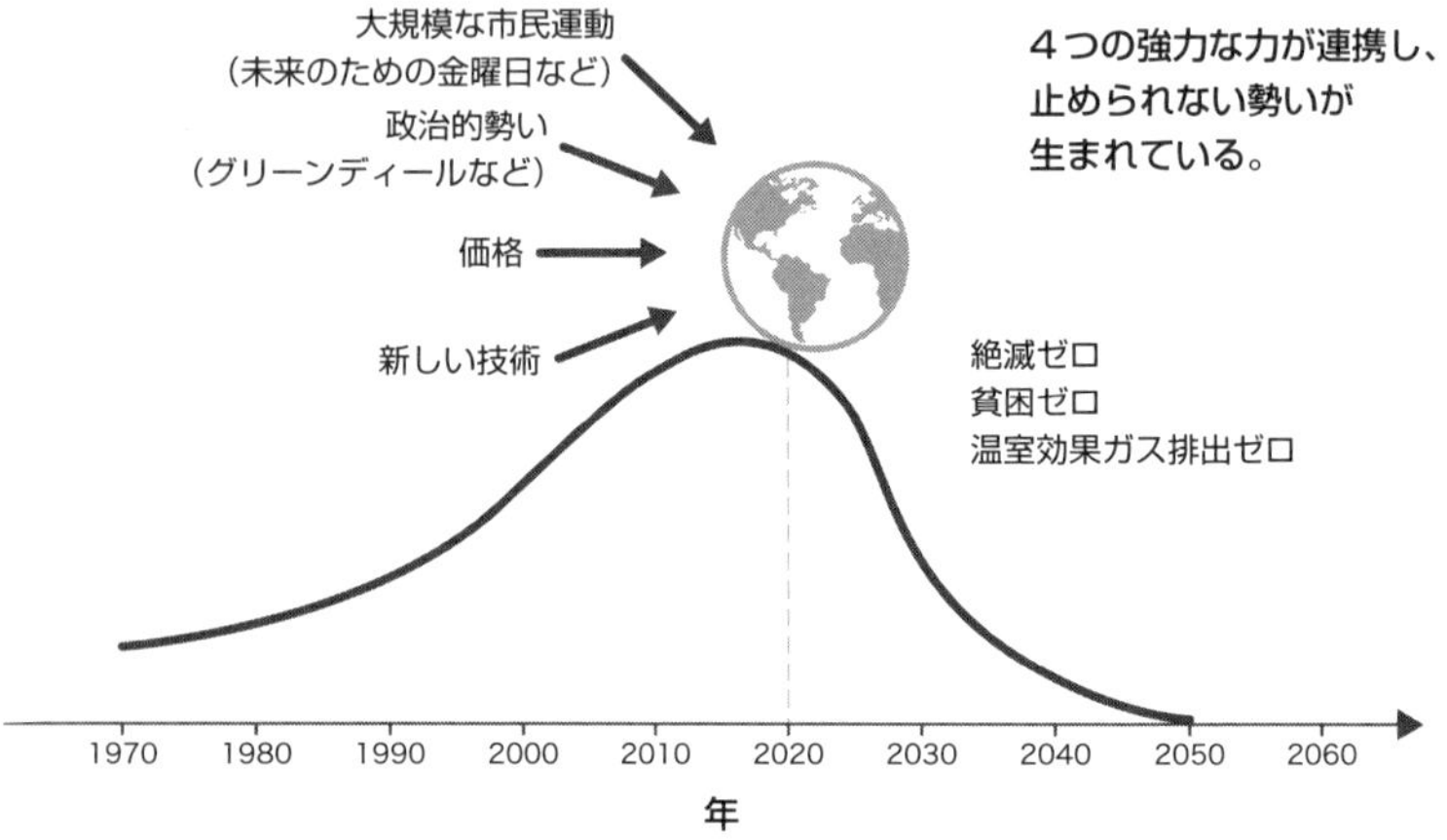

社会の転換点

が見られたのは、保守的な親、とくに父親だったと指摘している。また、娘からの影響はとりわけ大きい。

二〇一九年にダボスで開催された世界経済フォーラムに二度目に登場したグレタは、実業界のリーダーたちに自分のメッセージを無視されたと訴えた。彼女は、これまでの一二カ月で世界はまったく進歩していないと述べた。だが、知覚できる変化はあった。パンデミックの発生で旅行に影響が出る前から、スウェーデン語で「フリーグスカム」、すなわち「フライトシェイム（飛ぶことの恥）」という言葉が、スウェーデンだけでなくヨーロッパ中で流行し、スウェーデンの空港からのフライト数が実際に減少したのである。電車の利用も増えている。スウェーデンの国鉄会社は、現在、パリ、ブリュッセル、ロンドンまで寝台列車の範囲を拡大する計画を立てている。

「未来のための金曜日」の活動は、ドナルド・トランプやジャイル・ボルソナロを怒らせつつ、気候に関する議論を一新した。これは「グレタ効果」と呼ばれている。いまでは新聞社も仲間に加わっている。「フィナンシャル・タイムズ」紙の編集委員会は、ビジネス旅行者にビジネスクラスのフライトを控えて、代わりに夜行列車を選んでほしいと提案している。彼らは複数のメリットを挙げている。電車で移動すれば、ホテル代を節約でき、早朝の悲惨なフライトを避けることができ、保安チェックの列に並んだり、手荷物受け取りターンテーブルで待ったりしないですむ。航空会社に助成金を出すのではなく、航空機の排出する温室効果ガスに公正な価格を設定することで、移行を加速させることができる。

二〇一九年には、世界の石油生産の大部分を支配する強国の集まりである石油輸出国機構（OPEC）のトップが、気候変動活動家を自身の産業に対する「最大の脅威」と呼んだ。グレタはツイッターで「ありがとう！　いままでで最大の褒め言葉です！」と応えた。

学校ストライキは、より大きな運動を引き起こす広告塔となっている。エクスティンクション・レベリオン（XR）も二〇一八年に設立されたが、こちらはイギリスの活動団体である。二〇一九年四月、XRはロンドンの一区域で交通機関を止め、平和的な直接行動を行った。抗議活動はその後、ニューヨーク、ベルリン、パリなどにも広がった。XRは三つの明確な要求を掲げている。一つ目は、イギリス政府が「気候非常事態」を宣言すること。二つ目は、イギリスが二〇二五年までに二酸化炭素の排出量を実質ゼロにすることを法的に約束すること。三つ目は、この変化を見守るための市民議会を設立することである。このうち二つの要求は、現在、ある程度まで実現している。イギリスは気候非常事態を宣言し、市民議会も設立されたが、二酸化炭素排出量の目標は達成できそうにない。

一世紀以上前から、非暴力の抵抗運動は、暴力的な抵抗運動に比べて、目的達成に二倍以上の効果をあげている。抗議行動、ボイコット、市民的不服従運動など、非暴力による非協力的な活動は、市民から大きな支持を得ている。XRの「直接かつ平和的に行動する」というアプローチに賛同するのは、おもに若い人たちである。実際、三〇〇〇人を対象とした調査では、一八歳から二四歳の四七％が、XRの主張を強調するための、交通や公共交通機関を止める行為を支持していたことがわかった。

地球規模の非常事態をめぐって、社会運動が活発化し、ネットワークが構築されていることは明らかである。新しい世界観や規範が、ときには奇妙な場所で生まれている。たとえば、気候変動に懐疑的だった人たちのあいだなどでだ。テレビ番組の司会者で、新聞のコラムニストでもあるジェレミー・クラークソンは、何十年ものあいだ、BBCの自動車情報番組「トップギア」やタブロイド紙「ザ・サン」のコラムなど、自らのメディアプラットフォームを使って気候科学を馬鹿にしてきた。だが二〇一九年、カンボジアとベトナムでの撮影中に気候変動の影響を肌で感じた彼は、いまでは気候変動を「真に憂慮すべきもの」と思うようになったと告白している。

産業界のリーダーたちのあいだにも同じことが言える。私たちは、CEOが気候変動や持続可能性に以前より真剣に取り組むようになる驚くべき変化を目の当たりにしている。二〇一九年九月、私たちはスウェーデンのトラック製造会社スカニアのCEOヘンリック・ヘンリクソンと業務責任者のオーサ・ペッテルソンと一緒に朝食をとった。私たちは、その場にふさわしい会話としてグレタの与えた影響について話しはじめたのだが、そのときに、学校ストライキがヘンリクソンに大きな影響を与えていることを知った。ストライキの日、ヘンリクソンは世界中のスカニア社員に少なくとも一時間、工具を置くことを許可し、その時間を利用して気候変動に関する講習を受けることを奨励した。スカニア独自の気候変動ストライキというわけだ。多国籍企業と学生のあいだに連帯感が生まれ、彼らが地球に対する新たな責任を受け入れている姿は注目に値する。これは、気候変動の影響に対する懸念が広く浸透していることを示している。オーストラリア人の約六八％は、気候変動が自分たちの生活様式を脅かす深刻な問題であると考えている。アメリカでは、約六〇％のアメリカ人が地球温暖化を「憂慮」または「懸念」している。この数字は、過去五年間で三倍になっている。二〇二〇年の世界経済フォーラムを前にした世論調査では、CEOの約四分の一が気候関連の問題を「非常に懸念している」と答えている。

これらの統計は、私たちが社会的な転換点に達していることを示す有力な証拠である。最近の研究によると、人口の二一〜二五％を少数派が占めるようになるだけで、社会の転換点を超えさせ、社会的慣習に、止められない圧倒的な変化をもたらすことができるという。これを証明する簡単なシナリオがある。四人家族が毎晩家で夕食をとっているとする。ある日、娘がベジタリアンの食事に挑戦すると言い出す。何度も話し合った結果、家族は夕食を二つの選択肢から選ぶことで意見がまとまる。そして家族全員が一緒に食事をし、同じように食事を楽しむ。そのうち料理が二度手間になることに不満を持つ者が出てきて、すぐに家族全員が週に数回、手間を省くためにベジタリアン料理を食べるようになる。新しい規範が確立されたのだ。二五％の臨界点に達すると、決意を持った少数派は全人口の意見を変えることができる。

私たちはこの五〇年間、自然を保護し、人々の意識を高め、（われわれ「悪い人間たち」のために存在してくれている自然や気候を救うために）さまざまなレベルの犠牲を払いながら、環境保護主義を実践してきた。その活動が、市民の約一五％というところでガラスの天井に突き当たっている。これを示す証拠がある。この一五％の人々は、比較的教育水準が高くて若く、一般的に中流階級の、都市部に住む人々である。彼らは「地球を救う」ことや、「飛行機をやめる」ことに喜んで協力するし、活動を成功させるために燃料や食料、住宅に余分のお金をかけることも厭わない。だが大多数の市民は、地球に無関心である。この大多数は、これまでどおりの生活を続けたいと思っている。持続可能性が犠牲とイコールであるかぎり、私たちが望む未来への飛躍的な旅は、暗礁に乗り上げてしまうだろう。成功するための唯一の方法は、地球を人類にとって安全な機能空間に戻すことが、あなたや私や子どもたち、そしてその子どもたちに利益をもたらすものであると証明することである。経済面だけでなく、健康や安全の面でも。

これは、環境保護主義がなんの役にも立たないという意味ではない。それどころか、「山を動かす」ためには、私たちを導き、議論を生き生きと活性化させ、外には別の世界があることをつねに思い出させてくれる先駆者たち、地球のシェルパが必要なのだ。だからこそ、XRやグリーンピース、そしてグレタの鋭い声が、これまで以上に必要なのである。いま何が危機に瀕しているかを世界に思い起こさせてくれる、絶え間ない強烈なドラムビートとして。

気候変動への抗議行動、メディアの注目、地球の緊急事態宣言、異常気象の衝撃は、いわゆるオバートンの窓——多くの人が容認できる政治的考え方の範囲——を広げた。もはや、化石燃料のない世界に向かっているかどうかという問題ではなく、それを十分な速さで実行しているかどうかが問われているのである。

2　政治的な転換点

二〇一九年六月、英国議会は欧州連合（EU）からの離脱協議が難航し、混迷に陥った。当時の首相、テリーザ・メイは合意形成に失敗し、辞任するしかなくなった。次に何が起こるのか、誰にもわからなかった。二大政党のどちらにも、深い不信感と怒りが蔓延していた。だがブレグジットの混乱と対立と機能不全のなかで、なぜかじつに驚くべきことが起きた。二〇一九年六月二七日、議会は二〇〇八年の気候変動法を改正し、二〇五〇年までに温室効果ガス排出量を実質ゼロ（ネットゼロ）にするという目標を法律に明記することに合意したのだ。イギリスはG7諸国のなかで、このような重大な公約を法令に記した最初の国となった。

私たちは、ものごとがこれほど速く進むことに驚いた。ブレグジットの混乱を考えれば、意味のある長期的な政策は不可能であり、オバートンの窓は閉ざされてしまったものと思っていた。だが、じつはこの出来事の前に重要なことが起きていた。気候変動ストライキが世界中で爆発的に広がり、政治やメディアの注目を集めていたのだ。XRは、デモ参加者が道路やショッピングセンターや町の広場で寝転がって死んだふりをすることで抗議する「ダイ・イン」を組織していた。また二〇一八年一〇月には、「気候変動に関する政府間パネル」が、二〇五〇年までのネットゼロが必須であるだけでなく、実現可能であるとする報告書を発表していた。そして二〇一九年五月、イギリスの気候変動委員会は報告書「ネットゼロ：地球温暖化防止へのイギリスの取り組み」を発表していた。これは、ネットゼロがイギリスでも実現可能であることを主張したものだが、さらに踏み込んだ内容となっている。報告書によると、移行にかかるコストは、政府が既存の法律ですでに約束している、排出量を八〇％削減するためのコスト（GDPの一〜二％）と同程度になるだろうと予想されている。政治的議論は急速に転換し、二〇五〇年までのネットゼロ・エミッションは「不可能」から「不可避」へと移行したのである。二〇二〇年二月、新首相のボリス・ジョンソンは、より多くの主要国に二〇五〇年までのネットゼロ目標を採択するよう呼びかけた。イギリスはここで巧妙な駆け引きをしている。もはや化石燃料のない世界経済は必然であり、二〇〇年前の産業革命時と同じ戦略――先んじた者が利益を得る――を取っているのだ。

現在、一二〇以上の国が二〇五〇年の気候目標を議論している。また、デンマーク、フランス、ニュージーランド、スウェーデンでは、ネットゼロ目標を法律で定めている。スウェーデンは二〇四五年までの目標達成を目指している。また、それよりも大幅に早くネットゼロを達成する計画もある。ノルウェーとウルグアイの政治指導者たちは、二〇三〇年までに達成できると考えている。フィンランドは二〇三五年、アイスランドは二〇四〇年を目標にしている。

欧州連合（EU）は、「欧州版グリーンディール」の導入を目指している。欧州版グリーンディールは、インフラへの多額の投資と、二〇五〇年までにネットゼロを達成するための長期計画を約束するものだ。だがポーランドだけは、この協定に参加しようとしない。しかしそれでも、前進が妨げられることはない。二〇一九年の欧州選挙で、各国の緑の党への投票率が高かったことで、欧州連合はこの野心的な協定を推進する自信と権限を得たのだ。

おそらくもっとも注目すべきは、二〇二〇年九月、中国の習近平国家主席が、遅くとも二〇六〇年までにネットゼロを達成すると発表して世界を驚かせたことだろう。その二カ月後、ジョー・バイデンがアメリカ大統領選に勝利し、国の経済基盤を変える二兆ドル規模の気候変動対策を打ち出すことを宣言した。これは大ニュースだ。世界経済を牽引しているのは、アメリカ、中国、欧州のいわゆるG3である。私たちは、これが地球にとってどれほど大きな変化をもたらす瞬間であるかを過小評価してはならない。

さらに上を行く国々もある。彼らは社会を分断する時代遅れな経済理念を否定している。二〇一九年、ニュージーランドのジャシンダ・アーダーン首相は、従来のGDPだけに焦点を当てた予算とは異なる、同国初の「幸福予算」というものを打ち出した。アーダーン首相は、アイスランドのカトリーン・ヤコブスドッティル首相やスコットランドのニコラ・スタージョン首相と協力して、社会面と環境面での幸福を経済政策の中心に据えている。これらの国々はウェールズとともに、「幸福経済政府（WEGo）」という新しい緩やかな同盟を結んでいる。これは、アイデアが実際の政治に反映されうることが示された画期的瞬間である。このグループは今後おそらく規模と影響力を増し、最終的にはG20に取って代わることになるだろう。

未来に向けて大胆な一歩を踏み出したのは、小さな経済圏だけではない。私たちは政治的な転換点を迎えている。欧州は、化石燃料からの脱却に必要な措置を講じている。ここからは、三つの明白なシグナルが発されている。投資家に対しては、「炭素バブルが崩壊する前に、化石燃料から手を引け」と、ヨーロッパで化石燃料を使用している企業に対しては、「代替燃料に切り替えろ」と、そして欧州内外のイノベーターに対しては、「あなたのもっとも得意とすることをしなさい」と呼びかけている。

政治戦略として最善の策は、ある目標に向けて政治的分断を超えた合意を得て、それを少しずつ強めていくことである。政治家たちはすでに、市場に強いシグナルを送る政策を打ち出しはじめている。活動の場は変わりつつある。これらのシグナルは、変化を促す地球上でもっとも強大な力の一つ、世界の金融システムに連鎖していく。

3　経済の転換点

経済の転換点は、正確にはいくつもある。太陽光発電や風力発電の成長は、おそらくもっともわかりやすいものだろう。いずれも四、五年ごとに倍増している。このペースを維持すれば、二〇三〇年には世界の電力の半分以上がこれらのエネルギーで賄われることになるだろう。この数字には驚かされる。たとえば、太陽エネルギーを生み出すための太陽電池。一九七五年から二〇一六年のあいだに、太陽電池の価格は九九・五％も下がった。設備容量が二倍になるたびに、価格は二〇％ずつ下がっていった。過去一〇年間、太陽電池の設置数は毎年三八％ずつ増加している。化石燃料では太刀打ちできないペースだ。

再生可能エネルギーの生産が、化石燃料によるエネルギー生産よりも安価で収益性の高いものになれば、この分野は止められない転換点を迎えるだろう。実際、この転換点はすでに訪れている。これは世界的な流れである。二〇一九年九月、世界のほとんどの国で、風力と太陽光発電が石炭火力発電の価格を下まわった。インドでは、太陽光が石炭の約半分の価格になっている。中国では、風力と太陽光はすでにガスよりも安く、二〇二六年には石炭よりも安くなる可能性がある。このままいけば、中国やインドの政府は自然エネルギーの発電所の増設に夢中になるだろう。早めに風力や太陽光に切り替えることで得られる節約効果を見れば、自明の理である。もちろん、化石燃料からの脱却は、ほかにもさまざまなメリットがある。一つは空気のきれいな都市、もう一つは地政学的なメリットである。中国は石炭を輸入している一方、ソーラーパネルや風力タービンを製造して輸出している。自然エネルギーへのすばやい切り替えは、経済的な追い風になるだけでなく、永遠のエネルギー安全保障を約束してくれる。

金融アナリストたちは、まだこの新しいダイナミクスを理解しようとしている最中だ。多くの経済のシナリオでは、未来は過去の延長線上に描かれており、経済学者は転換点に頭を悩まされている。しかしいま、過去とは違うことが起きているのだ。現在の経済の動きは、産業革命の初期に起きた、局面の大転換を彷彿とさせる。電車が発明されたときに、まだ運河を造っていたいとは誰も思わないだろう。もっとも顕著な兆候は、時価総額の大きな企業の株価をもとに算出されるアメリカの株価指数S&P500における化石燃料部門の運用実績に表れている。二〇一一年には、化石燃料は指数の一二%を占めていたが、現在はわずか四%にとどまっている。「ウォールストリート・ジャーナル」紙によると、二〇一四年、二〇一五年、二〇一八年、二〇一九年のS&P500では、再生可能エネルギーを除くエネルギーが、もっとも運用実績の悪い部門だった。二〇二〇年四月、パンデミックの影響で、アメリカの石油価格はゼロ以下に暴落した。石油供給会社は、企業に一バレルあたり三〇ドル前後を支払って石油を引き取ることを余儀なくされた。

現在、ますます多くの機関が化石燃料から脱却しようとしていることは明らかである。脱化石燃料化は、価値にしてすでに一四兆ドルを超え、さらに加速している。では、新たな経済的転換点まではどれくらいなのだろうか。社会的責任のある投資家には影響力がある。ある調査によると、投資家全体の一〇～二〇%だけで、炭素バブル崩壊の連鎖反応を起こせるとのことだ。[23][24] イローナ・オットーらの最近の研究によれば、この数字はさらに低くなりうる。「投資家の炭素リスクに対する懸念が閾値に達すると、金融バブルが崩壊すると考えるアナリストが増えている。シミュレーションによると、わずか九%の投資家が、他の投資家の追随を招いてシステムをひっくり返す可能性がある」とのことだ。

4　テクノロジーの転換点

第四の、そして最後の転換点は、技術革命である。テクノロジー、デジタル破壊、第四次産業革命、呼び名は何であれ、技術の革命が人類に向かって押し寄せてきている様子は、あちこちから聞こえてくる。この数十年の展開が破壊的なほどめまぐるしかったのは間違いないが、テクノロジーの伝道師、メディアの評論家、企業のコンサルタント、政府の閣僚たちは、まだまだこんなものではすまないと口をそろえて言う。

ビル・ゲイツやマーク・ザッカーバーグをはじめとする人々は、明らかにこの波に乗っている。彼らは、「ブレイクスルー・エナジー・ベンチャーズ」という基金を立ち上げ、責任ある地球管理のための技術革新に数十億ドルを投資している。だがこれは、革新的なテクノロジーへの投資ではあるものの、消費者にまで届いて急速に拡大するには一〇年かかるかもしれない。私たちは近未来に目を向ける必要がある。すでに拡大している技術がいくつかある。これらの技術のブレイクスルーは転換点に達しており、今後一〇年で経済界を席巻するだろう。再生可能エネルギーについてはすでに採り上げた。次は電気自動車だ。電気自動車とプラグインハイブリッド車の販売台数は急激に増加している。現在、年間成長率は五〇％に達している。

正しい経済政策さえ採られれば、世界はこのような猛スピードで正しい方向に進むことができる。ノルウェーはすでにその好例となっている。強力な政策のおかげで、国内の新車の半分は電気自動車かハイブリッド車になっている。もしほかの国々もノルウェーの政策を採用して、電気自動車の販売台数を毎年三三％ずつ増やしていけば、二〇二八年には全自動車の半数が電気自動車となり、二〇三〇年代初頭には一〇〇％に近づくことになる。ここ数年、多くの主要経済圏や都市は、化石燃料を使用する自動車の新規導入禁止を発表している。アマゾンなどの大手物流企業やアメリカの大手貨物輸送会社ＵＰＳは、電気自動車の導入を一〇〇％にすることを約束している。二〇二〇年、ＵＰＳは一万台の電気ワゴン車を発注し、イギリスの電気自動車のパイオニアであるアライバル社の一部を買収した。しかし、こうした展開を当然のものと考えてはいけない。現時点では、この流れを定着させるには、議員の強い支持が不可欠である。

これからの一〇年は、デジタル化によって、オーナーシップからユーザーシップへの大転換が起きるだろう。私たちは共有経済（シェアリング・エコノミー）の時代に突入する。たとえば、カーシェアリングを考えてみよう。ほとんどの自動車は、九五％の時間を駐車場で過ごしている。自律走行車が登場するのは一〇年先かもしれないが、カーシェアリングはじつに簡単になる。いまや携帯電話を使ってデジタルで鍵を共有できるので、ワンクリックで車を借りられるのだ。これらの技術は、まったく新しいビジネスモデルを切り拓くものである。

電子商取引はビジネスを変革し、遅れている企業を滅ぼし、オンライン学習は教育を変える。健康はまだまだ未開の分野で、遠隔医療やオンライン診断が期待されている（外科医が患者とは別の場所にいる遠隔精密手術はすでに可能である）。また、行政は電子政府や電子決済によって抜本的に見直されている。だが、今後一〇年間でもっとも大きなデジタル破壊が起こるのは、産業、農業、金融の分野だろう。二〇二〇年代には、デジタル化によって循環型経済が主流になると考えられる。

アマゾンやアリババなどの巨大企業が食品分野に進出してくることで、食料品の買い物は今後一〇年で大きく変わるだろう。アマゾンはアメリカのホールフーズを買収し、アリババは中国全土にスーパーマーケットを展開している。これは、人々がより健康的な食生活を送るように促す食の革命と密接に関係していくだろう。すでに多くの新興企業が、レストランやカフェ、スーパーでの食品廃棄物問題に取り組んでおり、アプリを使ってお腹をすかせた客を安価な食品につなげている。その可能性は巨大だ。もし食品廃棄物で国がつくれるとしたら、温室効果ガスの排出量は中国、アメリカに次いで三番目になるだろう。農業分野では、衛星、携帯電話、ドローンの組み合わせにより、精密農業や微気象予測が現場レベルで実現している。また、ドローンは従来の方法の一〇〇倍以上の速さで木を植えることができるように設計されている。

電子経済においても、すでに大きな変化が起きている。たとえばアリババ傘下のアント・フィナンシャル（現アントグループ）は、八億人の顧客を持つオンライン金融サービス会社である。同社は一三兆ドルと言われる中国のオンライン決済市場の半分以上を確保している。オンライン銀行システムであるアント・フォレストには三億人以上が登録しており、ユーザーに報酬を与えたり、ソーシャルネットワーク内のほかの人と報酬を競わせたりすることで、公共交通機関の利用などの低炭素行動を選択するように促している。スウェーデンの新興企業であるトリーネは、額の大小にかかわらず、投資家がアフリカの自然エネルギーに簡単に投資できる方法を提供している。シンプルなオンライン投資プラットフォームと、衛星を使った第三者による検証を組み合わせることで、トリーネはアフリカへの投資の大きなハードルである不正行為を防止している。

テクノロジー関連企業は、大手であれ中小であれ、金融業界のもっとも弱く無防備な部分に目をつけ、チャンスをうかがっている。この勢いは止められない。しかしまだいくつか疑問がある。テクノロジーはワイルドカードだ。過去三〇年間、技術革新が不足していたことはなく、炭素の排出量は減るどころか増えている。ナノテクノロジーや3D印刷から、AI、自動化、アルゴリズムによる監視まで、テクノロジー分野の混乱は、地球の安定化に働くこともあれば、さらに不安定化を進めることもある。どちらに転んでもおかしくないのだ。

言うまでもなく、世界の六〇%の人がインターネッーを利用している現在、テクノロジー分野の影響力はとてつもなく大きい。グーグル、アマゾン、アップルといった世界のリーダーたちは、テクノロジー産業が善を促進する力となるように、真の意味でのプラネタリー・スチュワードシップに取り組む必要がある。世界を征服するという壮大なビジョンを持つ企業はあっても、地球を安定させることを優先事項とする企業はほとんどない。最終的には、テクノロジーは中立的だという考えを捨て、社会的な目標を阻害するのではなく積極的に支えるために、テクノロジーを利用することが重要である。

いずれにせよ二〇二〇年代は、テクノロジーの崩壊が確実視されている。業界内では、重大な変化が感じられる。世界でもっとも価値のある企業の一つであるアップルは、サプライチェーン内で一〇〇％の循環型経済を実現することを約束している。実際に一〇〇％を達成できるかどうかは彼らにもわからないが、それに近づけることは可能と踏んでいる。変化を受け入れない企業は、従業員からの咎めるような視線を感じている。ジェフ・ベゾスがプラネタリー・スチュワードシップをあまり考慮しない方針を発表したとき、アマゾンの従業員の不満の声がしだいに高まったため、結局ベゾスは抜本的な対策を講じることと、一〇〇億ドルの慈善基金を立ち上げることを発表したのだった。だが、グーグル、アマゾン、フェイスブック（現メタ）、アップルなどは、もっと多くのことができるだろうし、また、しなければならない。彼らは慈善活動や自社の温室効果ガスの排出量やサプライチェーンへの影響といったものとは関係のないところにいる、自社製品を使用する消費者に直接目を向ける必要がある。最終的には、新たなテクノロジーの基盤と消費者のあいだで、社会的な目標を達成するための行動変容を相互に支え合う社会契約が必要である。

社会的、政治的、経済的、そして技術的な転換点は、人類の大きな力となる。この四つのうち一つでも一般に広まれば、地球を安定させる可能性が大幅に高まる。だが最大のチャンスは、これらが組み合わさったときだ。それはすでに起きている。デジタル技術は、学校ストライキやXRの炎を燃え上がらせ、数カ月で世界的なムーブメントを巻き起こした。このことは、あらゆる場所での議論に影響を与えている。政治家やビジネスマンや官僚と話をすると、誰もが必ず、新しい世間の動きについて触れる。

誰もが例外なく、子どもたちの悲痛な叫びを聞いて、心を強く揺さぶられたと言う。議員たちが力こぶをつくって、「二〇五〇年までにネットゼロ達成」という未知の領域に踏み込めば、地球の原始意識である市場は、ぴくぴくと身を震わせて動き出し、いつ反応しようかと身構える。パンデミックからの回復によって、政府は今後一〇年間の経済の方向性に、予期せぬ影響力を与えられた。この影響力をアースショット構想に振り向けなければならない。

(23) このバブルという名前は、「南海バブル」と呼ばれる事件に由来する。一七〇〇年代、イギリスの南海会社の貪欲な投資家たちは、南米との奴隷貿易による莫大な利益を期待していた。その結果、株価は高騰したが、利益は確定しなかった。バブルはやがて崩壊し、多くの企業や個人に経済的破綻をもたらした。

(24) これは「パレートの法則（80：20の法則）」と呼ばれるもので、ある効果の八〇％は二〇％の原因によってもたらされるという経験則である。つまり、二〇％の顧客が八〇％の売上げを牽引するということだ。この考え方は、人々のネットワークにおける転換点を研究している人たちのあいだでときどき利用される。

第19章　賢い地球

地球上に人間の心が存在すること、生物圏のこのほんの一部が目覚め、ありとあらゆるものに気づいて、興味を惹かれるという事実、そしてときにはどん底に落ちたり、それでも星を見上げたりすることは、何かとても不思議で美しいことである。

デイビッド・グリンスプーン『人間の手のなかの地球』（二〇一六年）

私たちはこの本を、夜の山道のドライブから始めた。車はヘッドライトもつけず、道路とその下の険しい崖との境目を示すフェンスやガードレールもない道を、猛スピードで走りはじめた。だが科学的な理解によって、ようやくガードレールをつくることができるようになった。ここ数年、私たちは「二〇五〇年の世界」プロジェクト、「フューチャー・アース」、「グローバル・コモンズ・アライアンス」というつの関連した研究プログラムに取り組んできた。これらのプロジェクトと私たちの研究所は、それぞれの方法で現在の地球の状態を調べ、すべての人が、地球上の安全な機能空間で、豊かで公正な未来を過ごすことができるのかどうかを調べている。手元にある証拠は、それが可能だと示している。実際、二〇三〇年には、最終的にこの目標に到達する可能性がどれくらいなのか、わかっていることだろう。その頃、私たちは世界の温室効果ガスの排出量を半分にしているだろうか？　衝撃的な自然の喪失に歯止めがかかっているだろうか？　森林破壊を食い止められているだろうか？　いま、私たちが正気に戻れば、答えは「イエス」である。そして早ければ二〇五〇年には、地球の生命維持システムが安定したペースで改善されているかどうかが、つまり、人間の営みと地球の受け入れ能力が調和した、安全な着地点に向かっているかどうかがわかるはずだ。私たちが目標に向かって努力していれば、その頃には南極大陸のオゾンホールは安全なレベルまで縮小しているはずである。温室効果ガスの排出量はごくわずかになり、大気中から取り除いて地下深くへ貯蔵する量と釣り合っているはずである。海洋の酸性化も安定しているかもしれない。沿岸の酸欠海域も回復しているかもしれない。森林は縮小ではなく拡大し、生態系の崩壊は免れているだろう。そして二一〇〇年には？　そのときには、人類が長期にわたってその状態を維持しているかどうかがわかるかもしれない。

私たちは長い旅をしてきた

第1幕では、この地球を形づくった革命の話をした。生命の誕生により、地球は生物圏を持つ「アース2.0」という新たな段階へと進んだ。「アース3.0」では光合成を行って大気中に酸素を放出する生命が誕生し、「アース4.0」に進むための条件を整えた。そして約五億四〇〇〇万年前、最初の複雑な多細胞生物が誕生した。その後数億年のあいだは、極端に暖かい温室期が地球を支配し、地球の平均気温は産業革命以前の平均気温一四℃よりも五～一〇℃高く、地球表面にはほとんど氷がなく、海面は現在よりも少なくとも七〇メートル高かった。やがて、大陸が分裂してふたたび衝突を始めた。その結果、風化が促進され、空気中の二酸化炭素が減少し、約三五〇ppmという基準値に達した。二酸化炭素の濃度がさらに下がると、大きな氷床ができた。地球は奇妙なほど不安定な氷河時代のサイクルに突入し、ほ乳類の脳は急速な進化を余儀なくされた。これにより、一万二〇〇〇年というきわめて安定した完新世の舞台が整った。完新世は、農業という一つの文化革命で始まり、科学と産業という二つの革命で終わった。

第2幕では、過去三〇年間でほぼ間違いなく科学的にもっとも重要な、三つの見方を紹介した。第一に、私たちはいま、「人新世」というまったく新しい地質時代にいるということ。第二に、「完新世」だけが、人類の文明を維持できる唯一の状態であること。第三に、アマゾン、南極、グリーンランド、ツンドラ、海流などの「眠れる巨人」を目覚めさせてしまうと、危険な転換点を超えてしまう危険性があること。一つの転換点を超えると、それがドミノ効果を引き起こし、地球を温室状態に押し戻してしまうかもしれない。だが地球にはこうした危機に対処する能力がある。実際、過去にもそういうことがあった。とはいえ対処できなければ、人類の文明は崩壊し、将来の世代が地球上で快適な生活を送れる希望も失われてしまう。

こうした学界の見解は、「地球は太陽の周りを回っている」というコペルニクスの発見や、「自然淘汰による進化論」というダーウィンの発見によって導かれた世界観と同じくらい深遠な、新たな世界観を求めている。コペルニクスの発見もダーウィンの発見も、それまで揺るぎない力を誇っていた組織を根底から揺るがすものだった。人新世も同じような運命を辿っている。まさにいまの時代のコペルニクス的、あるいはダーウィン的瞬間である。私たちは限りある地球の上で生きており、その限界に達してしまったのだということを認めざるをえない。睡蓮はもはや、池の端に到達してしまったのだ。

このような科学的な知識を受けて、私たちは現在、人類にとって安全な機能空間を定義するため、九つのプラネタリー・バウンダリー（地球の限界）を明らかにするという最初の暫定的な一歩を踏み出した。しかし、地球はすでに九つのバウンダリーのうち、気候変動、生物多様性の崩壊、森林破壊、農業での肥料の過剰使用という点で、四つのバウンダリーを超えている。これは地球の緊急事態である。

最後の第3幕では、アースショット構想の使命を説明し、すべての子どもたちが生まれながらに持っている権利は、回復力のある安定した地球で暮らす権利であると主張した。だからこそ、子どもたちは科学論文を読み、改善のための行動を求めて学校ストライキをするのだ。私たちはみな、責任ある地球の管理者（プラネタリー・スチュワード）となり、国際公共財（グローバル・コモンズ）を守らなければならない。そのためには、人類共通のアイデンティティーを見つけ出し、自分たちがつくり上げた新しい世界にしっかりと目を向けることが重要である。人類は壊滅的な危機に直面しているが、幸いにも解決策は存在し、安全で繁栄した公平な未来への道筋が示されている。

この本では「私たち」という言葉を頻繁に使っている。たんに著者である「私たち」を意味している場合もあれば、「種」である私たち人類を意味している場合もある。仲間の研究者たちはすぐに気色《けしき》ばんで、「私たち」なんてものは存在しないと言う。サハラ以南のアフリカに住む自給自足の農民は、人類を「人新世」へと推し進めたグレート・アクセラレーションとはなんの関係もない、西洋のエリートと資本主義が原因だ、と。だが、私たち（著者）は、それぞれが生まれ育った都市や国家の枠を超えて、みんなが人類共通のアイデンティティーを認識することこそ、プラネタリー・スチュワードシップにいたる旅の大事な第一歩だと言いたい。ある意味では、デモ行進する子どもたちや、世の中により厳しい対応を求める多国籍企業のCEO、欧州中央銀行や国際通貨基金を動かす女性たちの心のなかなどに、プラネタリー・スチュワードシップはすでに存在している。けれどもあくまで、部分的に偏在しているのみである。今後数年間で、世界全体が「私たち」という集合体になることを、私たちは期待している。

プラネタリー・スチュワードシップを完遂するには、世界は方向転換しなければならない。アースショット構想は、地球を再安定化させることだが、私たちに残された時間はわずかしかない。だがいますぐに対応すれば成功すると、科学は示している。風呂の水があふれてしまったら、蛇口をひねった犯人は誰かと議論するべきだろうか？ あるいは精巧な配管システムをつくって、余分な水を流せばいいのか。それとも、蛇口を閉めて栓を抜くのか。答えは簡単だ。大いなる危機を前にしたら、もっとも安全なルートを選ぶべきである。いまこそ、化石燃料への依存をやめ、持続可能な「アース5.0」へと乗り出すときだ。

まず、いくつかのことを整理しておく必要がある。私たちの経済システムは、大気や海洋などの資源が無限にあり、廃棄物の貯蔵場所も無限にあり、成長の余力も無限にあるという「無限性」を前提としている。これは明らかに間違いだ。そしてこの無限性こそが、持続不可能な古い経済パラダイムからの脱却を、多くの人が苦痛に感じる理由の核心でもある。そもそも二四〇年前、アダム・スミスが資本主義の基礎を築いたのが始まりだった。その後、ジョン・メイナード・ケインズからミルトン・フリードマンまで、多くの学者や思想家が登場した。彼らの知的な理論が、今日私たちに馴染みのある市場経済とグローバル化の支えとなった。この理論は、地球はとても大きくて、土壌や森林、金属、大気、水、栄養素などの資源が無限にあるように見えるため、ごく小さな人間の経済界は、地球上で着実に富を生み出すことができるという世界観にもとづいていた。生態系、天然資源、自由なゴミの廃棄という無制限の地球からの援助が、八六兆ドルの世界経済の基盤となっていたのだ。

しかし世界経済はいま、まぎれもなく飽和状態に達している。世界経済の軌道修正がなされないまま、少なくとも三〇年はこの状態が続いている。これはゆゆしき事態である。現在の経済パラダイムは、数十年前に大きな壁にぶつかり、時代遅れになってしまった。その証拠に、南極の氷床に生じた亀裂、アマゾンの炭素貯蔵能力の低下、極北の永久凍土の融解、山火事、干ばつ、イナゴの大発生、大洪水、おそらく私たちの子どもたちは見ることのできないサンゴ礁、人口密度の高い都市でのパンデミックの急激な拡大など、プラネタリー・バウンダリーを踏み越えた現象が起きている。

いま私たちに必要なのは、地球を犠牲にして経済成長を追求することをもはやよしとしない、新しいパラダイムである。人間と地球をふたたび結びつけ、地球上の安全な機能空間のなかで、繁栄と公平性を追求しなくてはならない。幸いなことに、必要なツールはほぼそろっている。私たちは再生可能な農業、自然に根ざした解決策、循環型経済モデル、科学的根拠にもとづくビジネス目標、そして地域の湿地帯から氷床や海洋にいたるまでの、あらゆる規模のグローバル・コモンズの総合的な管理などについて話してきた。これらはすべて、きちんと吟味された解決方法であり、成功の見込める方法として利用できる。まだまだこうした解決策について無関心な人は多く、最悪の場合、抵抗や無視に遭うこともあるかもしれないが、解決策は現実に存在しているのだ。

このことは、経済が九つのプラネタリー・バウンダリーで示された安全な機能空間の範囲内で発展することができることを示している。そこでは、人類の富、調和、安全を生み出すものとして定義される経済システムは、生物圏と同様に、あらゆる意味で無限に再生される。ただし太陽エネルギーを利用し、鉄やセメント、プラスチック、アルミニウムなどの資源をきちんと循環させる場合に限ってである。

だが、こんなのはあまりに単純な戦略だと反論する人もいる。熱力学の第二法則〔まったく無駄を出さずに熱を仕事に変えることはできないという理論〕はつねに働いてしまうのだからと。つまり、混沌から秩序を生み出して、秩序ある文明をつくろうとすれば、より多くの無駄が生まれるのは必然だ、と。たしかにそれは事実だ。私たち人間が行う営みからは、わずかながらでもつねに炭素が発生してしまう。一方で、地球システムの回復力の高さも証明されている。人新世の旅のなかで、地球はこれまでにも人間からの負荷を和らげ、吸収する驚くべき能力を発揮してきた。もし私たちが地球に残された回復力を守ることができれば、とくに自然の喪失をゼロにすることができれば、地球は人間界からの継続的な環境負荷に対処できる見込みが大きくなり、アース5.0に到達する可能性が高まる。そのためプラネタリー・バウンダリーでは、地球が温室状態に向かうのを回避できるように、たとえば二酸化炭素濃度の限界は三五〇ppmなどと、予防的な数値が設定されている。さらに、生命維持システムを再生するための解決策がすでに存在することを示す、数多くの証拠がある。私たちは、生物圏にとってプラスの力となることができるのだ。持続可能な農業、生態系の回復、湖の浄化などを通じて、「自然に対して友好的」になることができる。人類の創造性、革新性、知識生成の能力は、無限かもしれないし、そうでないかもしれない。いずれにしろ、すぐにすべての可能性を使い果たしてしまうことはないだろう。一刻も早くエネルギー生産を脱炭素化し、負のループを終わらせ、富を築いて分配することに全力を注ぐ必要がある。

現在の人類の物語は、クライマックスの手前で終わりそうになっている。ハリウッドの超大作映画のように、すっきりと問題が解決し、新しいことを学んだヒーローやヒロインが幸せになったり、安心したりするような結末とは違い、ネットフリックスの連続ドラマのように、続きが気になる崖っぷちで終わろうとしている。

私たちに残されているのは一〇年だ。一〇年。

私たちは、「地球を救うにはあと一〇年」という期限つきのリスクを強く意識している。「遅すぎることはない」とか「変化は緩やかで、私たちは適応できる」という意見もある。だがこれは、すでに知られている知識を正確に反映したものではない。とはいえ、はっきりさせておきたいことがある。もちろん、二〇三一年一月一日に地球が崖っぷちから転落すると言っているわけではない。しかし科学的には、今後一〇年間で事態を好転させ、世界の温室効果ガス排出量を半減させ、自然の喪失を食い止めることができなければ、地球上で不可逆的な変化が始まるスイッチを押すことになるかもしれない大きなリスクに直面する。止められない転換点を超えて、温室地球に向かう道を突き進む恐れがあるのだ。

西南極の氷床が崩壊しても、アマゾンが炭素を吐き出しはじめても——どちらも今後二〇年以内に起こりうることで、前者は現時点で、転換点を踏み越えてしまっている可能性がきわめて高い——人間社会はおそらく適応できるだろう。ただ、脆弱な都市を守るために、防波堤建設への莫大な投資を加速させ、炭素の回収と貯留システムを急速に拡大させ、温室効果ガスを年率七％よりももっと速い猛烈なスピードで削減する必要がある。仮にこれらを達成できたとしても、社会は何世紀にもわたって継続的に、変化に適応していかなければならない。そして、気候変動はさらに加速するだろう。日常的に起きている経済と政治の混乱や、時折発生するパンデミックなどを考えると、私たちは急流に向かって突き進んでいることがわかる。世界の市場は不確実性を嫌うが、私たちの未来はますます不確実性に左右されるようになるだろう。市場がパニックに陥っているというのに、地球をふたたび安定させ、人々を貧困から救い出すことができるなどと信じられるのは、空想の世界の住人くらいだ。地球上のほとんどの人が、COVID−19の経済的な影響を何らかの形で受けた。この影響は何世代にもわたってとは言わないまでも、何十年かは続くだろう。しかしこれから起こることに比べれば、こんなのはささいなことだ。

ゆえにアースショット構想は、ユートピア的な夢を目指す計画ではない。繁栄している安定した生物圏のなかでの経済的安定を目指す計画である。いやこれは、私たちが目指すのではなく、私たちが戻るための目標なのだ。したがって、たんに環境保全の課題というのでもない。自然を守るのではなく、私たち自身の繁栄と、紆余曲折の世界を生き抜く能力、そして潜在的には、民主主義のシステムが勝利を収める能力に関わる課題である。なぜなら、変革を遅らせれば遅らせるほど、不人気な強硬策を実施しなければならないリスクが高まるからだ。ある程度の自由を残し、市民の影響力や平和的な集団行動の余地を確保したいのであれば、私たちはいますぐ行動を起こす必要がある。この機会を逃せば、失敗するか（そしてその結果に直面するか）、温室効果ガスの排出量を抑制するために、トップダウン方式で押さえつけられる段階に突入することになるだろう。

幸いなことに私たちには、挫折したり憤ったり、あきらめそうになったときに、頼りにできる成功例がいくつもある。私たちはすでに、オゾンホールの修復に着手している。酸性雨にも対処している。大気圏内での核実験も禁止された。そして人類文明は、世界的なパンデミックをも乗り越えつつある。

繁栄の道を安定して進むには、最終的には政治的なリーダーシップと人々の協力が必要である。おそらく民主主義社会の最大の強みは、対立する意見を持つ人々が、進むべき道に向かうためにお互いに合意する方法を見つけ出せることだ。そして、私たち人類の最大の財産が、人と協力し合える能力なのは間違いない。これが人類の強大な力となる。私たちはそれを再発見する必要がある。長期的な意思決定を行う政治機関への信頼があれば、プラネタリー・スチュワードシップが生まれる可能性ははるかに高くなる。

私たちはみな、持てる最大限の力を使って、これを実現させることができる。誰もが変革の代理人である。個人がこれほど大きな影響力を持ったことはない。そして、コミュニティーや社会のバランスを変えるのに必要なのは、ほんの一握りの個人なのだ。

あなたには消費者としての力がある。投票権がある。ネットワークの力がある。

それを活用してほしい。

もし世界の人々が地球規模で協力する手段を見つけることができれば、人類の最大の成功となるだろう。つまり、地球に安定がもたらされる。もしかしたら、人類はラテン語の「サピエンス（賢者）」という名にふさわしい存在になるかもしれない。

この成果は、私たちが思っている以上に意義深いものになるかもしれない。宇宙生物学者で元NASA研究員のデイビッド・グリンスプーンは人新世を宇宙論的観点から見て、人類は何か大きなものを見落としているのではないかと考えている。

この三〇年、地球システムの研究者たちが地球について新たな理解を深めているあいだ、天文学者たちは四〇〇〇個以上の太陽系外惑星の調査に追われていた。天文学にとっては驚くべき時代だった。現在では、これらの太陽系外惑星の特徴を特定することができる。岩石なのか、ガス惑星なのか、大気があるのかないのか。今後一〇年のあいだにアースショット構想が本格化すれば、液体の水が存在する兆候や、大気の組成（酸素、窒素、メタン、水、二酸化炭素など）を突き止められるようになるかもしれない。

こうした情報から、地球と同じように、それぞれの惑星の現在の進化段階を知ることができる。冥王代のように生命がないのか。何らかの生命維持システムがあるのか。生物圏の明らかな兆候はあるのか。アース2.0と似たような段階に達していて、生命は存在するが光合成は行われておらず、初期の単純な生物圏が惑星の物理システムと相互作用している状態なのか。あるいはアース3.0のように、大気中に酸素が豊富に含まれており、単細胞生物の光合成が行われていて、生物圏が惑星の物理的・化学的プロセスとより強く作用し合っているのか。それともアース4.0のように複雑な生命体が存在し、生き物が無意識のうちに惑星の居住性に影響を与えているのか？

だが、惑星の進化に第五の段階があるとしたらどうだろう。生物圏が意識的に惑星の居住性を管理する段階だ。これは、ここ数十年で起きた出来事にもとづいた、論理的な飛躍である。科学を通じて、惑星に対する意識が生まれた。また、グローバル経済や技術革新を通じて、地球の居住性に影響を与えるメカニズムも生まれている。いつの日か、地球の物理的、化学的、生物学的なシステムを意識的に管理して居住性を維持し、豊かで多様性のある繁栄した生物圏を、ある種の調和のとれた状態に保つことができると考えるのは、けっして現実離れしたことではない。グリンスプーンは、地球の進化におけるこの段階「アース5.0」は、地球にある種の知性が芽生えたことを意味していると述べている。名づけて

「テラ・サピエンス（賢い地球）」であると。

先走るのはやめよう。地球の生命維持システムの変化は加速している。はるか彼方の星系にある文明は、過去七〇年間に地球で見られたグレート・アクセラレーションの兆候を見逃してはいないだろう。その兆候はまぎれのないものであり、一瞬の爆発のように見えたかもしれない。観察者たちは、自分たちが地球に起きている何らかの大変動を目撃しているのだと結論づけるかもしれない。だがそれは何なのか？　地球の奥深くにある核からの火山の噴火か？　地球にもっとも近い恒星から来たフレアなのか？　小惑星の衝突か？　二つのブラックホールや中性子星の衝突によるガンマ線バースト？　進化の跳躍？　あるいは、高度な技術を持った別の文明の侵略？

医者が患者のバイタルサインをモニターで見るように、宇宙人の観察者は当然、次に何が起きるのかと思うだろう。指数関数的な曲線は上昇を続け、システム全体が乱れを増幅させて、さらに混沌とした破壊的な状態になるのか。それとも、惑星の生命維持システムの変化率は乱高下をやめて、より安定した状態に落ち着くのか。これは、惑星レベルでの意識や意思の揺らぎだと捉えられるかもしれない。

私たちは高い目標に向かい、長い道のりを歩んでいる。だがじつは、私たちの研究では、三〇年以内に安定した状態を実現できることがわかっている。自然との友好関係を築いた世界は、希望的観測ではない。三〇年後には、地球の自然生態系は現在よりも強くなり、回復力をつけ、そして何より決定的なのは、より拡大しているということだ。そんな世界を想像してみてほしい。

私たちの経済も、より強く、より回復力のあるものになり、攻撃を受けてもかわし、ショックから立ち直ることができるようになる。そんな世界を想像してみてほしい。

いまこそ、地球の回復力をふたたび高めるために、プラネタリー・バウンダリーの範囲内に収まるだけでなく、地球の回復力を積極的に高める経済を実現するときである。これがアースショット構想の使命だ。そして今後一〇年間の私たちの使命でもある。これには全員の参加が必要だ。

私たちの子どもたちには、何も残したくない。温室効果ガスも。生物多様性の損失も。貧困も。子どもたちには、私たちが受け継いだときのままの、安定した回復力のある地球を残したい。これは地球を救うためではない。私たち自身と、私たちの未来を守るためである。

謝辞

多くの、本当に多くの人々の協力と励まし、そして知恵がなければ、この本は完成しなかっただろう。以下の人々に謝意を示したい。人新世を視覚化することに誰よりも貢献してくれたフェリックス・ファラン＝デシュン、DKの編集者ベッキー・ジー、リサーチ・アシスタントのカエラ・スラビック、ピュー・リテラリーのジョン・アッシュ、DKのピーター・キンダースリーとそのチーム、アンヘレス・ガビラ、マイケル・ダフィー、ジョナサン・メトカーフ、リズ・ウィーラー、そしてシルバーバック・フィルムズのチーム、ジョン・クレイ、コリン・バットフィールド、クレア・シャーロック、アリステア・フォザーギル、キース・スコーリー、アナ・タボアダ。ウィル・シュテッフェンとマテオ・ウィライト、そしてとりわけデニス・ヤングにも感謝したい。もちろん、科学的助言を与えてくれたポツダム気候影響研究所とストックホルム・レジリエンス・センターの同僚たちにも、深く感謝している。サラ・コーネルとジョナサン・ドンジュが指揮を執り、私（ヨハン）の参加する欧州研究評議会のプロジェクト「人新世における地球の回復力（ERA）」の研究チームは、地球の回復力に関する最新の知識を提供してくれた。また地球緊急事態コアチームのサンドリン・ディクソン＝デクレーブ、ジェームズ・ロイド、バーナデット・フィッシュラー、エリス・バックルにも感謝している。ニュージーランドのエドモンド・ヒラリー・フェローシップのマーク・プレインは私たちに、「世間でもっとも語られていない物語」を書くという着想を与えてくれ、それが最終的にこの本となった。最後に私たちの家族、オーウェン側のジョージ、オスカー、ソフィー、ヨハン側のベラ、アレックス、アイザック、ウルリカに、心からの感謝を捧げる。

575, 592–595, 2019. See www.nature.com/articles/d41586-019-03595-0

p149 Adapted from D. Meadows, "Leverage points: Places to intervene in a system", 1999. Hartland, WI: The Sustainability Institute

p169 Adapted from J. Rockström, O. Gaffney et al, "A roadmap for rapid decarbonisation", *Science*, 2017

p184 Adapted from J. Poore and T. Nemecek, "Reducing food's environmental impacts through producers and consumers", *Science*, 360 (6392), 987–992, with additional calculations by Our World in Data. See ourworldindata.org/grapher/land-use-protein-poor

p204 Adapted from Richard G. R. Wilkinson and Kate Pickett, *The Spirit Level: Why More Equal Societies Almost Always Do Better*, Allen Lane, 2009

p216 Adapted from UN World Urbanization Prospects, 2018. See ourworldindata.org/grapher/urban-and-rural-population

p230 Our World in Data, based on HYDE, UN and UN Population Division [2019 Revision]. See ourworldindata.org/futurepopulation-growth

p239 Adapted from The Natural Edge Project, 2004, Griffith University, and Australian National University, Australia

p255 Adapted from K. Raworth, "A Doughnut for the Anthropocene: Humanity's compass in the 21st century", *The Lancet: Planetary Health*, 1, 2017

p281 Adapted from World Values Survey (2014), sourced from Our World in Data. See ourworldindata.org/grapher/self-reported-trustattitudes?country=CHN~FIN~NZL~NOR~SWE

p288 © Dorling Kindersley

図版出典

口絵 A1 Globaïa: data generated using auto-RIFT and provided by the NASA MEaSUREs ITS_LIVE project; A. M. Le Brocq et al, "Evidence from ice shelves for channelized meltwater flow beneath the Antarctic Ice Sheet", *Nature Geoscience*, 6(11), 2013

口絵 A2/3 Globaïa: adapted from Burke et al, *PNAS*, 2018. See ww.pnas.org/content/115/52/13288

口絵 A4 Globaïa: adapted from the Earth Commission of the Global Commons Alliance

口絵 B1 Globaïa: data sourced from Hansen/UMD/Google/USGS/NASA; M. C. Hansen et al, "High-resolution global maps of 21st-century forest cover change", *Science*, 342, 2013

口絵 B2/3 Globaïa: adapted from C. M. Kennedy et al, "Managing the middle: A shift in conservation priorities based on the global human modification gradient", *Global Change Biology,Biology*, 25 (3), 2019. See doi. org/10.1111/gcb.14549

口絵 B4 Globaïa: adapted from J. Rockström et al, "A safe operating space for humanity", *Nature*, 461 (7263), 2009; W. Steffen et al, "Planetary boundaries: Guiding human development on a changing planet", *Science*, 347 (6223), 2015

口絵 C1 Globaïa: for a full list of data included in this visualization, see www.globaia.org

口絵 C2/3 Globaïa

口絵 C4 Globaïa: adapted from W. Steffen et al, "The trajectory of the Anthropocene: The Great Acceleration", *Anthropocene Review*, 2015

口絵 D1 Globaïa: upper panel, adapted from Stockholm Resilience Centre/ Azote graphic; lower panel, adapted from The World in 2050 Report: Transformations to achieve the Sustainable Development Goals, published by the International Institute for Applied Systems, 2018

口絵 D2 Globaïa: adapted from H. Rosling et al, *Factfulness*, Flatiron Books, 2018

口絵 D3 Globaïa: adapted from E. Dinerstein et al, *Science Advances*, 2020

口絵 D4 Globaïa

p31 © Dorling Kindersley

p47 Adapted from C. MacFarling Meure et al, 2006, and D. Lüthi et al, 2008, for the data underlying the figure. "High-resolution carbon dioxide concentration record 650,000–800,000 years before present", *Nature*, 453, 379–382, 15 May 2008

p57 S. Montgomery, "Hominin brain evolution: The only way is up?, *Current Biology*, 2016. See doi. org/10.1016/j.cub.2018.06.021

p71 Adapted from Simon L. Lewis and Mark A. Maslin's *The Human Planet: How We Created the Anthropocene*, Penguin, 2018

p88 T. Juniper, *What's Really Happening to our Planet?*, Dorling Kindersley, 2016

p124 Adapted from Will Steffen, Johan Rockström et al, "Trajectories of the Earth system in the Anthropocene", *Proceedings of the National Academy of Sciences*, 115 (33), 8252–8259, Aug 2018; DOI: 10.1073/pnas.1810141115

p135 Adapted from T. M. Lenton et al, "Climate tipping points: Too risky to bet against", *Nature*, commitments/

第 19 章

D. Grinspoon, *Earth in Human Hands: Shaping our Planet's Future*, Grand Central Publishing, 2016.

water vapor", *Science*, 296 (5568), 2002.
M. Tegmark, *Life 3.0: Being Human in the Age of Artificial Intelligence*, Deckle Edge, 2017.
マックス・テグマーク『LIFE3.0 ――人工知能時代に人間であるということ』水谷淳訳 紀伊國屋書店 2020 年
"What is 5G and what will it mean for you?", *BBC News*, 2020.

第 16 章

K. W. Bandilla, "Carbon capture and storage", *Future Energy*, Elsevier, 2020.
M. De Wit et al, *The Circularity Gap Report 2020*, Circle Economy, 2020.
J. Mercure et al, "Macroeconomic impact of stranded fossil fuel assets", *Nature Climate Change*, 8 (7), 2018.
J. Pretty et al, "Global assessment of agricultural system redesign for sustainable intensification", *Nature Sustainability*, 1 (8), 2018.

第 17 章

IRENA, "Measuring the socio-economics of transition: Focus on jobs", International Renewable Energy Agency, 2020. Available at: www.irena.org/publications/2020/Feb/Measuring-the-socioeconomics-oftransition-Focus-on-jobs

第 18 章

P. Ball, "The new history", *Nature*, 480 (7378), 2011.
D. Centola et al, "Experimental evidence for tipping points in social convention", *Science*, 360 (6393), 2018.
B. Ewers et al, "Divestment may burst the carbon bubble if investors' beliefs tip to anticipating strong future climate policy", arXiv:1902.07481, 2019.
J. Falk and O. Gaffney et al, "Exponential climate action roadmap", Future Earth, 2018. Available at: exponentialroadmap.org/wp-content/uploads/2018/09/Exponential-Climate-Action-Roadmap-September-2018.pdf
D. F. Lawson et al, "Children can foster climate change concern among their parents", *Nature Climate Change*, 9 (6), 2019.
A. Leiserowitz et al, *Climate Change in the American Mind: November 2019*, Yale Program on Climate Change Communication, 2019. Available at: climatecommunication.yale.edu/wp-content/uploads/2019/12/Climate_Change_American_Mind_November_2019b.pdf
PricewaterhouseCoopers, "Navigating the rising tide of uncertainty", 23, 2020. Available at: www.pwc.com/gx/en/ceo-agenda/ceosurvey/2020.html
M. Taylor, J. Watts, and J. Bartlett, "Climate crisis: 6 million people join latest wave of global protests", *The Guardian*, 2019.
J. Watts, "Greta Thunberg, schoolgirl climate change warrior: 'Some people can let things go. I can't'", *The Guardian*, 2019.
YouGov, "Climate change protesters have been disrupting roads and public transport, aiming to 'shut down London' in order to bring attention the their cause. Do you support or oppose these actions?", 2010. Available at: yougov.co.uk/topics/science/survey-results/daily/2019/04/17/35ede/1
"1000+ Divestment Commitments", *Fossil Free: Divestment*. Available at: gofossilfree.org/divestment/

d-with-new-urban-agenda-agreedon-by-nations-at-habitat-iii-summit/
M. Sheetz, "Technology killing off corporate America: Average life span of companies under 20 years", *CNBC*, 2017. Available at: www.cnbc.com/2017/08/24/technology-killing-off-corporations-average-lifespan-ofcompany-under-20-years.html
G. West, *Scale: The Universal Laws of Growth, Innovation, Sustainability, and the Pace of Life in Organisms, Cities, Economies, and Companies*, Penguin Press, 2017.
ジェフリー・ウェスト『スケール：生命、都市、経済をめぐる普遍的法則（上下）』山形浩生、森本正史訳　早川書房　2020 年

第 14 章

M. Roser, E. Ortiz-Ospina, and H. Ritchie, "Life expectancy", *Our World in Data*, 2013. Available at: ourworldindata.org/life-expectancy
M. Roser, H. Ritchie, and E. Ortiz-Ospina, "World population growth", *Our World in Data*, 2013. Available at: ourworldindata.org/world-population-growth
H. Rosling, A. R. Rönnlund, and O. Rosling, *Factfulness: Ten Reasons We're Wrong About the World – and Why Things Are Better Than You Think*, Flatiron Books, 2018.
ハンス・ロスリング　オーラ・ロスリング　アンナ・ロスリング・ロンランド『FACTFULNESS(ファクトフルネス)10 の思い込みを乗り越え、データを基に世界を正しく見る習慣』上杉周作、関美和訳　日経 BP　2019 年
V. Smil, *Growth*, The MIT Press, 2019.
S. H. Woolf and H. Schoomaker, "Life expectancy and mortality rates in the United States, 1959–2017", *JAMA*, 322 (20) 2019.
World Bank, "Fertility rate, total (births per woman)- Japan, Korea, Rep". Available at: data.worldbank.org/indicator/SP.DYN.TFRT.IN?locations=JP-KR
World Health Organization, "Life expectancy", *Global Health Observatory data*. Available at: www.who.int/gho/mortality_burden_disease/life_tables/situation_trends_text/en/

第 15 章

R. Angel, "Feasibility of cooling the Earth with a cloud of small spacecraft near the inner Lagrange point (L1)", *Proceedings of the National Academy of Sciences*, 103 (46), 2006.
D. Dunne, "Explainer: six ideas to limit global warming with solar geoengineering", *Carbon Brief*, 2018. Available at: www.carbonbrief.org/explainer-six-ideas-to-limitglobal-warming-with-solar-geoengineering
A. Gabbatt and agencies, "IBM computer Watson wins Jeopardy clash", *The Guardian*, 2011.
A. Grubler et al, "A low energy demand scenario for meeting the 1.5° C target and sustainable development goals without negative emission technologies", *Nature Energy*, 3 (6), 2018.
International Energy Agency, "Offshore wind outlook 2019". Available at: www.iea.org/reports/offshore-windoutlook-2019
Oxford Economics, "How robots change the world", 2019. Available at: resources.oxfordeconomics.com/how-robots-change-the-world
D. Silver et al, "A general reinforcement learning algorithm that masters chess, shogi, and Go through self-play", *Science*, 362 (6419), 2018.
B. J. Soden et al, "Global cooling after the eruption of Mount Pinatubo: a test of climate feedback by

2020.
I. M. Otto et al, "Shift the focus from the super-poor to the super-rich", *Nature Climate Change*, 9 (2), 2019.
Oxfam International, "Just 8 men own same wealth as half the world", 2018. Available at: www.oxfam.org/en/press-releases/just-8-men-own-same-wealth-half-world
T. Piketty, *Capital in the Twenty-First Century*, Harvard University Press, 2017.
トマ・ピケティ『21 世紀の資本』山形浩生、守岡桜、森本正史訳　みすず書房　2014 年
A. Shorrocks et al, "Global wealth report 2019", Credit Suisse Research Institute, 2019. Available at: www.credit-suisse.com/media/assets/corporate/docs/about-us/research/publications/global-wealth-report-2019-en.pdf
World Food Programme, "Southern Africa in throes of climate emergency with 45 million people facing hunger across the region". Available at: www.wfp.org/news/southern-africa-throes-climate-emergency-45-millionpeople-facing-hunger-across-region

第 13 章

F. Akthar and E. Dixon, "At least 36 people dead in one of India's longest heatwaves", *CNN*, 2019.
M. Artmann, L. Inostroza, and P. Fan, "Urban sprawl, compact urban development and green cities. How much do we know, how much do we agree?", *Ecological Indicators*, 96, 2019.
J. Drevikovsky and S. Rawsthorne, "'Hottest place on the planet': Penrith in Sydney's west approaches 50 degrees", *The Sydney Morning Herald*, 2020.
B. Eckhouse, "The U.S. has a fleet of 300 electric buses. China has 421,000", *Bloomberg*, 2019.
J. Falk and O. Gaffney et al, "Exponential climate action roadmap", Future Earth, 2018. Available at: exponentialroadmap.org/wp-content/uploads/2018/09/Exponential-Climate-Action-Roadmap-September2018.pdf
T. Frank, "After a $14-billion upgrade, New Orleans' levees are sinking", *Scientific American*, 2019. Available at: www.scientificamerican.com/article/after-a-14-billionupgrade-new-orleans-levees-are-sinking/
D. Hoornweg et al, "An urban approach to planetary boundaries", *Ambio*, 45 (5), 2016.
International Energy Agency, "Cities are at the frontline of the energy transition", 2016. Available at: www.iea.org/news/cities-are-at-the-frontline-of-the-energytransition
S. A. Kulp and B. H. Strauss, "New elevation data triple estimates of global vulnerability to sea-level rise and coastal flooding", *Nature Communications*, 10, 2019.
J. Lelieveld et al, "Loss of life expectancy from air pollution compared to other risk factors: a worldwide perspective", *Cardiovascular Research*, 2020.
B. Mason, "The ACT is now running on 100 renewable electricity", *SBS News*. Available at: www.sbs.com.au/news/the-act-is-now-running-on-100-renewableelectricity
W. Rees and M. Wackernagel, "Urban ecological footprints: why cities cannot be sustainable − and why they are a key to sustainability", *Environmental Impact Assessment Review*, 16 (4–6), 1996.
H. Ritchie and M. Roser, "Urbanization", *Our World in Data*, 2018. Available at: ourworldindata.org/urbanization
D. Robertson, "Inside Copenhagen's race to be the first carbon-neutral city", *The Guardian*, 2019.
"Scientists disappointed with New Urban Agenda agreed on by nations at Habitat III summit", *International Science Council*, 2016. Available at: council.science/current/press/scientists-disappointe

第 10 章

K. Anderson, “Talks in the city of light generate more heat”, *Nature News*, 528 (7583), 2015.

P. Hawken, Drawdown: *The Most Comprehensive Plan Ever Proposed to Reverse Global Warming*, Penguin, 2018.

ポール・ホーケン『ドローダウン——地球温暖化を逆転させる 100 の方法』江守正多監訳、東出顕子訳　山と溪谷社　2020 年

C. Le Quéré et al, “Drivers of declining CO_2 emissions in 18 developed economies”, *Nature Climate Change*, 9 (3), 2019.

E. Morena, *The Price of Climate Action: Philanthropic Foundations in the International Climate Debate*, Palgrave Macmillan, 2016.

J. Rockström et al, “A roadmap for rapid decarbonization”, *Science*, 355 (6331), 2017.

第 11 章

B. M. Campbell et al, “Agriculture production as a major driver of the Earth system exceeding planetary boundaries”, *Ecology and Society*, 22 (4), 2017.

T. Lucas and R. Horton, “The 21st-century great food transformation”, *The Lancet*, 393 (10170), 2019.

W. J. McCarthy and Z. Li, “Healthy diets and sustainable food systems”, *The Lancet*, 394 (10194), 2019.

L. Olsson et al, “Land degradation”, *Climate Change and Land*, Intergovernmental Panel on Climate Change, 2019.

J. Rockström and M. Falkenmark, “Agriculture: increase water harvesting in Africa”, *Nature*, 519 (7543), 2015.

R. Scholes et al (eds), “Summary for policymakers of the assessment report on land degradation and restoration of the Intergovernmental Science-Policy Platform on Biodiversity and Ecosystem Services”, IPBES, 2018.

M. Shekar and B. Popkin, *Obesity: Health and Economic Consequences of an Impending Global Challenge*, World Bank Publications, 2020.

W. Willett et al, “Food in the Anthropocene: the EAT-*Lancet* Commission on healthy diets from sustainable food systems”, *The Lancet*, 393 (10170), 2019.

第 12 章

M. Burke, S. M. Hsiang, and E. Miguel, “Global non-linear effect of temperature on economic production”, *Nature*, 527 (7577), 2015.

A. Chrisafis, “Macron responds to gilets jaunes protests with €5bn tax cuts”, *The Guardian*, 2019.

N. S. Diffenbaugh and M. Burke, “Global warming has increased global economic inequality”, *Proceedings of the National Academy of Sciences*, 116 (20), 2019.

D. Hardoon, R. Fuentes-Nieva, and S. Ayele, “An economy for the 1%: how privilege and power in the economy drive extreme inequality and how this can be stopped”, Oxfam International, 2016.

Intergovernmental Panel on Climate Change, “Summary for policymakers”, *Climate Change and Land*, IPCC, 2019.

P. R. La Monica, “Warren Buffett has $130 billion in cash. He’s looking for a deal”, *CNN Business*,

Nature, 579 (7797), 2020.
Intergovernmental Panel on Climate Change, "Summary for policymakers", *Special Report on the Ocean and Cryosphere in a Changing Climate*, IPCC, 2019.
P. Milillo et al, "Heterogeneous retreat and ice melt of Thwaites Glacier, West Antarctica", *Science Advances*, 5 (1), 2019.
T. A. Scambos et al, "How much, how fast?: A science review and outlook for research on the instability of Antarctica's Thwaites Glacier in the 21st century", *Global and Planetary Change*, 153, 2017.
T. Schoolmeester et al, *Global Linkages: A Graphic Look at the Changing Arctic (rev. 1)*, UN Environment and GRID-Arendal, 2019.
A. Shepherd et al, "Mass balance of the Greenland Ice Sheet from 1992 to 2018", *Nature*, 579, (7798), 2020.

第3幕

第9章

M. Carney, F. V. de Galhau, and F. Elderson, "The financial sector must be at the heart of tackling climate change", *The Guardian*, 2019.
E. Daly, "The Ecuadorian exemplar: the first ever vindications of constitutional rights of nature", *Review of European Community & International Environmental Law*, 21 (1), 2012.
L. Fink, "CEO letter", *BlackRock*. Available at: www.blackrock.com/uk/individual/larry-fink-ceo-letter
B. Gates, N. Myhrvold, and P. Rinearson, *The Road Ahead: Completely Revised and Up-to-Date*, Penguin Books, 1996.
G. R. Harmsworth and S. Awatere, "Indigenous Māori knowledge and perspectives of ecosystems", *Ecosystem Services in New Zealand — Conditions and Trends*, 2013.
D. Meadows, "Leverage points: places to intervene in a system", *Academy for Systems Change*. Available at: donellameadows.org/archives/leverage-points-places-tointervene-in-a-system/
D. H. Meadows et al, *The Limits to Growth*, A report to the Club of Rome, 1972.
ドネラ・H・メドウズ他『成長の限界――ローマ・クラブ「人類の危機」レポート』大来佐武郎監訳　ダイヤモンド社　1972年
E. Ostrom et al, "Revisiting the commons: local lessons, global challenges", *Science*, 284 (5412), 1999.
E. Röös, M. Patel, and J. Spångberg, "Producing oat drink or cow's milk on a Swedish farm: environmental impacts considering the service of grazing, the opportunity cost of land and the demand for beef and protein", *Agricultural Systems*, 142, 2016.
S. Rotarangi and D. Russell, "Social-ecological resilience thinking: can indigenous culture guide environmental management?, *Journal of the Royal Society of New Zealand*, 39 (4), 2009.
G. Turner, "Is global collapse imminent? An updated comparison of *The Limits to Growth* with historical data", *MSSI Research Paper*, 4, 2014.
D. Wallace-Wells, *The Uninhabitable Earth: Life After Warming*, Tim Duggan Books, 2019.
デイビッド・ウォレス・ウェルズ『地球に住めなくなる日――「気候崩壊」の避けられない真実』藤井留美訳　NHK出版　2020年
E. O. Wilson, *Half-Earth: Our Planet's Fight for Life*, W. W. Norton & Company, 2016.

of Sciences, 105 (6), 2008.
J. E. Lovelock and L. Margulis, "Atmospheric homeostasis by and for the biosphere: the Gaia hypothesis", *Tellus*, 26 (1–2), 1974.
M. E. Mann, R. S. Bradley, and M. K. Hughes, "Northern hemisphere temperatures during the past millennium: inferences, uncertainties, and limitations", *Geophysical Research Letters*, 26 (6), 1999.
J. C. Rocha et al, "Cascading regime shifts within and across scales", *Science*, 362 (6421), 2018.

第 7 章

R. J. W. Brienen et al, "Long-term decline of the Amazon carbon sink", *Nature*, 519 (7543), 2015.
D. W. Fahey et al, "The 2018 UNEP/WMO assessment of ozone depletion: an update", abstract #A31A-01 presented at the AGU Fall Meeting, 2018.
M. Grooten and R. Almond, *Living Planet Report 2018: Aiming Higher*, WWF, Gland, Switzerland, 2018.
B. Hönisch et al, "The geological record of ocean acidification", *Science*, 335 (6072), 2012.
Intergovernmental Panel on Climate Change, "Summary for Policymakers", *Climate Change 2013: The Physical Science Basis. Contribution of Working Group I to the Fifth Assessment Report of the Intergovernmental Panel on Climate Change*, Intergovernmental Panel on Climate Change, 2013.
Intergovernmental Science-Policy Platform on Biodiversity and Ecosystem Services, "Global assessment report on biodiversity and ecosystem services", IPBES, 2019.
T. E. Lovejoy and C. Nobre, "Amazon tipping point", *Science Advances*, 4 (2), 2018.
V. Masson-Delmotte et al, "Information from paleoclimate archives", in *Climate Change 2013: The Physical Science Basis. Contribution of Working Group I to the Fifth Assessment Report of the Intergovernmental Panel on Climate Change*, Cambridge University Press, 2013.
G. Readfearn, "Climate crisis may have pushed world's tropical coral reefs to tipping point of 'near-annual' bleaching", *The Guardian*, 2020.
J. Rockström et al, "A safe operating space for humanity", *Nature*, 461 (7263), 2009.
J. Rockström et al, "Planetary boundaries: exploring the safe operating space for humanity", *Ecology and Society*, 14 (2), 2009.
S. Solomon, "The mystery of the Antarctic ozone 'hole'", *Reviews of Geophysics*, 26 (1), 1988.
W. Steffen et al, "Planetary boundaries: guiding human development on a changing planet", *Science*, 347 (6223), 2015.
W. Steffen et al, "Trajectories of the Earth system in the Anthropocene", *Proceedings of the National Academy of Sciences*, 115 (33), 2018.
E. O. Wilson, Half-Earth: Our Planet's Fight for Life, W. W. Norton & Company, 2016. World Meteorological Organization (WMO), "WMO provisional statement on the state of the global climate in 2019", *WMO Statement on the State of the Global Climate*, WMO, 2019.

第 8 章

Club of Rome and the Potsdam Institute for Climate Impact Research, "The planetary emergency plan", 2019. Available at: clubofrome.org/publication/the-planetary-emergency-plan/
D. Coady et al, "Global fossil fuel subsidies remain large: an update based on country-level estimates", Working Paper no. 19/89, IMF, 2019.
W. Hubau et al, "Asynchronous carbon sink saturation in African and Amazonian tropical forests",

J. Feynman and A. Ruzmaikin, "Climate stability and the development of agricultural societies", *Climate Change*, 84 (3), 2007.
A. Ganopolski, R. Winkelmann, and H. J. Schellnhuber, "Critical insolation–CO_2 relation for diagnosing past and future glacial inception", *Nature*, 529 (7585), 2016.
Intergovernmental Panel on Climate Change, "Summary for policymakers", *Special Report on the Impacts of Global Warming of 1.5°C*, Intergovernmental Panel on Climate Change, 2018.
P. H. Kavanagh et al, "Hindcasting global population densities reveals forces enabling the origin of agriculture", *Nature Human Behaviour*, 2 (7), 2018.
S. A. Marcott et al, "A reconstruction of regional and global temperature for the past 11,300 years", *Science*, 339 (6124), 2013.
D. J. Markwell, *John Maynard Keynes and International Relations: Economic Paths to War and Peace*, Oxford University Press, 2006.
L. Phillips and M. Rozworski, *People's Republic of Walmart: How the World's Biggest Corporations Are Laying the Foundation for Socialism*, Verso Books, 2019.
V. Smil, *Growth*, The MIT Press, 2019.
W. Steffen et al, "Planetary boundaries: guiding human development on a changing planet", *Science*, 347 (6223), 2015.
W. Steffen et al, "The trajectory of the Anthropocene: The Great Acceleration", *Anthropocene Review*, 2 (1), 2015.
United Nations Department of Economic and Social Affairs, "Post-war reconstruction and development in the Golden Age of Capitalism", *World Economic and Social Survey 2017*, United Nations Department of Economic and Social Affairs, 2017.
C. N. Waters et al, "The Anthropocene is functionally and stratigraphically distinct from the Holocene", *Science*, 351 (6269), 2016.
R. Wilkinson and K. Pickett, *The Spirit Level: Why Equality Is Better for Everyone*, Penguin, 2010.
リチャード・ウィルキンソン、ケイト・ピケット『平等社会——経済成長に代わる、次の目標』酒井泰介訳　東洋経済新報社　2010 年

第 2 幕

第 5 章

T. Lenton et al, "Climate tipping points — too risky to bet against", *Nature*, 575 (7784), 2019.
T. Lenton, "Early warning of climate tipping points", *Nature Climate Change*, 1 (4), 2011.
W. Steffen et al, "The trajectory of the Anthropocene: The Great Acceleration", *Anthropocene Review*, 2 (1), 2015.

第 6 章

C. Folke et al, "Resilience thinking: integrating resilience, adaptability and transformability", *Ecology and Society*, 15 (4), 2010.
T. Fuller (Ed), *Gnomologia, Adagies and Proverbs, Wise Sentences and Witty Sayings, Ancient and Modern, Foreign and British*, Kessinger Publishing, 2003.
M. Gladwell, *The Tipping Point: How Little Things Can Make a Big Difference*, Back Bay Books, 2002.
T. Lenton et al, "Tipping elements in the Earth's climate system", *Proceedings of the National Academy*

S. Neubauer, J.-J. Hublin, and P. Gunz, "The evolution of modern human brain shape", *Science Advances*, 4 (1), 2018

I. S. Penton-Voak and J. Y. Chen, "High salivary testosterone is linked to masculine male facial appearance in humans", *Evolution and Human Behavior*, 25 (4), 2004.

T. Rito et al, "A dispersal of *Homo sapiens* from southern to eastern Africa immediately preceded the out-of-Africa migration", *Scientific Reports*, 9 (1), 2019.

M. R. Sánchez-Villagra and C. P. van Schaik, "Evaluating the self-domestication hypothesis of human evolution", *Evolutionary Anthropology: Issues, News, and Reviews*, 28 (3), 2019.

E. M. L. Scerri et al, "Did our species evolve in subdivided populations across Africa, and why does it matter?", *Trends in Ecology and Evolution*, 33 (8), 2018.

S. Shultz, E. Nelson, and R. I. M. Dunbar, "Hominin cognitive evolution: identifying patterns and processes in the fossil and archaeological record", *Philosophical Transactions of the Royal Society B: Biological Sciences*, 367 (1599), 2012.

S. W. Simpson et al, "A female *Homo erectus* pelvis from Gona, Ethiopia", Science, 322 (5904), 2008.

E. A. Smith, "Communication and collective action: language and the evolution of human cooperation", Evolution and Human Behavior, 31 (4), 2010.

E. I. Smith et al, "Humans thrived in South Africa through the Toba eruption about 74,000 years ago", Nature, 555 (7697), 2018.

C. Stringer, "The origin and evolution of *Homo sapiens*", *Philosophical Transactions of the Royal Society B: Biological Sciences*, 371 (1698), 2016.

G. West, Scale: *The Universal Laws of Growth, Innovation, Sustainability, and the Pace of Life in Organisms, Cities, Economies, and Companies*, Penguin Press, 2017.

ジェフリー・ウェスト『スケール：生命、都市、経済をめぐる普遍的法則（上下）』山形浩生、森本正史訳　早川書房　2020年

M. Williams, "The ~73 ka Toba super-eruption and its impact: history of a debate", *Quaternary International*, 258, 2012.

B. Wood and E. K. Boyle, "Hominin taxic diversity: fact or fantasy?", *American Journal of Physical Anthropology*, 159 (S61), 2016.

R. W. Wrangham et al, "The raw and the stolen: Cooking and the ecology of human origins", *Current Anthropology*, 40 (5), 1999.

第4章

J. Diamond, *The Third Chimpanzee: The Evolution and Future of the Human Animal*, Harper Perennial, 2006.

ジャレド・ダイアモンド『人間はどこまでチンパンジーか？——人類進化の栄光と翳り』長谷川真理子訳　新曜社　1993年

J. Diamond, "The worst mistake in the history of the human race", *Discover Magazine*, 1987.

J. W. Erisman et al, "How a century of ammonia synthesis changed the world", *Nature Geoscience*, 1 (10), 2008.

N. Ferguson, *The Square and the Tower: Networks and Power, from the Freemasons to Facebook*, Penguin Press, 2018.

ニーアル・ファーガソン『スクエア・アンド・タワー：ネットワークが創り変えた世界（上下）』柴田裕之訳　東洋経済新報社　2019年

C. Patterson, "Age of meteorites and the Earth", *Geochimica et Cosmochimica Acta*, 10 (4), 1956.

M. R. Rampino and S. Self, "Volcanic winter and accelerated glaciation following the Toba super-eruption", *Nature*, 359(6390), 1992.

R. M. Soo et al, "On the origins of oxygenic photosynthesis and aerobic respiration in Cyanobacteria", *Science*, 355 (6332), 2017.

J. Tyndall, *Contributions to Molecular Physics in the Domain of Radiant Heat: A Series of Memoirs Published* ... Longmans, Green, and Company, 1872.

第2章

S. Barker et al, "800,000 years of abrupt climate variability", *Science*, 334 (6054), 2011.

J. Croll, "XIII. On the physical cause of the change of climate during geological epochs", *The London, Edinburgh, and Dublin Philosophical Magazine and Journal of Science*, 28 (187), 1864.

W. Köppen and A. Wegener, *The Climates of the Geological Past*, Borntraeger, 1924.

M. Milankovic, *Canon of Insolation and the Ice-Age Problem*, Agency for Textbooks, 1998.

ミランコビッチ『気候変動の天文学理論と氷河時代』柏谷健二他訳　古今書院　1992年

J. R. Petit et al, "Climate and atmospheric history of the past 420,000 years from the Vostok ice core, Antarctica", *Nature*, 399 (6735), 1999.

M. Willeit et al, "Mid-Pleistocene transition in glacial cycles explained by declining CO_2 and regolith removal", *Science Advances*, 5 (4), 2019.

第3章

A. Bardon, "Humans are hardwired to dismiss facts that don't fit their worldview", *The Conversation*. Available at: theconversation.com/humans-arehardwired-to-dismiss-facts-that-dont-fit-theirworldview-127168

B. de Boer, "Evolution of speech and evolution of language", *Psychonomic Bulletin & Review*, 24 (1), 2017.

P. B. deMenocal, "Climate and human evolution", *Science*, 331 (6017), 2011.

M. González-Forero and A. Gardner, "Inference of ecological and social drivers of human brain-size evolution", *Nature*, 557 (7706), 2018.

B. Hare, "Survival of the friendliest: *Homo sapie*ns evolved via selection for prosociality", *Annual Review of Psychology*, 68 (1), 2017.

B. Hare, V. Wobber, and R. Wrangham, "The self-domestication hypothesis: evolution of bonobo psychology is due to selection against aggression", *Animal Behaviour*, 83 (3), 2012.

F. Jabr, "Does thinking really hard burn more calories?", *Scientific American*. Available at: www.scientificamerican.com/article/thinking-hard-calories/

I. Martínez et al, "Communicative capacities in Middle Pleistocene humans from the Sierra de Atapuerca in Spain", *Quaternary International*, 295, 2013.

I. McDougall, F. H. Brown, and J. G. Fleagle,"Stratigraphic placement and age of modern humans from Kibish, Ethiopia", *Nature*, 433 (7027), 2005.

H. Mercier and D. Sperber, "Why do humans reason? Arguments for an argumentative theory", *Behavioral and Brain Sciences*, 34 (2), 2011.

A. Navarrete, C. P. van Schaik, and K. Isler, "Energetics and the evolution of human brain size", *Nature*, 480 (7375), 2011.

参考文献

第1幕

第1章

J. D. Archibald, *Dinosaur Extinction and the End of an Era: What the Fossils Say*, Columbia University Press, 1996.

A. D. Barnosky et al, "Has the Earth's sixth mass extinction already arrived?", *Nature*, 471 (7336), 2011.

Y. M. Bar-On, R. Phillips, and R. Milo, "The biomass distribution on Earth", *Proceedings of the National Academy of Sciences*, 115 (25), 2018.

S. Boon, "21st century science overload", *Canadian Science Publishing*. Available at: blog.cdnsciencepub.com/21st-century-science-overload/

T. W. Crowther et al, "Mapping tree density at a global scale", *Nature*, 525 (7568), 2015.

M. S. Dodd et al, "Evidence for early life in Earth's oldest hydrothermal vent precipitates", *Nature*, 543 (7643), 2017.

J. G. Dyke and I. S. Weaver, "The emergence of environmental homeostasis in complex ecosystems", *PLoS Computational Biology*, 9 (5), 2013.

G. Feulner, "The faint young Sun problem", *Reviews of Geophysics*, 50 (2), 2012.

P. F. Hoffman et al, "A Neoproterozoic Snowball Earth", *Science*, 281 (5381), 1998.

A. E. Jinha, "Article 50 million: an estimate of the number of scholarly articles in existence", *Learned Publishing*, 23 (3), 2010.

R. Johnson, A. Watkinson, and M. Mabe, "The STM report: an overview of science and scholarly publishing", 2018.

J. L. Kirschvink, "Late Proterozoic low-latitude global glaciation: the Snowball Earth", *The Proterozoic Biosphere: A Multidisciplinary Study*, J. W. Schopf and C. Klein (Eds), Cambridge University Press, 1992.

M. LaFrance, M. A. Hecht, and E. L. Paluck, "The contingent smile: A meta-analysis of sex differences in smiling", *Psychological Bulletin*, 129 (2), 2003.

T. Lenton, *Earth System Science: A Very Short Introduction*, Oxford University Press, 2016.

J. E. Lovelock and L. Margulis, "Atmospheric homeostasis by and for the biosphere: the Gaia hypothesis", *Tellus*, 26 (1–2), 1974.

T. W. Lyons, C. T. Reinhard, and N. J. Planavsky, "The rise of oxygen in Earth's early ocean and atmosphere", *Nature*, 506 (7488), 2014.

C. R. Marshall, "Explaining the Cambrian 'explosion' of animals", *Annual Review of Earth and Planetary Sciences*, 34 (1), 2006.

M. Maslin, *The Cradle of Humanity: How the Changing Landscape of Africa Made us so Smart*, Oxford University Press, 2017.

【フ】

【ヘ】

【ホ】

【ヒ】

【ト】

【ナ】

【チ】

【ツ】

【テ】

【ソ】

【タ】

【ス】

【セ】

【サ】

【シ】

【ケ】

【コ】

【キ】

【ク】

【カ】

索 引

For the curious
www.dk.com

戸田早紀（とだ・さき）
津田塾大学学芸学部英文学科卒業。翻訳家。おもな訳書、『世界の気象現象 奇跡と神秘の科学』、『WOMEN 女性たちの世界史 大図鑑』（共訳）、『オリンピックデザイン全史』（共訳）など、多数。

地球《ちきゅう》の限界《げんかい》——温暖化《おんだんか》と地球《ちきゅう》の危機《きき》を解決《かいけつ》する方法《ほうほう》

2022年2月18日　初版印刷
2022年2月28日　初版発行

著　者　オーウェン・ガフニー／ヨハン・ロックストローム
訳　者　戸田早紀
装幀者　岩瀬聡
発行者　小野寺優
発行所　株式会社河出書房新社
〒151-0051 東京都渋谷区千駄ヶ谷2-32-2
電話（03）3404-1201［営業］（03）3404-8611［編集］
https://www.kawade.co.jp/
組　版　株式会社キャップス
印　刷　三松堂株式会社
製　本　小泉製本株式会社
Printed in Japan
ISBN978-4-309-25442-5